"十三五"全国高等院校民航服务专业规划教材

民用机场应急救援

主编◎李艳伟 张 喆 李 博

Emergency Rescue
of Civil Airport

U0360476

清华大学出版社
北京

内容简介

民用机场应急救援是国际民航中极受关注的重大课题，也是民航机场的主要职责之一。应急救援工作对于机场建立有效的应急救援反应机制，果断处理各类紧急事件，避免或者减少人员伤亡和财产损失，减少对机场正常运行带来影响具有重要意义。本书共分十章，分别是机场应急救援概述；民用运输机场应急预案；机场应急救援组织机构；机场应急演练及培训；机场消防救援；残损航空器的搬移；机场应急医疗救护；非法干扰事件的应急处置；危险品航空运输事件的应急处置；机场建筑物火灾应急处置等内容。

本书适用于高等院校机场运行等相关专业，同时也可供机场一线员工培训、相关执业培训使用。

本书封面贴有清华大学出版社防伪标签，无标签者不得销售。

版权所有，侵权必究。举报：010-62782989，beiqinquan@tup.tsinghua.edu.cn。

图书在版编目（CIP）数据

民用机场应急救援 / 李艳伟，张喆，李博主编. —北京：清华大学出版社，2020.9（2023.1重印）
"十三五"全国高等院校民航服务专业规划教材
ISBN 978-7-302-54981-9

Ⅰ．①民…　Ⅱ．①李…　②张…　③李…　Ⅲ．①民用机场—机场管理—突发事件—应急对策—高等学校—教材　②民用机场—机场管理—突发事件—急救—高等学校—教材　Ⅳ．①V351　②R851.7

中国版本图书馆 CIP 数据核字（2020）第 030711 号

责任编辑：杜春杰
封面设计：刘　超
版式设计：文森时代
责任校对：马军令
责任印制：刘海龙

出版发行：清华大学出版社
　　　　　网　　　址：http://www.tup.com.cn, http://www.wqbook.com
　　　　　地　　　址：北京清华大学学研大厦 A 座　　　　　邮　　编：100084
　　　　　社 总 机：010-83470000　　　　　　　　　　　　邮　　购：010-62786544
　　　　　投稿与读者服务：010-62776969, c-service@tup.tsinghua.edu.cn
　　　　　质量反馈：010-62772015, zhiliang@tup.tsinghua.edu.cn
印 装 者：三河市人民印务有限公司
经　　销：全国新华书店
开　　本：185mm×260mm　　　印　　张：15.25　　　字　　数：352 千字
版　　次：2020 年 9 月第 1 版　　　　　　　　　　　　　印　　次：2023 年 1 月第 5 次印刷
定　　价：59.80 元

产品编号：079570-01

"十三五"全国高等院校民航服务专业规划教材
丛书主编及专家指导委员会

丛 书 总 主 编　刘　永（北京中航未来科技集团有限公司董事长兼总裁）

丛 书 副 总 主 编　马晓伟（北京中航未来科技集团有限公司常务副总裁）

丛 书 副 总 主 编　郑大地（北京中航未来科技集团有限公司教学副总裁）

丛 书 总 主 审　朱益民（原海南航空公司总裁、原中国货运航空公司总裁、原上海航空公司总裁）

丛书英语总主审　王　朔（美国雪城大学、纽约市立大学巴鲁克学院双硕士）

丛 书 总 顾 问　沈泽江（原中国民用航空华东管理局局长）

　　　　　　　　汪光弟（原上海虹桥国际机场副总裁）

丛 书 总 执 行 主 编　王益友［江苏民航职业技术学院（筹）院长、教授］

丛 书 艺 术 总 顾 问　万峻池（美术评论家、著名美术品收藏家）

丛书总航空法律顾问　程　颖（荷兰莱顿大学国际法研究生、全国高职高专"十二五"规划教材《航空法规》主审、中国东方航空股份有限公司法律顾问）

丛书专家指导委员会主任

关云飞（长沙航空职业技术学院教授）

张树生（国务院津贴获得者，山东交通学院教授）

刘岩松（沈阳航空航天大学教授）

宋兆宽（河北传媒学院教授）

姚　宝（上海外国语大学教授）

李剑峰（山东大学教授）

孙福万（国家开放大学教授）

张　威（沈阳师范大学教授）

成积春（曲阜师范大学教授）

"十三五"全国高等院校民航服务专业规划教材编委会

郭雅萌（江西青年职业学院）　　　高　琳（济宁职业技术学院）

黄　晨（天津交通职业学院）　　　黄春新（沈阳航空航天大学）

黄紫葳（抚州职业技术学院）　　　黄婵芸（原中国东方航空公司乘务员）

崔祥建（沈阳航空航天大学）　　　曹璐璐（中原工学院）

梁向兵（上海民航职业技术学院）　崔　媛（张家界航空工业职业技术学院）

彭志雄（湖南艺术职业学院）　　　梁　燕（郴州技师学院）

操小霞（重庆财经职业学院）　　　蒋焕新（长沙航空职业技术学院）

庞　敏（上海民航职业技术学院）　李艳伟（沈阳航空航天大学）

史秋实（中国成人教育协会航空服务教育培训专业委员会）

郭勇慧（哈尔滨幼儿师范高等专科学校）范钰顺（四川传媒学院）

出 版 说 明

随着经济的稳步发展，我国已经进入经济新常态的阶段，特别是十九大指出：当前中国社会的主要矛盾已经转化为人民日益增长的美好生活需要和不平衡不充分的发展之间的矛盾，这客观上要求社会服务系统要完善升级。作为公共交通运输的主要组成部分，民航运输在满足人们对美好生活的追求和促进国民经济发展中扮演着重要的角色，具有广阔的发展空间。特别是"十三五"期间，国家高度重视民航业的发展，将民航业作为推动我国经济社会发展的重要战略产业，预示着我国民航业将会有更好、更快的发展。从国产化飞机 C919 的试飞，到宽体飞机规划的出台，以及民航发展战略的实施，标志着我国民航业已经步入崭新的发展阶段，这一阶段的特点是以人才为核心，而这一发展模式必将进一步对民航人才质量提出更高的要求。面对民航业发展对人才培养提出的挑战，培养服务于民航业发展的高质量人才，不仅需要转变人才培养观念，创新教育模式，更需要加强人才培养过程中基本环节的建设，而教材建设就是其首要的任务。

我国民航服务专业的学历教育，经过 18 年的探索与发展，其在办学水平、办学结构、办学规模、办学条件和师资队伍等方面都发生了巨大的变化，专业建设水平稳步提高，适应民航发展的人才培养体系初步形成。但我们应该清醒地看到，目前我国民航服务类专业的人才培养仍存在着诸多问题，特别是专业人才培养质量仍不能适应民航发展对人才的需求，人才培养的规模与高质量人才短缺的矛盾仍很突出。而目前相关专业教材的开发还处于探索阶段，缺乏系统性与规范性。已出版的民航服务类专业教材，在吸收民航服务类专业研究成果方面做出了有益的尝试，涌现出不同层次的系列教材，推动了民航服务的专业建设与人才培养，但从总体来看，民航服务类教材的建设仍落后于民航业对专业人才培养的实践要求，教材建设已成为相关人才培养的瓶颈。这就需要我们以引领和服务专业发展为宗旨，系统总结民航服务实践经验与教学研究成果，开发全面反映民航服务职业特点、符合人才培养规律和满足教学需要的系统性专业教材，积极有效地推进民航服务专业人才的培养工作。

基于上述思考，编委会经过两年多的实际调研与反复论证，在广泛征询民航业内专家的意见与建议、总结我国民航服务类专业教育的研究成果后，结合我国民航服务业的发展趋势，致力于编写出一套系统的、具有一定权威性和实用性的民航服务类系列教材，为推进我国民航服务人才的培养尽微薄之力。

本系列教材由沈阳航空航天大学、南昌航空大学、郑州航空工业管理学院、上海民航职业技术学院、长沙航空职业技术学院、西安航空职业技术学院、中原工学院、上海外国语大学、山东大学、大连外国语大学、沈阳师范大学、曲阜师范大学、湖南艺术职业学院、陕西师范大学、兰州大学、云南大学、四川大学、湖南民族职业学院、江西青年职业学院、天津交通职业学院、潍坊职业学院、南京旅游职业学院等多所高校的众多资深专家和学者共同打造，还邀请了多名原中国东方航空公司、原中国南方航空公司、原中国国际航空公司和原海南航空公司中从事多年乘务工作的乘务长和乘务员参与教材的编写。

目前，我国民航服务类的专业教育呈现多元化、多层次的办学格局，各类学校的办学模式也呈现出个性化的特点，在人才培养体系、课程设置以及课程内容等方面，各学校之间存在着一定的差异，对教材也有不同的需求。为了能够更好地满足不同办学层次、教学模式对教材的需要，本套教材主要突出以下特点。

第一，兼顾本、专科不同培养层次的教学需要。鉴于近些年我国本科层次民航服务专业办学规模的不断扩大，在教材需求方面显得十分迫切，同时，专科层面的办学已经到了规模化的阶段，完善与更新教材体系和内容迫在眉睫，本套教材充分考虑了各类办学层次的需要，本着"求同存异、个性单列、内容升级"的原则，通过教材体系的科学架构和教材内容的层次化，达到兼顾民航服务类本、专科不同层次教学之需要。

第二，将最新实践经验和专业研究成果融入教材。服务类人才培养是系统性问题，具有很强的内在规定性，民航服务的实践经验和专业建设成果是教材的基础，本套教材以丰富理论、培养技能为主，力求夯实服务基础，培养服务职业素质，将实践层面行之有效的经验与民航服务类人才培养规律的研究成果有效融合，以提高教材对人才培养的有效性。

第三，落实素质教育理念，注重服务人才培养。习近平总书记在党的十九大报告中强调，"要全面贯彻党的教育方针，落实立德树人根本任务，发展素质教育，推进教育公平，培养德智体美全面发展的社会主义建设者和接班人"，人才以德为先，以社会主义价值观铸就人的灵魂，才能使人才担当重任，这也是高校人才培养的基本任务。教育实践表明，素质是人才培养的基础，也是人才职业发展的基石，人才的能力与技能附着在精神与灵魂，但在传统的民航服务教材体系中，包含素质教育板块的教材较为少见。根据党的教育方针，本套教材的编写考虑到素质教育与专业能力培养的关系，以及素质对职业生涯的潜在影响，首次在我国民航服务专业教学中提出专业教育与人文素质并重、素质决定能力的培养理念，以独特的视野，精心打造素质教育教材板块，使教材体系更加系统，强化了教材特色。

第四，必要的服务理论与专业能力培养并重。调研分析表明，忽视服务理论与人文素质所培养出的人才很难有宽阔的职业胸怀与职业精神，其未来的职业生涯发展就会乏力。因此，教材不应仅是对单纯技能的阐述与训练指导，更应该在不淡化专业能力培养的同时，强化行业知识、职业情感、服务机理、职业道德等关系到职业发展潜力的要素的培养，以期培养出高层次和高质量的民航服务人才。

第五，架构适合未来发展需要的课程体系与内容。民航服务具有很强的国际化特点，而我国民航服务的思想、模式与方法也正处于不断创新的阶段，紧紧把握未来民航服务的发展趋势，提出面向未来的解决问题的方案，是本套教材的基本出发点和应该承担的责任。我们力图将未来民航服务的发展趋势、服务思想、服务模式创新、服务理论体系以及服务管理等内容重新进行架构，以期能对我国民航服务人才培养，乃至整个民航服务业的发展起到引领作用。

第六，扩大教材的种类，使教材的选择更加宽泛。鉴于我国目前尚缺乏民航服务专业更高层次办学模式的规范，各学校的人才培养方案各具特点，差异明显，为了使教材更适用于办学的需要，本套教材打破了传统教材的格局，通过课程分割、内容优化和课外外延化等方式，增加了教材体系的课程覆盖面，使不同办学层次、关联专业可以通过教材合理组合，以获得完整的专业教材选择机会。

本套教材规划出版品种大约为四十种，分为：① 人文素养类教材，包括《大学语文》《应用文写作》《艺术素养》《跨文化沟通》《民航职业修养》《中国传统文化》等。② 语言类教材，包括《民航客舱服务英语教程》《民航客舱实用英语口语教程》《民航实用英语听力教程》《民航播音训练》《机上广播英语》《民航服务沟通技巧》等。③ 专业类教材，包括《民航概论》《民航服务概论》《中国民航常飞客源国概况》《民航危险品运输》《客舱安全管理与应急处置》《民航安全检查技术》《民航服务心理学》《航空运输地理》《民航服务法律实务与案例教程》等。④ 职业形象类教材，包括《空乘人员形体与仪态》《空乘人员职业形象设计与化妆》《民航体能训练》等。⑤ 专业特色类教材，包括《民航服务手语训练》《空乘服务专业导论》《空乘人员求职应聘面试指南》《民航面试英语教程》等。

为了开发职业能力，编者联合有关 VR 开发公司开发了一些与教材配套的手机移动端 VR 互动资源，学生可以利用这些资源体验真实场景。

本套教材是迄今为止民航服务类专业较为完整的教材系列之一，希望能借此为我国民航服务人才的培养，乃至我国民航服务水平的提高贡献力量。民航发展方兴未艾，民航教育任重道远，为民航服务事业发展培养高质量的人才是各类人才培养部门的共同责任，相信集民航教育的业内学者、专家之共同智慧，凝聚有识之士心血的这套教材的出版，对加速我国民航服务专业建设、完善人才培养模式、优化课程体系、丰富教学内容，以及加强师资队伍建设能起到一定的推动作用。在教材使用的过程中，我们真诚地希望听到业内专家、学者批评的声音，收到广大师生的反馈意见，以利于进一步提高教材的水平。

丛 书 序

《礼记·学记》曰："古之王者，建国君民，教学为先。"教育是兴国安邦之本，决定着人类的今天，也决定着人类的未来。企业发展也大同小异，重视人才是企业的成功之道，别无二选。航空经济是现代经济发展的新趋势，是当今世界经济发展的新引擎。民航是经济全球化的主流形态和主导模式，是区域经济发展和产业升级的驱动力。发展中的中国民航业有巨大的发展潜力，其发展战略的实施必将成为我国未来经济发展的增长点。

"十三五"正值实现我国民航强国战略构想的关键时期，"一带一路"倡议方兴未艾，"空中丝路"越来越宽阔。高速发展的民航运输业需要持续的创新与变革，同时，基于民航运输对安全性和规范性要求比较高的特点，其对人才有着近乎苛刻的要求，只有人才培养先行，夯实人才基础，才能抓住国家战略转型与产业升级的巨大机遇，实现民航运输发展的战略目标。我国民航服务人才发展经历多年的积累，建立了较为完善的民航服务人才培养体系，培养了大量服务民航发展的各类人才，保证了我国民航运输业的高速持续发展。与此同时，我国民航人才培养正面临新的挑战，既要通过教育创新提升人才品质，又需要人才培养过程精细化，把人才培养目标落实到人才培养的过程中，而教材作为专业人才培养的基础，需要先行，以发挥引领作用。教材建设发挥的作用并不局限于专业教育本身，其对行业发展的引领。专业人才培养方向的把握，人才素质、知识、能力结构的塑造以及职业发展潜力的培养具有不可替代的作用。

我国民航运输发展的实践表明，人才培养决定着民航发展的水平，而民航人才的培养需要社会各方面的共同努力。我们惊喜地看到，清华大学出版社秉承"自强不息，厚德载物"的人文精神，发挥品牌优势，投身于民航服务专业系列教材的开发，改变了民航服务教材研发的格局，体现了其对社会责任的担当。

本套教材组织严谨，精心策划，高屋建瓴，深入浅出，具有突出的特色。第一，从民航服务人才培养的全局出发，关注了民航服务产业的未来发展趋势，架构了以培养目标为导向的教材体系与内容结构，比较全面地反映了服务人才培养趋势，起到了良好的统领作用；第二，使教材的本质——适用性得到了回归，体现在每本教材均有独特的视角和编写立意，既有高度的提升、理论的升华，也注重教育要素在课程体系中的细化，具有较强的可用性；第三，引入了职业素质教育的理念，补齐了服务人才素质教育缺少教材的短板，可谓对传统服务人才培养理念的一次冲击；第四，教材编写人员参与面非常广泛，这反映出本套教材充分体现了当今民航服务专业教育的教学成果和编写者的思考，形成了相互交流的良性机制，势必会对全国民航服务类专业的发展起到推动作用。

　　教材建设是专业人才培养的基础，其与教材服务的行业的发展交互作用，共同实现人才培养——社会检验的良性循环，是助推民航服务人才培养的动力。希望这套教材能够在民航服务类专业人才培养的实践中，发挥更积极的作用。相信通过不断总结与完善，这套教材一定会成为具有自身特色的、适应我国民航业发展要求并深受读者喜欢的规范教材。

原海南航空公司总裁、原中国货运航空公司总裁、原上海航空公司总裁

朱益民

2017 年 9 月

前　　言

　　机场是民用航空运输系统中重要的组成部分，也是保证民航安全和正常运输的重要环节。当事故或灾害不可避免时，有效的应急救援行动是唯一可以抵御事故或灾害蔓延并减缓危害影响的有力措施。民用机场应急救援是国际民航中极受关注的重大课题，也是民航机场的主要职责之一。应急救援工作对于机场建立有效的应急救援反应机制，果断处理各类紧急事件，避免或者减少人员伤亡和财产损失，减少对机场正常运行带来的影响具有重要意义。本书适用于高等院校机场运行等相关专业，同时也可供机场一线员工培训、相关执业培训使用。

　　本教材共包括十章的内容，第一章是机场应急救援概述，对应急救援的基本内涵、应急救援组织体系、突发事件的分类分级、机场应急救援的基本要求、机场突发事件的分类等进行介绍，使读者对机场应急救援有全面的了解。第二章是民用运输机场应急预案，对机场应急预案体系、预案内容及编写进行详细介绍，使读者能够对机场应急预案体系的构成有所认识，并在第四章机场应急演练及培训中介绍了预案演练的必要性、分类、演练程序及预案培训等内容。第三章对机场应急救援组织机构的构成及职责进行介绍，使读者对应急救援过程中各参与单元的职责有所区分，并了解救援行动的运行机制。第五章至第十章分别对机场消防救援、残损航空器的搬移、机场应急医疗救护、非法干扰事件的应急处置、危险品航空运输事件的应急处理、机场建筑物火灾应急处置等内容进行介绍，每章从事件分类分级、救援设备设施、应急处置程序、救援方法等方面进行编写。

　　本书编写人员不仅有高校的一线教师，还有来自各大机场的具有救援实践经验的应急管理人员。沈阳航空航天大学民用航空学院的李艳伟老师编写了第一章、第二章、第八章、第九章的内容，沈阳桃仙国际机场股份有限公司应急救援中心的张喆编写了第三章、第四章、第六章、第十章的内容。北京首都国际机场股份有限公司消防支队综合业务办公室的李博编写了第五章、第七章的内容。李艳伟老师负责全书的统稿。王益友先生担任本书的主审，从教材的结构到内容的编排，王益友先生都提供了宝贵的建议。

　　由于民航运输行业知识更新快，同时编者水平有限，书中难免会有不妥或疏漏之处，敬请读者批评指正。

编　　者

2020 年 1 月

CONTENTS 目录

第一章 机场应急救援概述 1

第一节 应急救援概述 2
第二节 机场应急救援 6
第三节 机场应急救援相应的法律法规及咨询通告 11
本章思考题 20

第二章 民用运输机场应急预案 21

第一节 应急预案概述 22
第二节 机场应急预案的内容 32
第三节 应急预案的管理 40
本章思考题 42

第三章 机场应急救援组织机构 43

第一节 机场应急救援组织机构的构成及职责划分 44
第二节 机场应急救援现场指挥 53
第三节 机场突发事件应急指挥 57
本章思考题 67

第四章 机场应急演练及培训 68

第一节 机场应急演练 69
第二节 机场综合演练组织与实施 71

第三节 机场应急预案培训 74

本章思考题 81

第五章 机场消防救援 82

第一节 机场消防救援特点 83

第二节 机场消防救援基本要求 84

第三节 航空器灭火作战（灭火救援）行动 85

第四节 民用航空器火灾扑救战术措施 97

第五节 劫机引发火灾事件的应急处置 103

第六节 跑道泡沫喷涂 104

第七节 尾随故障飞机 105

第八节 民用机场消防设备设施配备 106

本章思考题 114

第六章 残损航空器的搬移 115

第一节 残损航空器搬移相关法律规定 116

第二节 残损航空器搬移设备 117

第三节 残损航空器搬移程序 121

本章思考题 138

第七章 机场应急医疗救护 139

第一节 机场应急救护 140

第二节 民用机场应急救护设备设施配备 153

本章思考题 160

第八章 非法干扰事件的应急处置 161

第一节 非法干扰行为的定义 162

第二节 民用航空非法干扰事件的类型 166

第三节 非法干扰事件的成因 167

第四节　非法干扰事件的应急处置 ………………………………………… 169
本章思考题 ………………………………………………………………… 180

第九章　危险品航空运输事件的应急处置 ……………… 181

第一节　危险品航空运输事件 …………………………………………… 182
第二节　危险品事件的特点 ……………………………………………… 184
第三节　危险品事件应急处置关键技术 ………………………………… 185
第四节　各类危险品事件应急处置 ……………………………………… 189
第五节　锂电池机上应急处置指南 ……………………………………… 197
本章思考题 ………………………………………………………………… 203

第十章　机场建筑物火灾应急处置 ……………………………… 204

第一节　机场建筑物火灾危险性及特点 ………………………………… 205
第二节　机场建筑火灾应急处置 ………………………………………… 212
本章思考题 ………………………………………………………………… 223

参考文献 ………………………………………………………………… 224

第一章

机场应急救援概述

学习目标

1．掌握应急救援的基本内涵；
2．掌握应急救援体系的组成；
3．掌握机场应急救援的重要性及法规要求；
4．掌握机场突发事件的分类。

第一节　应急救援概述

随着我国由航空运输大国向航空运输强国迈进，国内外航空公司航班量激增，在航空运输过程中发生各种复杂和多种不安全事故和突发的情况就会增加。机场的应急救援工作是确保安全的一项重要工作。

随着航空技术的不断发展，航空安全运行保障的要求也越来越高，尤其对于机场这个飞机起降以及地面活动的中转站来说，真正要做到航班安全运行的万无一失，或者在事件发生后，机场方面能够积极响应，将损失降到最低，就对机场的应急救援体系提出了极高的要求，不仅仅需要制度的完善与贯彻落实，更需要机场决策层、管理层以及实际操作层相互协调，共同努力，按照相关的法律法规、应急救援文件等，将事故的损失降到最低。

反之，忽略应急救援的重大意义，在工作中因循苟惰，就会在突发事件发生时手足无措，最终造成人民群众的财产乃至生命的巨大损失。

关于应急救援，不同的组织有不同的定义。

根据美国联邦航空管理局的定义，应急救援，是指包括受灾地区和公民所在地理位置的定位、营救脱线，以及初步的医疗救护。应急救援是一个需要应对多种灾害（包括地震、台风、暴雨、洪涝灾害、危险化学品泄漏等）的作业。

通俗地来讲，应急救援是为了控制、减少和消除事故与灾害对人员生命以及财产损失，所采取的一系列响应行动。

应急救援的定义有狭义和广义之分。

狭义的应急救援是指政府在自然灾害、人为灾害、技术灾害以及敌对方使用大规模杀伤性武器后，以抢救幸存者为主要目的的行为。

广义的应急救援是指由政府、军队、非营利组织等组成救援主体，针对各类突发事件相互协调配合，共同实施的救援行动，其目的在于最大限度地拯救民众生命、减少财产损失。

《生产经营单位生产安全事故应急预案编制导则》中指出，应急救援是在应急响应过程中，为最大限度地降低事故造成的损失或危害，防止事故扩大，而采取的紧急措施或行动。

众所周知，理想的和绝对的安全是难以达到或者根本无法实现的。当事故或灾害不可避免时，有效的应急救援行动是唯一可以抵御事故或灾害蔓延并减缓危害后果的有力措施。

我国对应急救援的普遍定义是，在自然灾害、事故灾难、公共卫生事件、社会安全事件等各类事件突然发生时，为拯救民众生命和减少财产损失，各种救援主体在一定层次上通过多种方式联合采取的行动，包括准确定位受灾、受难的地区以及公民所在的地理位置，提供避险信息，营救脱险，采取初步的应急医疗救护，阻止灾害及次生灾害的蔓延和发展，帮助受灾地区和公众尽快恢复生产生活等。

一、应急救援的内涵

（一）如何理解"应"

所谓的"应"即为应急响应，是针对发生的事故，有关组织或人员采取的应急行动。

目前均采用分级响应，是指在初级响应到扩大应急的过程中实行的分级响应的机制。扩大或提高应急级别的主要依据是事故灾难的危害程度，影响范围和控制事态能力。

影响范围和控制事态能力是"升级"的最基本条件。扩大应急救援主要是提高指挥级别、扩大应急范围等。

在如何分级的问题上，主要从企业内部和社会响应两个方面来进行。

（二）如何理解"急"

应急救援中的"急"指的是突发公共事件。突发公共事件是指突然发生，造成或者可能造成重大人员伤亡、重大财产损失、重大生态环境破坏和对全国或者一个地区的经济社会稳定、政治安定构成重大威胁或损害，有重大社会影响的涉及公共安全的紧急事件。

其特点是具有突发性和紧急性；具有高度的不确定性；其影响具有一定的社会性非程序化的决策特点。

1. 突发事件的概念与分类

一般说来，根据突发公共事件的发生过程、性质和机理分类，包括自然灾害、事故灾难、公共卫生事件、公共安全事件四个方面。

（1）自然灾害：自然灾害主要包括水旱灾害、气象灾害、地震灾害、地质灾害、海洋灾害、生物灾害和森林草原火灾等。

（2）事故灾难：事故灾难主要包括工矿商贸等企业的各类安全事故、交通运输事故、公共设施和设备事故、环境污染和生态破坏事件等。

（3）公共卫生事件：公共卫生事件是指突然发生，造成或者可能造成社会公众健康严重损害的公共事件。

（4）社会安全事件：社会安全事件主要包括恐怖袭击事件、民族宗教事件、涉外突发事件和群体性事件等。

2. 突发事件的分级与预警等级

按照突发公共事件的性质、严重程度、可控性和影响范围等因素分级，如表 1-1 和表 1-2 所示。

表 1-1　突发事件的分级

分级（威胁程度）	影 响 效 果
特别重大（I级）	规模极大，后果极其严重，影响超出本省范围
重大（II级）	规模大，后果特别严重，发生在一个市或波及两个市以上
较大（III级）	后果严重，影响范围大，发生在一个县或波及两个县以上
一般（IV级）	影响局限在基层范围，可被县级政府所控制

表 1-2　突发事件的预警分级

分 级 颜 色	分 级 类 型
红色	I级（特别严重）
橙色	II级（严重）
黄色	III级（较重）
蓝色	IV级（一般）

预警信息包括突发公共事件的类别、预警级别、起始时间、可能影响范围、警示事项、应采取的措施、发布机关等。这里需要注意以下方面。

（1）在这里，突发公共事件的分级与突发公共事件的预警分级有密切关系，但又不是一回事。

（2）目前，还不是所有的突发公共事件都能预警，我们必须不断提高预警的科技水平。

（三）如何理解"救"

即指发生事故后由谁来救、如何救？

应急救援队伍建设是应急救援工作的核心。当前，我国基本形成了以公安消防、武警、解放军为骨干和突击力量，以防汛抗旱、抗震救灾、森林防火、海上搜救、铁路事故救援、矿山救护、危险化学品事故救援、核应急、医疗救护、动物疫情处置等行业领域专业队伍为基本力量，以企事业单位专兼职队伍、社会救援力量、应急志愿者为辅助力量的应急救援队伍体系。

（四）如何理解"援"

即应完善应急支持保障系统。

包括通信信息系统、培训演练系统、技术支持保障系统、物资与装备保障系统四个方面，具体则是人力保障、财力保障、物资保障、医疗卫生保障、交通运输保障、治安维护、通信保障、培训演练、技术支持保障、公共设施保障等十个方面。

二、应急救援体系

体系是由若干相互联系、相互作用、相互依赖、相互制约的若干事物和过程组成，具有整体功能和综合行为的统一体。

安全体系是一个动态的协调系统。应急救援体系是安全体系的子系统。应急救援体系的规模随紧急事件的类型和影响范围而异。

　　一般来说，应急救援体系包括组织体制（组织分层）、运行机制、法律基础以及保障系统等四大部分，如图 1-1 所示。

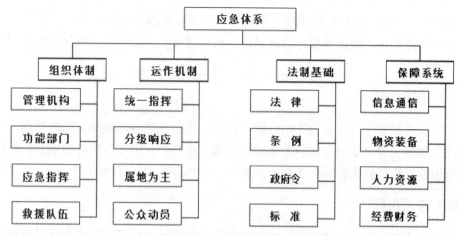

图 1-1　应急救援体系框架图

（一）组织体系

　　组织体系是安全生产应急管理体系的基础，主要包括应急管理的领导决策层、管理与直辖市指挥系统（指挥层）以及应急救援队伍（操作层）。

　　管理机构是指维持应急日常管理的负责部门；功能部门包括与应急活动有关的各类组织机构，如消防、医疗机构等；应急指挥是在应急预案启动后，负责应急救援活动场外与场内指挥系统；救援队伍由专业和志愿人员组成。

　　通过"统一领导、分级管理""综合协调、分类管理""条块结合、属地为主"的方式，构成"统一指挥、分级负责、协调有序、运转高效"的应急体系。

（二）运行机制

　　运行机制包括统一指挥、分级响应、属地为主、公众动员四个方面。

1. 统一指挥

　　统一指挥是应急活动的基本原则之一。应急指挥一般可分为集中指挥与现场指挥，或场外指挥与场内指挥等。无论采取哪一种指挥系统，都必须统一指挥的模式，无论应急救援活动涉及单位的行政级别高低还是隶属关系不同，都必须在应急指挥员的统一组织下行动，有令则行，有禁则止，统一号令，步调一致。

2. 分级响应

　　分级响应是指在初级响应到扩大应急的过程中实行的分级响应的机制。扩大或提高应急级别的主要依据是事故灾难的危害程度、影响范围和控制事态能力。影响范围和控制事态能力是"升级"的最基本条件。扩大应急救援主要是提高指挥级别、扩大应急范围等。

3. 属地为主

属地为主强调"第一反应"的思想和以现场应急、现场指挥为主的原则。

4. 公众动员

公众动员机制是应急机制的基础，也是整个应急体系的基础。

围绕"预防准备、预防预警、信息报告、信息发布、应急响应、恢复重建"六个方面展开工作。

（三）法律法规

法律法规体系是应急体系的法制基础和保障，也是开展各项应急活动的依据，与应急有关的法律法规主要包括由立法机关通过的法律、政府和有关部门颁布的规章、规定以及与应急救援活动直接有关的标准或管理办法等。

（四）资源保障

资源保障也称为支持保障系统。构筑集中管理的信息通信平台是应急体系重要的基础建设。

应急信息通信系统要保证所有预警、报警、警报、报告、指挥等活动的信息交流快速、及时供应到位；人力资源保障包括专业队伍的加强、志愿人员以及其他有关人员的培训教育；物资与装备不但要保证有足够的资源，而且还要实现快速、及时供应到位；应急财务保障应建立专项应急科目，如应急基金等，以保障应急管理运行和应急反应中各项活动的开支。同时，应急管理体系还包括与其建设相关的资金、政策支持等，以保障应急管理体系建设和体系正常运行。

第二节　机场应急救援

机场应急属于航空交通灾害危机管理范畴，根本目的是在航空交通灾害及其他影响机场运行的紧急事件临近或已发生时，如何在有效事件内采取救援行动，尽量减少生命和财产损失，适用于灾害邻近或已发生时管理，理想的和绝对的安全是难以达到或者根本无法实现的，当事故或灾害不可避免时，有效的应急救援行动是唯一可以抵御事故或灾害蔓延并减缓危害后果的有力措施。

机场应急救援是指在机场及其邻近区域内，航空器或者机场设施发生或者可能发生的严重损坏以及其他导致或者可能导致人员伤亡和财产严重损失的情况，所采取的预防响应和恢复的计划与活动。以上所称机场及其邻近区域是指机场围界以内以及距机场每条跑道中心点 8km 范围内的区域。

机场应急救援特指机场应急救援行动。应急救援的对象是指航空器和机场固有设施发生或可能发生严重损害及导致有关人员伤亡的情况。这种事件具有突发性、复杂性以及不确定性。

一、机场应急救援的组成

每个机场都应建立适应本机场应急救援要求的应急救援体系。这包括行动计划和规定、可能使用的各种资源（人员、设备及技术手段），以及合理高效使用和管理这些资源的方法。

各个机场应按照管理当局的规章要求，在相关管理程序和咨询通告的指导下，逐步建立包括公众教育、应急准备、快速响应和事故恢复为主的应急救援体系。

（一）组织架构

（1）应急救援工作领导小组设立。机场管理机构应当在地方人民政府统一领导下成立机场应急救援工作领导小组，该机构是机场应急救援工作的最高决策机构。机场应急救援工作领导小组由机场管理机构、航空器营运人及其代理人、驻场政府派出机构和相关驻场运行保障单位共同组成。

（2）应急救援工作领导小组职责。负责确定机场应急救援工作的总体方针和工作重点。审核机场突发事件应急救援预案及各应急救援成员单位之间的职责。审核确定机场应急救援演练等重要事项。在机场应急救援过程中，对遇到的重大问题进行决策。

（3）应急救援工作领导小组组成。机场应急救援工作领导小组人员通常应当由地方人民政府、机场管理机构、民航地区管理局或其派出机构、空中交通管理部门、有关航空器营运人和其他驻场单位负责人共同组成。

（二）机场突发事件应急救援预案

机场管理机构应当制定机场突发事件应急救援预案，该预案应当纳入地方人民政府突发事件应急救援预案体系，并协调统一。该预案应当包括下列内容。

（1）针对各种具体突发事件的应急救援预案，包括应急救援程序及检查单等。

（2）根据地方人民政府的相关规定和机场的实际情况，确定参与应急救援的各单位在机场不同突发事件中的主要职责、权利、义务和指挥权以及突发事件类型及相应的应急救援响应等级。

（3）针对不同突发事件的报告、通知程序和通知事项，其中，通知程序是指通知参加救援单位的先后次序。不同的突发事件类型，应当设置相应的通知先后次序。

（4）各类突发事件所涉及单位的名称、联系方式。

（5）机场管理机构与签订应急救援支援协议单位的应急救援资源明细表、联系方式。

（6）机场管理机构与各相关单位签订的应急救援支援协议。

（7）应急救援设施、设备和器材的名称、数量、存放地点。

（8）机场及其邻近区域的应急救援方格网图。

（9）残损航空器的搬移及恢复机场正常运行的程序。

（10）机场管理机构与有关航空器营运人或其代理人之间有关残损航空器搬移的协议。

（11）在各类紧急突发事件中可能产生的人员紧急疏散方案，该方案应当包括警报、广播、各相关岗位工作人员在引导人员疏散时的职责、疏散路线、对被疏散人员的临时管理措施等内容。

除此之外，还应当考虑极端的冷、热、雪、雨、风及低能见度的天气，以及机场周围的水系、道路、凹地；应当根据互助协议的内容明确规定应急救援互助单位的权利和义务；应当报民航总局、地区管理机构审批。应急救援计划的修改应当报原审批机关备案。应急救援计划应当征求当地人民政府救灾机构的意见。

参与救援工作的单位应当根据机场应急救援计划制定本单位的应急救援实施预案，内容包括参加救援的人员构成、信息传递、通信联络、职责、处置步骤及救援设备清单。

二、机场应急救援的处置和基本要求

（一）应急救援处置

发生突发事件时，第一时间得知事件情况的单位，应当根据机场突发事件应急救援预案的报告程序，立即将突发事件情况报告指挥中心。

发生突发事件后，机场管理机构应当在尽可能短的时间内将突发事件的基本情况报告地方人民政府和民用航空管理部门。

民用航空管理部门在收到机场发生突发事件报告后应当立即按照事件的类型、严重程度、影响范围和本部门应急救援预案逐级向上级机关报告，直至民航局突发事件应对部门。同时，应当迅速采取积极措施，协调和帮助机场管理机构处置突发事件。

（二）应急救援的基本要求

（1）机场突发事件应急救援总指挥或者其授权的人应当及时、准确地发布相关信息。突发事件的信息发布应当有利于救援工作的开展。其他参与应急救援的单位可以发布有关本单位工作情况的信息，但不得发布对应急救援工作可能产生妨碍的信息。

（2）发生突发事件时，指挥中心应当按照突发事件应急救援预案的通知程序，迅速将突发事件的基本情况通知有关单位，通知内容应当简单、明了。

（3）发生突发事件后，机场应急救援处置工作应当在总指挥的统一指挥下，由消防、公安、医疗及其他驻场单位分别在本单位职责范围内行使分指挥权，特殊情况下，总指挥可以授权支援单位行使分指挥权。

实施突发事件救援时，机场应急救援总指挥或者其授权人应当服从地方人民政府领导及其突发事件应对部门的指挥，并根据地方人民政府领导及其突发事件应对部门的要求和命令，分时段、分区域向其移交指挥权。

发生应急救援等级为紧急出动的突发事件时，机场管理机构应当在最短的时间内组成应急救援现场指挥部，由机场应急救援总指挥或者其授权的人担任现场指挥员，在总指挥的总体救援行动意图下，统一指挥突发事件现场的各救援单位的救援行动。

有火情的突发事件发生后，总指挥可以授权消防指挥员担任应急救援现场指挥员。

三、机场突发事件的分类和救援等级

（一）机场突发事件的分类

根据《民用运输机场突发事件应急救援管理规则》第二章第七条的规定，机场突发事件包括航空器突发事件和非航空器突发事件。

航空器突发事件包括以下几种。

（1）航空器失事；

（2）航空器空中遇险，包括故障、遭遇危险天气、危险品泄露等；

（3）航空器受到非法干扰，包括劫持、爆炸物威胁等；

（4）航空器与航空器地面相撞或与障碍物相撞，导致人员伤亡或燃油泄漏等；

（5）航空器跑道事件，包括跑道外接地、冲出、偏出跑道；

（6）航空器火警；

（7）涉及航空器的其他突发事件。

非航空器突发事件包括以下几种。

（1）对机场设施的爆炸物威胁；

（2）机场设施失火；

（3）机场危险化学品泄漏；

（4）自然灾害；

（5）医学突发事件；

（6）不涉及航空器的其他突发事件。

（二）机场突发事件的救援等级

根据《民用运输机场突发事件应急救援管理规则》第二章第八条与第九条的规定，航空器突发事件的应急救援响应等级为：

（1）原地待命：航空器空中发生故障等突发事件，但该故障仅对航空器安全着陆造成困难，各救援单位应当做好紧急出动的准备。

（2）集结待命：航空器在空中出现故障等紧急情况，随时有可能发生航空器坠毁、爆炸、起火、严重损坏，或者航空器受到非法干扰等紧急情况，各救援单位应当按照指令在指定地点集结。

（3）紧急出动：已发生航空器失事、爆炸、起火、严重损坏等情况，各救援单位应当按照指令立即出动，以最快速度赶赴事故现场。

非航空器突发事件的应急救援响应不分等级。发生非航空器突发事件时，按照相应预案实施救援。

一旦发生突发事件，机场各单位应当按照《民用运输机场突发事件应急救援管理规则》中的规定，按照相应的救援等级迅速做出行动。

例如 2014 年 12 月 12 日，幸福航空公司一架航班号为 JR1518，从银川起飞经停榆林

到太原的 MA60（新舟 60）客机，在飞抵榆林机场上空时，因起落架故障在空中盘旋 90 多分钟后，最终成功安全着陆，包括机组人员在内的 45 名人员无一受伤。

12 日 13:12，榆林机场塔台接到执行银川—榆林—太原 JR1518 次航班机组的通知，飞机前起落架发生故障。榆林机场第一时间启动突发事件应急救援预案。

榆林市应急办接到报告后，榆林市市长陆治原、副市长李文明组织公安、消防支队、120 急救中心等单位迅速赶往榆林机场支援。在榆林机场候机大厅南侧 30m 处，7 辆急救车和 3 辆消防车停在进出机场跑道大门口，消防官兵和医护人员在车上待命。候机大厅门口有不少机场工作人员把守，不让任何人进出。此次事故的救援的等级就属于集结待命。

四、民航与突发事件的关系

突发事件的发生，对民航的安全、民航的正常运行都造成了极大的影响，比如 2008 年的我国南方的低温、雨雪、冰冻灾害，突如其来的天灾令民航业遭受了巨大的损失。此次低温、雨雪、冰冻灾害，导致 35 个机场在不同时段内被迫关闭，814 个航班返航、备降，4 600 余个航班取消当日飞行，13 500 余个航班延误，华东、中南和西南等地机场道面、通信导航设施及建筑物受损，经济损失 26.5 亿元。为应对此次灾害，各级民航行政主管部门、企事业单位成立抗灾救灾指挥部，建立保障运输与抢险救灾协调会工作机制，建立抗灾救灾设备与物资协调机制。严格管理，确保安全运营，制定飞行疏散应急预案。并采取尽快恢复运行，组织除冰除雪，组织抢修损毁设备设施，增加备份发电设备及燃油储备等措施，使得各行各业的运行尽快地进入正常的轨道。

突发事件中，民航的安全运行都受到了来自自然灾害、事故灾难、公共卫生事件以及公共安全事件的不同程度的影响。

而在民航与突发事件的相互关系中的另一方面，在遭受到突发事件带来的巨大冲击的情况下，需要民航的积极协助来处理突发事件。

为此，可以将民航与突发事件的关系通过图 1-2 清晰地显示出来。

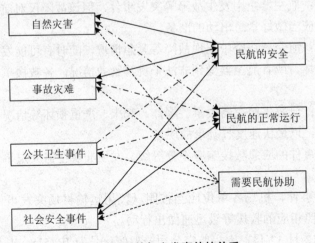

图 1-2　民航与突发事件的关系

各种突发事件都可能对民航的运行安全与正常造成严重的威胁或危害；不同的突发事件可能对民航造成相同性质的威胁或危害；相同的突发事件发生在不同的时间、地点可能对民航造成不同的威胁或危害；民航运行过程中出现的不正常、不安全事件可能形成或引发突发事件；应对突发事件可能需要民航积极地参与与协助。

民航在应急管理中的责任主要包括以下几个方面。

（1）防范各种突发事件对民航运行安全与正常造成的威胁或危害。

（2）防止民航运行过程中的不正常或不安全情况形成或引发突发事件，控制、减轻或消除其影响。

（3）为突发事件应急处置提供航空保障。

第三节　机场应急救援相应的法律法规及咨询通告

1. 《中华人民共和国安全生产法》

《中华人民共和国安全生产法》是为了加强安全生产工作，防止和减少生产安全事故，保障人民群众生命和财产安全，促进经济社会持续健康发展而制定的法律。

《中华人民共和国安全生产法》第五十九条规定，县级以上地方各级人民政府应当根据本行政区域内的安全生产状况，组织有关部门按照职责分工，对本行政区域内容易发生重大生产安全事故的生产经营单位进行严格检查。

安全生产监督管理部门应当按照分类分级监督管理的要求，制订安全生产年度监督检查计划，并按照年度监督检查计划进行监督检查，发现事故隐患，应当及时处理。

第六十条规定，负有安全生产监督管理职责的部门依照有关法律、法规的规定，对涉及安全生产的事项需要审查批准（包括批准、核准、许可、注册、认证、颁发证照等，下同）或者验收的，必须严格依照有关法律、法规和国家标准或者行业标准规定的安全生产条件和程序进行审查；不符合有关法律、法规和国家标准或者行业标准规定的安全生产条件的，不得批准或者验收通过。对未依法取得批准或者验收合格的单位擅自从事有关活动的，负责行政审批的部门发现或者接到举报后应当立即予以取缔，并依法予以处理。对已经依法取得批准的单位，负责行政审批的部门发现其不再具备安全生产条件的，应当撤销原批准。

第六十一条规定，负有安全生产监督管理职责的部门对涉及安全生产的事项进行审查、验收，不得收取费用；不得要求接受审查、验收的单位购买其指定品牌或者指定生产、销售单位的安全设备、器材或者其他产品。

2. 《中华人民共和国民用航空法》

《中华人民共和国民用航空法》是为了维护国家的领空主权和民用航空权利，保障民用航空活动安全和有秩序地进行，保护民用航空活动当事人各方的合法权益，促进民用航空事业的发展而制定的法律。

《中华人民共和国民用航空法》由第八届全国人民代表大会常务委员会第十六次会议于1995年10月30日审议通过，自1996年3月1日起施行的。当前的版本是于2018年12月29日第十三届全国人民代表大会常务委员会第七次会议通过的修正。

《中华人民共和国民用航空法》规定：

第一条　为了维护国家的领空主权和民用航空权利，保障民用航空活动安全和有秩序地进行，保护民用航空活动当事人各方的合法权益，促进民用航空事业的发展，制定本法。

第二条　中华人民共和国的领陆和领水之上的空域为中华人民共和国领空。中华人民共和国对领空享有完全的、排他的主权。

第三条　国务院民用航空主管部门对全国民用航空活动实施统一监督管理；根据法律和国务院的决定，在本部门的权限内，发布有关民用航空活动的规定、决定。

国务院民用航空主管部门设立的地区民用航空管理机构依照国务院民用航空主管部门的授权，监督管理各个地区的民用航空活动。

第四条　国家扶持民用航空事业的发展，鼓励和支持发展民用航空的科学研究和教育事业，提高民用航空科学技术水平。

国家扶持民用航空器制造业的发展，为民用航空活动提供安全、先进、经济、适用的民用航空器。

3.《中华人民共和国突发事件应对法》

《中华人民共和国突发事件应对法》由中华人民共和国第十届全国人民代表大会常务委员会第二十九次会议于2007年8月30日通过，自2007年11月1日起施行。

《中华人民共和国突发事件应对法》规定：

第三条　本法所称突发事件，是指突然发生，造成或者可能造成严重社会危害，需要采取应急处置措施予以应对的自然灾害、事故灾难、公共卫生事件和社会安全事件。

按照社会危害程度、影响范围等因素，自然灾害、事故灾难、公共卫生事件分为特别重大、重大、较大和一般四级。法律、行政法规或者国务院另有规定的，从其规定。

突发事件的分级标准由国务院或者国务院确定的部门制定。

第四条　国家建立统一领导、综合协调、分类管理、分级负责、属地管理为主的应急管理体制。

第五条　突发事件应对工作实行预防为主、预防与应急相结合的原则。国家建立重大突发事件风险评估体系，对可能发生的突发事件进行综合性评估，减少重大突发事件的发生，最大限度地减轻重大突发事件的影响。

第六条　国家建立有效的社会动员机制，增强全民的公共安全和防范风险的意识，提高全社会的避险救助能力。

第七条　县级人民政府对本行政区域内突发事件的应对工作负责；涉及两个以上行政区域的，由有关行政区域共同的上一级人民政府负责，或者由各有关行政区域的上一级人民政府共同负责。

突发事件发生后，发生地县级人民政府应当立即采取措施控制事态发展，组织开展应急救援和处置工作，并立即向上一级人民政府报告，必要时可以越级上报。

突发事件发生地县级人民政府不能消除或者不能有效控制突发事件引起的严重社会危害的，应当及时向上级人民政府报告。上级人民政府应当及时采取措施，统一领导应急处置工作。

法律、行政法规规定由国务院有关部门对突发事件的应对工作负责的，从其规定；地方人民政府应当积极配合并提供必要的支持。

4.《国际民用航空公约　附件14——机场》

国际民航组织（ICAO）《国际民用航空公约　附件14——机场》第Ⅰ卷《机场设计和运行（第八版）》于2018年7月正式出版。第八版自2018年11月8日起取代附件14第Ⅰ卷所有以前的版本。

本次修订主要基于飞机性能的改进，以及实际运行安全裕度过大的情况，在提高能力和效率的需求与将航空安全保持在可接受的水平两者之间达成平衡。

该文件对民用运输机场的规划和运行安全保障提出了一系列的国际标准和建议措施。

5.《机场勤务手册》

《机场勤务手册》是国际民航组织的出版物，对民用运输机场内部和周边地区发生的紧急事件的应急救援体系提出了具体要求，详细介绍了民用运输机场的消防与救援、机场应急计划以及航空器搬移等工作。

《机场勤务手册》包括救援与消防、道面表面条件、控制与减少鸟类、雾的消除、残损航空器的搬移、障碍物的控制、机场应急计划、机场运行勤务、机场维护的习惯做法等九个方面。

6.《民用机场管理条例》

《民用机场管理条例》是根据《中华人民共和国民用航空法》制定的，为了规范民用机场的建设与管理，积极、稳步推进民用机场发展，保障民用机场安全和有序运营，维护有关当事人的合法权益的条例。它于2009年4月1日国务院第55次常务会议通过，2009年4月13日公布，自2009年7月1日起施行。

《民用机场管理条例》中规定：

第十六条　运输机场投入使用应当具备下列条件：

（一）有健全的安全运营管理体系、组织机构和管理制度；

（二）有与其运营业务相适应的飞行区、航站区、工作区以及空中交通服务、航行情报、通信导航监视、气象等相关设施、设备和人员；

（三）使用空域已经批准；

（四）飞行程序和运行标准符合国务院民用航空主管部门的规定；

（五）符合国家规定的民用航空安全保卫条件；

（六）有处理突发事件的应急预案及相应的设施、设备。

第十七条　运输机场投入使用的，机场管理机构应当向国务院民用航空主管部门提出申请，并附送符合本条例第十六条规定条件的相关材料。

国务院民用航空主管部门应当自受理申请之日起 45 个工作日内审查完毕，做出准予许可或者不予许可的决定。准予许可的，颁发运输机场使用许可证；不予许可的，应当书面通知申请人并说明理由。

第十八条　通用机场投入使用应当具备下列条件：

（一）有与运营业务相适应的飞行场地；

（二）有保证飞行安全的空中交通服务、通信导航监视等设施和设备；

（三）有健全的安全管理制度、符合国家规定的民用航空安全保卫条件以及处理突发事件的应急预案；

（四）配备必要的管理人员和专业技术人员。

第十九条　通用机场投入使用的，通用机场的管理者应当向通用机场所在地地区民用航空管理机构提出申请，并附送符合本条例第十八条规定条件的相关材料。

地区民用航空管理机构应当自受理申请之日起 30 个工作日内审查完毕，做出准予许可或者不予许可的决定。准予许可的，颁发通用机场使用许可证；不予许可的，应当书面通知申请人并说明理由。

7.《中华人民共和国搜寻救援民用航空器规定》

《中华人民共和国搜寻救援民用航空器规定》为了及时有效地搜寻救援遇到紧急情况的民用航空器，避免或者减少人员伤亡和财产损失而制定的法律。

《中华人民共和国搜寻救援民用航空器规定》中规定：

第十一条　搜寻援救民用航空器方案应当包括下列内容：

（一）使用航空器、船舶执行搜寻援救任务的单位，航空器、船舶的类型，以及日常准备工作的规定；

（二）航空器使用的机场和船舶使用的港口，担任搜寻援救的区域和有关保障工作方面的规定；

（三）执行海上搜寻援救任务的船舶、航空器协同配合方面的规定；

（四）民用航空搜寻援救力量不足的，商请当地驻军派出航空器、舰艇支援的规定。

第十二条　地区管理局和沿海省、自治区、直辖市海上搜寻援救组织应当按照批准的方案定期组织演习。

第十三条　搜寻援救民用航空器的通信联络，应当符合下列规定：

（一）民用航空空中交通管制单位和担任搜寻援救任务的航空器，应当配备 121.5 兆赫航空紧急频率的通信设备，并逐步配备 243 兆赫航空紧急频率的通信设备；

（二）担任海上搜寻援救任务的航空器，应当配备 2 182 千赫海上遇险频率的通信设备；

（三）担任搜寻援救任务的部分航空器，应当配备能够向遇险民用航空器所发出的航空器紧急示位信标归航设备，以及在 156.8 兆赫（调频）频率上同搜寻援救船舶联络的通信设备。

第十四条　地区管理局搜寻援救协调中心应当同有关省、自治区、直辖市海上搜寻援救组织建立直接的通信联络。

8.《民用运输机场突发事件应急救援管理规则》

《民用运输机场突发事件应急救援管理规则》是指导民用运输机场突发事件应急救援工作的重要文件之一，于 2016 年 4 月 20 日公布，自 2016 年 5 月 21 日起施行。

在规则施行之前，我国的民用运输机场应急救援工作先后按照《民用运输机场应急救援规则》（民航总局令第 90 号）和《民用运输机场突发事件应急救援管理规则》（中国民用航空局令第 208 号）开展。

《民用运输机场突发事件应急救援管理规则》中规定：

第二十五条 机场管理机构应当建设或指定一个特定的隔离机位，供受到劫持或爆炸物威胁的航空器停放，其位置应能使其距其他航空器集中停放区、建筑物或者公共场所至少 100m，并尽可能避开地下管网等重要设施。

第二十六条 机场管理机构应当按照《民用航空运输机场飞行区消防设施》的要求配备机场飞行区消防设施，并应保证其在机场运行期间始终处于适用状态。

机场管理机构应当按照《民用航空运输机场消防站消防装备配备》的要求配备机场各类消防车、指挥车、破拆车等消防装备的配备，并应保证其在机场运行期间始终处于适用状态。

第二十七条 机场管理机构应当按照《民用运输机场应急救护设施配备》的要求配备机场医疗急救设备、医疗器材及药品、医疗救护人员，并确保机场医疗急救设备、医疗器材及药品在机场运行期间始终处于适用状态和使用有效期内。

第二十八条 机场指挥中心及机场内各参加应急救援的单位应当安装带有时钟和录音功能的值班电话，视情设置报警装置，并在机场运行期间随时保持有人值守。值班电话线路应当至少保持一主一备的双线冗余。所有应急通话内容应当录音，应急通话记录至少应当保存 2 年。

第二十九条 机场管理机构应当设立用于应急救援的无线电专用频道，突发事件发生时，机场塔台和参与救援的单位应当使用专用频道与指挥中心保持不间断联系。公安、消防、医疗救护等重要部门应当尽可能为其救援人员配备耳麦。

为能在第一时间了解航空器在空中发生的紧急情况，指挥中心宜设置陆空对话的单向监听设备，并在机场运行期间保持守听，但不得向该系统输入任何信号。在航空器突发事件发生时，指挥中心确需进一步向机组了解情况时，应当通过空中交通管理部门与机组联系。

第三十条 机场管理机构应当制作参加应急救援人员的识别标志，识别标志应当明显醒目且易于佩戴，并能体现救援的单位和指挥人员。参加应急救援的人员均应佩戴这些标志。识别标志在夜间应具有反光功能，具体样式应当为：

救援总指挥为橙色头盔，橙色外衣，外衣前后印有"总指挥"字样；

消防指挥官为红色头盔，红色外衣，外衣前后印有"消防指挥官"字样；

医疗指挥官为白色头盔，白色外衣，外衣前后印有"医疗指挥官"字样；

公安指挥官为蓝色头盔，蓝色警服，警服外穿前后印有"公安指挥官"字样的背心。

参加救援的各单位救援人员的标识颜色应与本单位指挥人员相协调。

本条所指外衣可以是背心或者制服。

9.《民用航空器飞行事故应急反应和家属援助规定》

《民用航空器飞行事故应急反应和家属援助规定》（CCAR—399）是为提高对民用航空器飞行事故的应急反应能力，减轻事故危害，为事故罹难者、幸存者、失踪者及其家属提供必要的援助而制定的规定。

10.《民用航空安全信息管理规定》

《民用航空安全信息管理规定》分总则、人员和设备管理、民用航空安全信息收集、自愿报告的民用航空安全信息处理、举报的民用航空安全信息处理、民用航空安全信息分析与应用、法律责任、附则等八章四十五条，自 2016 年 4 月 4 日起施行。

《民用航空安全信息管理规定》中规定：

第三条　本规定所称民用航空安全信息是指事件信息、安全监察信息和综合安全信息。

（一）事件信息，是指在民用航空器运行阶段或者机场活动区内发生航空器损伤、人员伤亡或者其他影响飞行安全的情况。主要包括：民用航空器事故（以下简称事故）、民用航空器事故征候（以下简称事故征候）以及民用航空器一般事件（以下简称一般事件）信息；

（二）安全监察信息，是指地区管理局和监管局各职能部门组织实施的监督检查和其他行政执法工作信息；

（三）综合安全信息，是指企事业单位安全管理和运行信息，包括企事业单位安全管理机构及其人员信息、飞行品质监控信息、安全隐患信息和飞行记录器信息等。

第四条　民用航空安全信息工作实行统一管理、分级负责的原则。

民航局民用航空安全信息主管部门负责统一监督管理全国民用航空安全信息工作，负责组织建立用于民用航空安全信息收集、分析和发布的中国民用航空安全信息系统。

地区管理局、监管局的民用航空安全信息主管部门负责监督管理本辖区民用航空安全信息工作。

11.《民用航空器飞行事故调查规定》

《民用航空器飞行事故调查规定》于 2000 年 7 月 19 日由中国民用航空总局公布，是为了规范民用航空器飞行事故调查工作而制定的规定。

《民用航空器飞行事故调查规定》中规定：

第三条　事故调查的目的是查明发生事故的原因，提出保障安全的建议，防止同类事故再次发生。

事故责任的追究按照国家的其他有关规定办理。

第四条　事故调查应当遵循下列基本原则：

（一）独立调查原则。事故调查应当独立进行，任何单位和个人不得干扰、阻碍调查工作。

（二）客观调查原则。事故调查应当坚持实事求是的原则，客观、公正、科学地进行，不得带有主观倾向性。

（三）深入调查原则。事故调查应当查明事故发生的直接原因，事故发生、发展过程中的其他原因，并深入分析产生这些原因的因素，包括航空器设计、制造、运行、维修和人员训练，以及政府行政规章和企业管理制度及其实施方面的缺陷等。

（四）全面调查原则。事故调查不但应当查明和研究与本次事故发生有关的各种原因和产生因素，还应当查明和研究与本次事故的发生无关，但在事故中暴露出来的或者在调查中发现的，在其他情况下可能对飞行安全构成威胁的所有其他问题。

12.《民用机场运行安全管理规定》

《民用机场运行安全管理规定》于 2007 年 12 月 17 日由中国民用航空总局公布，关于 2018 年 11 月 16 日由《交通运输部关于修改〈民用机场运行安全管理规定〉的决定》进行修正。

《民用机场运行安全管理规定》中规定：

第二百八十三条　机场管理机构应当向民航地区管理局报告机场运行安全信息。运行安全信息包括机场使用细则资料的变更、安全生产建议、影响运行安全的事件或隐患等与安全生产有关的信息。

第二百八十四条　发生影响机场运行安全的事件或隐患时，各运行保障单位均应当立即报告机场管理机构。

第二百八十五条　机场管理机构应当与航空运输企业及其他驻场单位建立信息共享机制，相互提供必要的生产运营信息，为旅客和货主提供及时准确的信息和服务。

机场管理机构、航空运输企业及其他驻场运行保障单位均有免费提供信息的义务及使用信息的权利。任何单位不得将免费获得的信息用于商业经营。

第二百八十六条　机场管理机构应当建立统一的机场运行信息平台。航空运输企业和空中交通管理部门应当及时、准确地向机场管理机构提供航班计划、航班动态等信息，由机场管理机构根据机场的实际需要加以整理后发布，保证各生产保障单位、旅客和机场其他用户及时获得所需信息。上述信息均应当无偿提供。

13.《中国民用航空应急管理规定》

《中国民用航空应急管理规定》是为加强和规范民航应急工作，保障民用航空活动安全和有秩序地进行，依据《中华人民共和国突发事件应对法》《中华人民共和国民用航空法》而制定的规定。

《中国民用航空应急管理规定》中规定：

第五条　民航应急工作建立统一领导、综合协调、分类管理、分级负责的管理体制。

第六条　民航管理部门成立应急工作领导机构，统一领导全国或所辖地区的民航应急工作，监督、检查和指导下级民航管理部门、企事业单位的民航应急工作。

企事业单位的民航应急工作应当接受民航管理部门的监督、检查和指导。

第七条　民航管理部门设立应急工作办事机构，协助应急工作领导机构组织开展民航应急工作，与国家、地方人民政府及相关部门的应急工作办事机构建立必要的工作联系，履行信息汇总与综合协调职责。

民航应急工作办事机构的人员配备应当满足本部门应急工作的需要。

第八条　民航管理部门设立或者指定应急值守机构，负责接报、报告和通报突发事件的预警与发生信息，协助组织、指挥和协调应急处置。

应急值守机构与国家、地方人民政府及相关部门的应急值守机构建立必要、可靠的工作联系。

第九条　企事业单位应当设立或者指定应急工作机构，负责联系民航管理部门应急工作办事机构，向民航管理部门应急值守机构报送突发事件信息。

第十条　民航管理部门的各个职能部门根据工作职责负责具体管理相关民航应急工作。

14.《国家突发公共事件总体应急预案》

2005年1月26日，国务院第79次常务会议通过了《国家突发公共事件总体应急预案》《国家突发公共事件总体应急预案》在2006年1月8日发布并实施。

国家应急预案框架体系包括国家自然灾害救助应急预案，国家防汛抗旱应急预案，国家地震应急预案，国家突发地质灾害应急预案，国家处置重、特大森林火灾应急预案等。

《国家突发公共事件总体应急预案》中规定：

根据突发公共事件的发生过程、性质和机理，突发公共事件主要分为以下四类。

（1）自然灾害。主要包括水旱灾害、气象灾害、地震灾害、地质灾害、海洋灾害、生物灾害和森林草原火灾等。

（2）事故灾难。主要包括工矿商贸等企业的各类安全事故、交通运输事故、公共设施和设备事故、环境污染和生态破坏事件等。

（3）公共卫生事件。主要包括传染病疫情、群体性不明原因疾病、食品安全和职业危害、动物疫情，以及其他严重影响公众健康和生命安全的事件。

（4）社会安全事件。主要包括恐怖袭击事件、经济安全事件和涉外突发事件等。

各类突发公共事件按照其性质、严重程度、可控性和影响范围等因素，一般分为四级：Ⅰ级（特别重大）、Ⅱ级（重大）、Ⅲ级（较大）和Ⅳ级（一般）。

15.《中华人民共和国国境卫生检疫法》

《中华人民共和国国境卫生检疫法》是为防止传染病由国外传入或者由国内传出，实施国境卫生检疫，保护人体健康而制定的法律。其发布单位是全国人民代表大会常务委员会，开始施行时间为1987年5月1日，于2007年12月29日最新修订。

《中华人民共和国国境卫生检疫法》中规定：

第七条　入境的交通工具和人员，必须在最先到达的国境口岸的指定地点接受检疫。除引航员外，未经国境卫生检疫机关许可，任何人不准上下交通工具，不准装卸行李、货物、邮包等物品。具体办法由本法实施细则规定。

第八条　出境的交通工具和人员，必须在最后离开的国境口岸接受检疫。

第九条 来自国外的船舶、航空器因故停泊、降落在中国境内非口岸地点的时候，船舶、航空器的负责人应当立即向就近的国境卫生检疫机关或者当地卫生行政部门报告。除紧急情况外，未经国境卫生检疫机关或者当地卫生行政部门许可，任何人不准上下船舶、航空器，不准装卸行李、货物、邮包等物品。

第十条 在国境口岸发现检疫传染病、疑似检疫传染病，或者有人非因意外伤害而死亡并死因不明的，国境口岸有关单位和交通工具的负责人，应当立即向国境卫生检疫机关报告，并申请临时检疫。

第十一条 国境卫生检疫机关依据检疫医师提供的检疫结果，对未染有检疫传染病或者已实施卫生处理的交通工具，签发入境检疫证或者出境检疫证。

16.《国内交通卫生检疫条例》

《国内交通卫生检疫条例》是为控制检疫传染病通过交通工具及其乘运的人员、物资传播，防止检疫传染病流行，保障人体健康，依照《中华人民共和国传染病防治法》的规定而制定的条例，由国务院于1998年11月28日发布，自1999年3月1日起施行。

《国内交通卫生检疫条例》中规定：

第六条 对出入检疫传染病疫区的交通工具及其乘运的人员、物资，县级以上地方人民政府卫生行政部门或者铁路、交通、民用航空行政主管部门的卫生主管机构根据各自的职责，有权采取下列相应的交通卫生检疫措施：

（一）对出入检疫传染病疫区的人员、交通工具及其承运的物资进行查验；

（二）对检疫传染病病人、病原携带者、疑似检疫传染病病人和与其密切接触者，实施临时隔离、医学检查及其他应急医学措施；

（三）对被检疫传染病病原体污染或者可能被污染的物品，实施控制和卫生处理；

（四）对通过该疫区的交通工具及其停靠场所，实施紧急卫生处理；

（五）需要采取的其他卫生检疫措施。

采取前款所列交通卫生检疫措施的期间自决定实施时起至决定解除时止。

17.《突发公共卫生事件应急条例》

《突发公共卫生事件应急条例》是经2003年5月7日国务院第7次常务会议通过，由国务院于2003年5月9日发布并实施的条例。

《突发公共卫生事件应急条例》中规定：

第二条 本条例所称突发公共卫生事件（以下简称"突发事件"），是指突然发生，造成或者可能造成社会公众健康严重损害的重大传染病疫情、群体性不明原因疾病、重大食物和职业中毒以及其他严重影响公众健康的事件。

第三条 突发事件发生后，国务院设立全国突发事件应急处理指挥部，由国务院有关部门和军队有关部门组成，国务院主管领导人担任总指挥，负责对全国突发事件应急处理的统一领导、统一指挥。

国务院卫生行政主管部门和其他有关部门，在各自的职责范围内做好突发事件应急处理的有关工作。

第四条 突发事件发生后，省、自治区、直辖市人民政府成立地方突发事件应急处理指挥部，省、自治区、直辖市人民政府主要领导人担任总指挥，负责领导、指挥本行政区域内突发事件应急处理工作。

县级以上地方人民政府卫生行政主管部门，具体负责组织突发事件的调查、控制和医疗救治工作。

县级以上地方人民政府有关部门，在各自的职责范围内做好突发事件应急处理的有关工作。

第五条 突发事件应急工作，应当遵循预防为主、常备不懈的方针，贯彻统一领导、分级负责、反应及时、措施果断、依靠科学、加强合作的原则。

18.《突发公共卫生事件民用航空应急控制预案》

本预案适用于民用航空运输企业、机场、院校应急处置突然发生，造成或者可能造成社会公众健康严重损害的重大传染病疫情、群体性不明原因疾病、重大食物和职业中毒以及其他严重影响公众健康并可能通过航空运输传播的公共卫生事件。

19.《中国民用航空危险品运输管理规定》

《中国民用航空危险品运输管理规定》（CCAR-276-R1，以下简称《规定》）经 2012 年 12 月 24 日中国民用航空局局务会议通过，2013 年 9 月 22 日由中国民用航空局第 216 号令公布。该《规定》分总则、危险品航空运输的限制和豁免、危险品航空运输许可程序、危险品航空运输手册、危险品航空运输的准备、托运人的责任、经营人及其代理人的责任、危险品航空运输信息、培训、其他要求、监督管理、法律责任、附则等共十三章一百四十五条，自 2014 年 3 月 1 日起施行。

《规定》适用于国内公共航空运输经营人、在外国和中国地点间进行定期航线经营或者不定期飞行的外国公共航空运输经营人以及与危险品航空运输活动有关的任何单位和个人。

本章思考题

1. 什么是应急救援？
2. 实施应急救援的目的是什么？
3. 突发事件分类是什么？
4. 应急救援保障资源主要包括哪些？
5. 简述应急救援体系的组成部分。
6. 简述应急救援体系的运行机制。
7. 简述机场突发事件的分类。
8. 机场突发事件的救援等级是如何划分的？

第二章

民用运输机场应急预案

学习目标

1．了解应急预案的作用；
2．掌握应急预案体系的构成；
3．掌握应急预案编制的关键点；
4．掌握应急预案管理。

第一节　应急预案概述

根据《中国民用航空应急管理规定》中规定：应急预案，是指为有效应对突发事件，协助和配合国家、地方人民政府及相关部门应急处置工作，依据相关法律、法规、规章、规范性文件预先制订的行动计划或方案。它是在辨识和评估潜在的重大危险、事故类型发生的可能性及发生过程、事故后果及影响严重程度的基础上，对应急机构职责、人员、技术、装备、设施（备）、物资、救援行动及其指挥与协调等方面预先做出的具体安排。应急预案明确了在突发事故发生之前、发生过程中以及事故结束之后，谁负责做什么，何时做，以及相应的策略和资源准备等。

我国政府近年来相继颁布的一系列法律法规，规定了各级省市政府部门、企事业单位等编制颁布应急预案的法律义务。例如《中华人民共和国突发事件应对法》第十七条规定："国务院制定国家突发事件总体应急预案，组织制定国家突发事件专项应急预案；国务院有关部门根据各自的职责和国务院相关应急预案，制定国家突发事件部门应急预案。地方各级人民政府和县级以上地方各级人民政府有关部门根据有关法律、法规、规章、上级人民政府及其有关部门的应急预案以及本地区的实际情况，制定相应的突发事件应急预案。"

《中华人民共和国安全生产法》第十八条规定："生产经营单位的主要负责人具有组织制定并实施本单位的安全生产事故应急救援预案的职责。"第二十二条规定："生产经营单位的安全生产管理机构以及安全生产管理人员履行以下职责：组织或者参与拟订本单位安全生产规章制度、操作规程和生产安全事故应急救援预案；组织或者参与本单位应急救援演练。"

除此之外，《运输机场使用许可规定》第八条规定："申请机场使用许可证的机场除了应当具备健全的安全运营管理体系、组织机构和管理制度；机场管理机构的主要负责人、分管运行安全的负责人以及其他需要承担安全管理职责的高级管理人员具备与其运营业务相适应的资质和条件；有符合规定的与其运营业务相适应的飞行区、航站区、工作区以及运营、服务设施、设备及人员；有符合规定的能够保障飞行安全的空中交通服务、航空情报、通信导航监视、航空气象等设施、设备及人员等要求外，还要求机场要有符合规定的机场突发事件应急救援预案、应急救援设施、设备及人员。"

《民用机场管理条例》中第二十五条规定："民用航空管理部门、有关地方人民政府应当按照国家规定制定运输机场突发事件的应急预案。"在应急系统中，事故应急预案起着关键的作用，它是针对可能发生的重大事故及其影响和后果的严重程度，为应急准备和应急响应的各个方面所预先做出的详细安排，是开展及时、有序和有效事故应急救援工作的行动指南。

由此可见，应急预案是突发公共事件应急处置的指导性文件，通过预案的制定明确了在什么样的情况下需要应急处置；明确了由谁和哪个权力部门来负责应急处置，应急运行机制明确，避免救援行动的杂乱而无序；明确了用什么样的资源进行救援，保障应急资源充足，做到手中有资源可用，避免无资源应对；明确了采取什么样的紧急事态应对行动，使预案编制主体做好心理准备，知道突发事件发生后应该做什么，避免面对突发事件手足无措。编制应急预案是法律义务，也是挽救人员生命和财产损失的重要文件。

一、应急预案的作用

（1）应急救援计划明确了应急救援的范围和体系，使应急准备和应急管理不再是无据可依、无章可循，尤其是培训和演习工作的开展。使应急准备和应急管理不再是无据可依、无章可循。尤其是培训和演习，它们依赖于应急预案：培训可以让应急响应人员熟悉自己的责任，具备完成指定任务所需的相应技能；演习可以检验预案和行动程序，并评估应急人员的技能和整体协调性。

（2）制订应急救援计划有利于做出及时的应急响应、降低事故的危害程度。应急行动对时间要求十分敏感，不允许有任何拖延。应急预案预先明确应急各方的职责和响应程序，在应急力量和应急资源等方面做了大量准备，可以指导应急救援迅速、高效、有序地开展，将事故的人员伤亡、财产损失和环境破坏降到最低限度。如果预先制定预案，对重大事故发生后必须快速解决的一些应急恢复问题，也会很容易解决。

（3）应急救援计划成为各类突发重大事故的应急基础。通过编制基本应急预案，可保证应急预案足够灵活，对那些无法预料到的突发事件或事故，也可以起到基本的应急指导作用，成为开展应急救援的"底线"。在此基础上，可以针对特定危害编制专项预案，有针对性地制定应急措施、进行专项应急准备和演习。

（4）当发生超过应急能力的重大事故时，便于与上级应急部门的协调。

（5）有利于提高风险防范意识。应急预案的编制，实际上是辨识城市重大风险和防御决舞的过程，强调各方的共同参与，因此，预案的编制、评审以及发布和宣传，有利于社会各方了解可能面临重大风险及其相应的应急措施，有利于促进社会各方提高风险防范意识和能力。

二、应急预案的分类

1. 按责任主体分

国家应急预案、省（区、市）应急预案、市（地）应急预案、县（市）应急预案、企事业单位（社区）应急预案。

2. 按灾害类别分

自然灾害、事故灾难、公共卫生事件、社会安全事件。

3. 按预案功能分

总体应急预案、专项应急预案、现场处置方案。

三、应急预案体系

应急预案应形成体系，针对各级各类可能发生的事故和所有危险源制定专项应急预案和现场应急处置方案，并明确事前、事发、事中、事后的各个过程中相关部门和有关人员的职责。

（一）我国应急预案体系框架

为了健全完善应急预案体系，形成"横向到边、纵向到底"的预案题，按照"统一领导、分类管理、分级负责"的原则，根据不同的责任主体，我国国家突发公共事件应急预案体系分为突发公共事件总体应急预案、突发公共事件专项应急预案、突发公共事件部门应急预案、突发公共事件地方应急预案、企事业单位应急预案、大型活动应急预案六个部分，如图 2-1 所示。

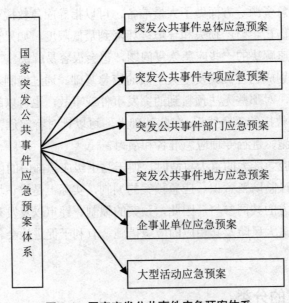

图 2-1　国家突发公共事件应急预案体系

1.《国家突发公共事件总体应急预案》

《国家突发公共事件总体应急预案》是为了提高政府保障公共安全和处置突发公共事

件的能力，最大限度地预防和减少突发公共事件及其造成的损害，保障公众的生命财产安全，维护国家安全和社会稳定，促进经济社会全面、协调、可持续发展而制定的。国家总体预案是全国应急预案体系的总纲，明确了各类突发公共事件分级分类和预案框架体系，规定了国务院应对特别重大突发公共事件的组织体系、工作机制等内容，是指导预防和处置各类突发公共事件的规范性文件。明确了各类突发公共事件分级分类和预案框架体系，规定了国务院应对特别重大突发公共事件的组织体系、工作机制等内容，是指导预防和处置各类突发公共事件的规范性文件。

2. 突发公共事件专项应急预案

专项应急预案主要是国务院及其有关部门为应对某一类型或某几种类型突发公共事件而制定的设计多个部门（单位）的应急预案，是总体预案的一部分，由国务院有关部门牵头制定，由国务院批准发布实施。目前我国颁布了如下 21 个专项应急预案。

（1）《国家自然灾害救助应急预案》

（2）《国家防汛抗旱应急预案》

（3）《国家地震应急预案》

（4）《国家突发性地质灾害应急预案》

（5）《国家处置重、特大森林火灾应急预案》

（6）《国家安全生产事故灾难应急预案》

（7）《国家处置铁路行车事故应急预案》

（8）《国家处置民用航空器飞行事故应急预案》

（9）《国家海上搜救应急预案》

（10）《国家处置城市地铁事故灾难应急预案》

（11）《国家处置电网大面积停电事件应急预案》

（12）《国家核应急预案》

（13）《国家突发环境事件应急预案》

（14）《国家通信保障应急预案》

（15）《国家突发公共卫生事件应急预案》

（16）《国家突发公共事件医疗卫生救援应急预案》

（17）《国家突发重大动物疫情应急预案》

（18）《国家重大食品安全事故应急预案》

（19）《国家粮食应急预案》

（20）《国家金融突发事件应急预案》

（21）《国家涉外突发事件应急预案》

专项应急预案按突发事件分类，预案构成如图 2-2 所示。

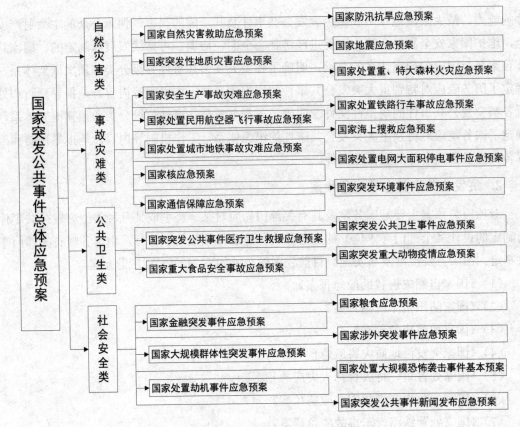

图 2-2　专项应急预案按突发事件分类划分图

3. 突发公共事件部门应急预案

部门应急预案是国务院有关部门根据总体应急预案、专项应急预案和部门职责为应对某一类型的突发公共事件或履行其应急保障职责的工作方案，由部门（单位）制定，报国务院备案后颁布实施的预案。目前共有如下部门应急预案。

（1）《建设系统破坏性地震应急预案》

（2）《铁路防洪应急预案》

（3）《铁路破坏性地震应急预案》

（4）《铁路地质灾害应急预案》

（5）《农业重大自然灾害突发事件应急预案》

（6）《草原火灾应急预案》

（7）《农业重大有害生物及外来生物入侵突发事件应急预案》

（8）《农业转基因生物安全突发事件应急预案》

（9）《重大沙尘暴灾害应急预案》

（10）《重大外来林业有害生物应急预案》

（11）《重大气象灾害预警应急预案》

（12）《风暴潮、海啸、海冰灾害应急预案》

（13）《赤潮灾害应急预案》

（14）《三峡葛洲坝梯级枢纽破坏性地震应急预案》

（15）《中国红十字总会自然灾害等突发公共事件应急预案》

（16）《国防科技工业重、特大生产安全事故应急预案》

（17）《建设工程重大质量安全事故应急预案》

（18）《城市供气系统重大事故应急预案》

（19）《城市供水系统重大事故应急预案》

（20）《城市桥梁重大事故应急预案》

（21）《铁路交通伤亡事故应急预案》

（22）《铁路火灾事故应急预案》

（23）《铁路危险化学品运输事故应急预案》

（24）《铁路网络与信息安全事故应急预案》

（25）《水路交通突发公共事件应急预案》

（26）《公路交通突发公共事件应急预案》

（27）《互联网网络安全应急预案》

（28）《渔业船舶水上安全突发事件应急预案》

（29）《农业环境污染突发事件应急预案》

（30）《特种设备特大事故应急预案》

（31）《重大林业生态破坏事故应急预案》

（32）《矿山事故灾难应急预案》

（33）《危险化学品事故灾难应急预案》

（34）《陆上石油天然气开采事故灾难应急预案》

（35）《陆上石油天然气储运事故灾难应急预案》

（36）《海洋石油天然气作业事故灾难应急预案》

（37）《海洋石油勘探开发溢油事故应急预案》

（38）《国家医药储备应急预案》

（39）《铁路突发公共卫生事件应急预案》

（40）《水生动物疫病应急预案》

（41）《进出境重大动物疫情应急处置预案》

（42）《突发公共卫生事件民用航空器应急控制预案》

（43）《药品和医疗器械突发性群体不良事件应急预案》

（44）《国家发展改革委综合应急预案》

（45）《煤电油运综合协调应急预案》

（46）《国家物资储备应急预案》

（47）《教育系统突发公共事件应急预案》

（48）《司法行政系统突发事件应急预案》

（49）《生活必需品市场供应突发事件应急预案》

（50）《公共文化场所和文化活动突发事件应急预案》

（51）《海关系统突发公共事件应急预案》

（52）《工商行政管理系统市场监管应急预案》

（53）《大型体育赛事及群众体育活动突发公共事件应急预案》

（54）《旅游突发公共事件应急预案》

（55）《新华社突发公共事件新闻报道应急预案》

（56）《外汇管理突发事件应急预案》

（57）《人感染高致病性禽流感应急预案》

4. 突发公共事件地方应急预案

突发公共事件地方应急预案具体包括：省级人民政府的突发公共事件总体应急预案、专项应急预案和部门应急预案；各市（地）、县（市）人民政府及其基层政权组织的突发公共事件应急预案。上述预案在省级人民政府的领导下，按照分类管理、分级负责的原则，由地方人民政府及其有关部门分别制定。

5. 企事业单位应急预案

企事业单位应急预案是企事业单位根据有关法律、法规，结合各单位特点制定，主要是本单位应急预案的详细行动计划和技术方案。预案确立了企事业单位是其内部发生突发事件的责任主体，是各单位应对他发事件的操作指南，当事故发生时，事故单位立即按照原开展应急救援。

6. 大型活动应急预案

《大型群众性活动安全管理条例》是为了加强对大型群众性活动的安全管理，保护公民生命和财产安全，维护社会治安秩序和公共安全制定的。大型群众性活动，是指法人或者其他组织面向社会公众举办的每场次预计参加人数达到 1 000 人以上的下列活动。

（1）体育比赛活动。

（2）演唱会、音乐会等文艺演出活动。

（3）展览、展销等活动。

（4）游园、灯会、庙会、花会、焰火晚会等活动。

（5）人才招聘会、现场开奖的彩票销售等活动。

（二）民航管理部门应急预案体系

根据《中国民用航空应急管理规定》第十四条规定：民航管理部门建立健全应急预案体系，主要包括总体应急预案、专项应急预案、地区应急预案。民航系统已初步形成了以《国家突发公共事件总体应急预案》为总纲，以民航处置飞行事故、处置劫机事件及国家其他相关专项预案为主体，以各地区管理局及监管办应急预案，民航机场、航空公司、空管等应急预案为支撑的民用航空安全应急预案体系。

1. 总体应急预案

总体应急预案是指民航局为组织、指挥或协调民航管理部门、企事业单位应对突发事件，协助和配合国家、地方人民政府及相关部门突发事件应急处置工作而制定的综合性应急预案。它是组织、指挥或协调相关应急资源和突发事件应对工作的整体计划和程序规范；是指导制定民航专项、地区应急预案的规范性文件；是民航管理部门应急预案体系的总纲。

2012 年中国民航局发布了《中国民用航空局应对突发事件总体预案》，该总体预案适用于民航管理部门在管辖范围内的以下工作。

（1）组织、指挥或协调下级民航管理部门、民航企事业单位应对突发事件。

（2）制定专项或地区应急预案。

（3）组织、指挥或协调下级民航管理部门、民航企事业单位参与国家、地方人民政府及相关部门组织、指挥的突发事件应对工作。

依据突发事件对民用航空活动造成的威胁与危害，民用航空活动中可能发生、引发的突发事件性质、严重程度、可控性和影响范围，以及协助和配合国家、地方人民政府及相关部门处置突发事件的需要，民航管理部门将应急响应等级划分为 Ⅰ 级、Ⅱ 级、Ⅲ 级和 Ⅳ 级。

在总体预案中还对应急组织机构及其职责、预警、防范及应急准备、信息报告、先期处置、后期处置等内容做了总体要求。

2. 专项应急预案

专项应急预案是指民航局为组织、指挥或协调应对某种具体突发事件，或为国家、地方人民政府及相关部门突发事件应急处置工作提供具体协助和配合而预先制定的应急预案。

为了建立健全民用航空器飞行事故应急机制，提高政府应对突发危机事件的能力，保证民用航空器飞行事故应急工作协调、有序和高效进行，最大限度地减少人员伤亡，保护国家和公众财产安全，维护社会稳定，促进航空安全，国家发布了《国家处置民用航空器飞行事故应急预案》，该预案适用于民用航空器特别重大飞行事故；民用航空器执行专机任务发生飞行事故；民用航空器飞行事故死亡人员中有国际、国内重要旅客；军用航空器与民用航空器发生空中相撞；外国民用航空器在中华人民共和国境内发生飞行事故，并造成人员死亡；由中国运营人使用的民用航空器在中华人民共和国境外发生飞行事故，并造成人员死亡；民用航空器发生爆炸、空中解体、坠机等，造成重要地面设施巨大损失，并对设施使用、环境保护、公众安全、社会稳定等造成巨大影响。

劫机也称为空中劫持，是危害国际民用航空安全的非法行为的俗称，有狭义与广义之分。狭义的空中劫持，仅指在飞行中的航空器内从事的劫夺行为。广义的空中劫持，即危害民用航空安全的非法行为，泛指劫夺、破坏、损害和其他危害民航安全的非法行为。按 1971 年的《蒙特利尔公约》规定，不仅包括对在"飞行中"，也包括"在使用中"；不仅包括针对航空器的犯罪行为，还包括针对航空设备的破坏行为。劫机犯罪的危害巨大，影响极坏。由于航空运输的跨地区乃至跨国性所导致的适用法律管辖权问题，往往使劫机犯罪引发的国际问题复杂化，导致劫机案处理难度增加，严重影响地区与地区、国与国之间的关系。反劫机是打击恐怖主义、维护社会稳定的一项重要任务。从我国发布《国家处置劫机事件总体预案》可以充分认识反劫机工作的重要性，也可以加强预警预报，强化应急准备，提高处置水平，健全体制机制，形成工作合力，正确进行劫机事件的应急处置。

为了有效预防、及时控制和消除突发公共卫生事件的危害，指导和规范各类突发公共卫生事件的民航应急处置工作，保障广大旅客和民航员工的身体健康和生命安全，保证突发公共卫生事件应急物资及时运输，防止疫情通过航空运输传播，维护正常的运输生产秩序，民航总局制定了《突发公共卫生事件民用航空应急控制预案》。各民航地区管理局、航空安全监督管理办公室、航空运输单位应根据本预案，结合实际情况，制定本地区、本单位的突发公共卫生事件应急预案。本预案适用于民用航空运输企业、机场、院校应急处置突然发生，造成或者可能造成社会公众健康严重损害的重大传染病疫情、群体性不明原因疾病、重大食物和职业中毒以及其他严重影响公众健康并可能通过航空运输传播的公共卫生事件。根据突发公共卫生事件性质、危害程度、涉及范围，突发公共卫生事件划分为特别重大（I级）、重大（II级）、较大（III）和一般（IV级）四级。

3. 地区应急预案

地区应急预案是指民航地区管理局为在辖区内组织、指挥或协调突发事件应对工作，协助和配合地方人民政府及相关部门突发事件应急处置工作而制定的，经民航局批准的综合性应急预案。

目前，中国民用航空局有七大地区管理局：华北地区管理局（北京、天津、山西、内蒙古、河北）、东北地区管理局（黑龙江、吉林、辽宁）、中南地区管理局（湖南、湖北、河南、广西、广东、海南）、华东地区管理局（上海、浙江、山东、江苏、江西、福建、安徽）、西南地区管理局（云南、四川、重庆、贵州）、西北地区管理局（陕西、宁夏、甘肃、青海）、新疆管理局。各地区管理局在《国家突发公共事件总体应急预案》《中国民用航空局应对突发事件总体预案》和民航管理部门专项预案的基础之上，结合各地区管理局的特点，编制适合地区管理局的应急预案体系。

（三）机场应急预案体系

民航机场、航空公司、空管等民航企事业单位，依据相关法律、法规、规章和民航管理部门应急预案，由企事业单位及其分支机构制定的预案。

机场管理机构应当按照国家、地方人民政府的有关规定和本规则的要求，制定机场突发事件应急救援预案，并负责机场应急救援工作的统筹协调和管理。使用该机场的航空器营运人和其他驻场单位应当根据在应急救援中承担的职责制定相应的突发事件应急救援预案，并与机场突发事件应急救援预案相协调，送机场管理机构备案。

机场应急预案的体系，应按照《生产经营单位生产安全事故应急预案编制导则》的规定，生产经营单位的应急预案体系主要由综合应急预案、专项应急预案和现场处置方案构成。生产经营单位应根据本单位组织管理体系、生产规模、危险源的性质以及可能发生的事故类型确定应急预案体系，并可根据本单位的实际情况，确定是否编制专项应急预案。

风险因素单一的小微型生产经营单位可只编写现场处置方案。

1. 综合应急预案

综合应急预案是生产经营单位应急预案体系的总纲，主要从总体上阐述事故的应急工作原则，包括生产经营单位的应急组织机构及职责、应急预案体系、事故风险描述、预警及信息报告、应急响应、保障措施、应急预案管理等内容。

2. 专项应急预案

专项应急预案是针对具体的事故类别、危险源和应急保障而制订的计划或方案，是综合应急预案的组成部分，应按照应急预案的程序和要求组织制定，并作为综合应急预案的附件。专项应急预案应制定明确的救援程序和具体的应急救援措施。

3. 现场处置方案

现场处置方案是针对具体的装置、场所或设施、岗位所制定的应急处置措施。现场处置方案应具体、简单、针对性强。现场处置方案应根据风险评估及危险性控制措施逐一编制，做到事故相关人员应知应会，熟练掌握，并通过应急演练，做到迅速反应、正确处置。

机场应急预案体系的构成包括综合应急预案、专项应急预案和现场处置方案。如图 2-3 所示为某机场应急预案体系构成（每个机场结合机场实际运行的情况可有所不同）。

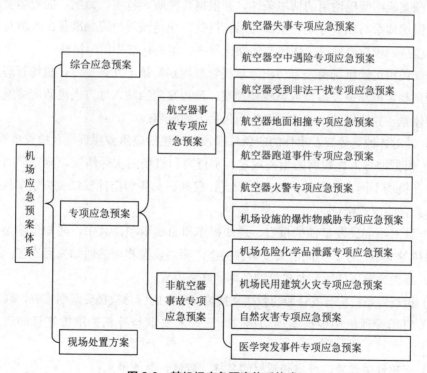

图 2-3　某机场应急预案体系构成

图 2-3 中关于某机场的应急预案体系的构成，专项应急预案按照机场突发事件的类型来进行编写，其中非法干扰专项应急预案也可根据非法干扰事件的不同分别进行编写，例

如可以分为劫机事件的应急预案、航空器爆炸物威胁专项应急预案、强行进入航空器专项应急预案等。除此以外还包括其他非航空器事故的专项应急预案，例如机场大面积停电应急预案、航站楼疏散应急预案等。现场处置预案是针对具体的装置、场所或设施、岗位所制定的应急处置措施，机场中关于某岗位、某场所的应急手册属于现场处置方案，例如机场运行控制中心的机场大面积航班延误应急预案、机场油库火灾应急处置方案等。

邻近地区有海面和其他大面积水域的机场，机场管理机构应该编制航空器水上救援专项应急预案。机场管理机构应当按照机场所使用的最大机型满载时的旅客及机组人员数量，配置救援船只或者气筏和其他水上救生设备，也可以采取与有上述救援设备的单位以协议支援的方式来保障，但机场应当配备满足在救援初期供机场救援人员使用需要的船只或者气筏和其他水上救生的基本设备。

当突发事件发生在机场及其邻近地区的海面或大面积水域时，还应向当地国家海上搜救机构报告。

第二节　机场应急预案的内容

应急预案应当明确适用的情境条件，并根据其性质、特点、影响、应对需要，明确工作原则、组织体系与职责分工、指挥与运行机制，规定预防与应急准备、预测与预警、应急处置与救援、善后处理等工作环节的操作程序、相关标准和保障措施。

根据《民用运输机场突发事件应急救援管理规则》第十九条规定，机场管理机构应当依据本规则制定机场突发事件应急救援预案，该预案应当纳入地方人民政府突发事件应急救援预案体系，并协调统一、该预案应当包括下列内容：

（一）针对各种具体突发事件的应急救援预案，包括应急救援程序及检查单等；

（二）根据地方人民政府的相关规定、本规则和机场的实际情况，确定参与应急救援的各单位在机场不同突发事件中的主要职责、权利、义务和指挥权以及突发事件类型及相应的应急救援响应等级；

（三）针对不同突发事件的报告、通知程序和通知事项，其中，通知程序是指通知参加救援单位的先后次序。不同的突发事件类型，应当设置相应的通知先后次序；

（四）各类突发事件所涉及单位的名称、联系方式；

（五）机场管理机构与签订应急救援支援协议单位的应急救援资源明细表、联系方式；

（六）机场管理机构根据本规则第二十三条的要求与各相关单位签订的应急救援支援协议；

（七）应急救援设施、设备和器材的名称、数量、存放地点；

（八）机场及其邻近区域的应急救援方格网图；

（九）残损航空器的搬移及恢复机场正常运行的程序；

（十）机场管理机构与有关航空器营运人或其代理人之间有关残损航空器搬移的协议；

（十一）在各类紧急突发事件中可能产生的人员紧急疏散方案，该方案应当包括警报、广播、各相关岗位工作人员在引导人员疏散时的职责、疏散路线、对被疏散人员的临时管理措施等内容。

制定机场突发事件应急救援预案应当考虑极端的冷、热、雪、雨、风及低能见度等天气，以及机场周围的水系、道路、凹地，避免因极端的天气和特殊的地形而影响救援工作的正常进行。

《民用运输机场突发事件应急救援管理规则》第二十三条规定：机场管理机构应当与地方人民政府突发事件应对机构、消防部门、医疗救护机构、公安机关、运输企业、当地驻军等单位签订机场应急救援支援协议，就机场应急救援事项明确双方的职责。

支援协议至少应当包括下列内容：

（一）协议单位的职责、权利与义务；

（二）协议单位名称、联系人、联系电话；

（三）协议单位的救援人员、设施设备情况；

（四）根据不同突发事件等级派出救援力量的基本原则；

（五）协议单位参加救援工作的联络方式、集结地点和引导方式；

（六）协议的生效日期及修改方式；

（七）协议内容发生变化时及时通知对方的程序。

机场管理机构应当每年至少对该协议进行一次复查或者修订，对该协议中列明的联系人及联系电话，应当每月复核一次，对变化情况及时进行更新。

协议应当附有协议单位根据机场突发事件应急救援预案制定的本单位突发事件应急实施预案。

在地方人民政府突发事件应急救援预案中已明确机场突发事件地方政府各部门、企事业单位及驻军的职责和义务时，可不签署支援协议，但本规则规定的协议内容应在相关预案中明确。机场管理机构应当获知支援单位的救援力量、设施设备、联系人、联系电话等信息。

机场管理机构应当绘制机场应急救援综合方格网图，图示范围应当包括明确的机场及其邻近地区（指机场围界以内以及距机场每条跑道中心点 8km 范围内的区域）。该图除应当准确标明机场跑道、滑行道、机坪、航站楼、围场路、油库等设施外，应当重点标明消防管网及消防栓位置、消防水池及其他能够用来取得消防用水的池塘河流位置、能够供救援消防车辆行驶的道路、机场围界出入口位置、城市消防站点位置和医疗救护单位位置。

机场管理机构还应当绘制机场区域应急救援方格网图，图示范围应当为机场围界以内的地区，该图除应当标明本条前款要求标明的所有内容外，还应当标明应急救援人员设备集结等待区。

方格网图应当根据机场及其邻近区域范围和设施的变化及时更新。

机场指挥中心、各参与机场应急救援单位和部门应当张挂方格网图。机场内所有参加应急救援的救援车辆中应当配备方格网图。方格网图可以是卫星影像图或者示意图，方格网图应当清晰显示所标注的内容。

综合应急预案内容应该包括总则（包括编制目的、编制依据、适用范围、预案体系、工作原则）、机场危险性分析（机场概况、机场运行过程中航空器事故与非航空器事故类型分析并进行风险分析）、应急组织机构及职责（包括应急组织体系、指挥机构及职责）、预警及信息报告、应急响应（包括响应分析、响应程序、应急结束）、保障措施（包括通信与信息、应急队伍、应急物质与装备、经费与经费保障、交通运输保障、治安保障、医疗保障、后勤保障等）、后期处置（主要明确污染物处理、生产秩序恢复、医疗救治、人员安置、善后赔偿、应急救援评估等内容）、应急预案管理（包括应急预案修订、应急预案备案、应急预案实施）、应急预案培训、应急预案演练等。

综合应急预案主要内容要素如下。

一、机场危险性分析

危险源分析是编制预案的重要依据，是编制预案的基础工作。通过搜集整理初步的信息，确定机场的危险因素后，必须进行危险源的辨识和评价。目的就是在全面系统地认识和评价所针对的潜在事故类型的基础上，识别出潜在事故、性质、区域、分布、发生事故的可能性、后果的严重程度等。危险分析的目的是要明确应急的对象，为应急准备、应急响应和应急措施提供决策和指导依据。

（一）危险源辨识

危险源辨识可以分析出机场内存在什么危险、危险影响的对象和范围、哪些风险优先对待，可以确定编制哪些应急预案。

在危险源辨识和评价之前，应对危险源进行分类的综述，逐项查找。根据《民用运输机场突发事件应急救援管理规则》第七条规定，机场突发事件包括航空器突发事件和非航空器突发事件。

也就是说，机场危险源的辨识可以围绕航空器运行活动可能存在的因素进行，同时也要关注机场运行必备的建筑和设备设施运行过程中存在危险性材料、可能发生能量意外释放的部位进行分析。所以说，危险源是能量、危险物质集中的核心，是指一个系统中具有潜在能量和物质释放危险的、在一定的触发因素作用下可转化为事故的部位、空间、岗位、操作程序、设备及其位置。

危险源应按系统的不同层次来进行的。危险源存在于确定的系统中，不同的系统范围，危险源的区域也不同。例如，从全国范围来说，危险行业（如石油、火工、化工等），具体的一个企业就是一个危险源。而从一个企业的角度来看，某个车间仓库可能就是危险源；从一个操作过程来说，某工序的一部分可能是危险源。

危险源的危险程度决定于三个要素：潜在危险性、存在条件和触发因素。

（1）潜在危险性是指一旦触发事故，可能带来的危害程度或损失大小，或者说危险源可能释放的能量强度或者危险物质的大小，危险源能量强度越大，潜在危险性越大。因此，潜在的危险性是危险源的固有属性，决定着事故的规模和程度。

（2）一定数量的危险物质或一定强度的能量，由于存在条件不同，其现实的危险性不同，被触发转换为事故的可能性大小也不相同。

（3）触发因素可分为人为因素和自然因素。人为因素包括个人因素（如操作失误、不正确操作、粗心大意、漫不经心、心理因素等）和管理因素（如不正确管理、不正确的训练、指挥失误、判断决策失误、设计差错、错误安排等）。自然因素是指引起危险源转化的各种自然条件及其变化，如气候条件参数（气温、气压、湿度、风速）变化、雷电、雨雪、地震等。

触发因素虽然不属于危险源的固有属性，但它是危险源转化为事故或事件的外因。而且每一类型的危险源都有相应的敏感触发因素。一定的危险源总是与相应的触发因素相关联。在触发因素的作用下，危险源转化为危险状态，继而转化为不安全事件甚至事故。

因此，潜在危险性、存在条件及触发因素的分析是危险源辨识的重要环节，在进行危险源评价时，应全面考虑这三项因素。危险辨识是辨识出危险因素，即潜在和固有的危险性、触发条件、存在条件，危险性评价是对辨识的结果做出科学的分析，以确定发生危险的可能性及程度。

（二）危险源的辨识原则和内容

危险源的辨识原则：横向到边、纵向到底、不留死角。在危险源辨识与评价过程中一定要坚持以上原则，因为细小的遗漏也可能导致对重大事故因素的忽视，而酿成灾难性的后果，使"千里之堤，溃于蚁穴"。

危险源调查的主要内容包括以下几个。

（1）应急区域图：总图，包括应急分区（救援队伍、协同力量、伤员、指挥等）布置；机场飞行区、航站区、公共区的分布；建筑物、构筑物分布；风向、安全距离、卫生防护距离；运输路线等。

（2）应急环境条件：周围环境；气象条件；抢险救灾的支持条件等。

（3）应急区域的危险源分布，包括危险源的种类、危险程度、危险源的所属者或管理者等。

（4）救援过程：涉及人数、航空器上油量、危险品的毒性、腐蚀性、燃爆性、温度、速度、作业及控制条件、事故及失控状态。

（5）救援设备及材料情况：设备性能、设备本质安全化水平；设备的固有缺陷。

（6）所使用的材料种类、性质、危害；使用的能量类型及强度。

（7）作业环境情况：救援作业环境中地形、水域等环境因素。

（8）操作情况：操作过程中的危险；救援人员接触危险的频度等。

（9）应急中出现过的情况：过去曾经发生的救援过程中的事故及危害状况；应急过程中出现的突发事件以及事故处理应急方法；相应的处理措施。

（10）安全防护：应急场所安全防护措施；安全标志；管理措施。

（三）危险辨识方法

危险辨识就是找出可能引发事故导致不良后果的材料、系统、操作过程或事件类别的特征。因此危险辨识有两个任务：第一是辨识可能发生的事件或事故后果；第二为识别可能引发事故的材料、系统、操作生程或事件类别特征的过程。

辨识后果可分为对人的伤害、对环境的破坏及财产损失三大类。在此基础上可细分成各种具体的伤害或破坏类型。可能的事件或事故确定后，可进一步辨识可能产生这些后果的材料、系统、过程。在危险辨识的基础上，可确定需要进一步评价的危险因素。

辨识的方法主要有：分析材料性质的方法；分析操作工序和条件的方法；相互作用矩阵分析法；利用情景构建法；利用安全评价和分析方法；利用经验。

下面对以上方法进行简单介绍。

1. 操作工序和条件分析

操作工艺和条件也会产生危险或使生产过程中出现危险性。例如，水仅就其性质来说没有爆炸危险，然而如果生产中产生的温度和压力超过了水的沸点，那么水的存在就具有蒸汽爆炸的危险。因此，在危险辨识时，仅考虑参考材料性质是不够的，还要考虑操作中的条件。

2. 相互作用矩阵分析法

相互作用矩阵是一种结构性的危险辨识方法，是辨识各种因素（包括材料、生产条件、能量源等）之间相互影响或反应的简便工具。实际使用时，这种方法通常限制为两个因素，做成二维矩阵，分析时也可加入第三个因素，做成三维矩阵，如果多种因素作用重要，且有能力详细分析，则可建立n维矩阵来分析。

3. 利用情景构建法

情景构建法也叫情景分析方法，是一种面向未来的决策分析与规划方法，在20世纪70年代末兴起的一种有效的规划预测技术。情景分析法的最大特点，它不是简单地将现有的情况直线式地顺延或外推，而是要显示不同的因素如何相互作用而导致多种可能的变化；不是预测未来的某一种可能，而只是根据对未来的描述预测各种可能，并在充分论证的基础上制定不同的情景。比如，它关注的是如果发生情况 A 怎么做，如果发生情况 B 怎么做；在最好的情况下怎么做，在最坏的情况下怎么做。因此能强制管理人员制订出能适应不同变化因素的计划，能使管理者对未来的机会和威胁达成共识。同时，它还能使管理者认识到他们对关键问题的分歧常常是因为彼此对未来有不同的假设。

4. 利用安全分析和评价方法

许多安全评价和分析方法既可评价风险，也可以识别风险，如安全检查表、危险与可操作性分析、预先危险性分析、故障树分析、故障树分析等。

安全检查表分析法提供一个需要回答问题的清单，对于特定的组织和场合，检查表可通用，并保证分析的一致性。只要分析人员充分使用，安全检查表可成为危险辨识非常有用的工具。

预先危险性分析方法是一种定性分析评价系统内危险因素和危险程度的方法。是指一个系统或子系统（包括设计、施工、生产之前，或技术改造之后，即制定操作规程和使用新工艺等情况之后）运转活动之前，对系统存在的危险类别、出现条件、可能造成事故的后果进行客观的概略分析。

危险性和可操作性研究（HAZOP）是一种系统化、结构化的方法，以多专业团队人员的集体智慧方式，在有经验的组长主持下，采用标准化"引导词"对装置过程系统的中间变量设定"偏离"，沿偏离在系统中反向查找非正常"原因"，沿偏离在系统中正向查找不利"后果"。查找系统中针对各重要"原因—后果"对偶已有的安全措施，提出整改或新的安全措施建议。

事件树分析（ETA）又称决策树分析，也是风险分析的一种重要方法。事件树分析法是一种时序逻辑的事故分析方法。是从给定的一个初始事件开始，按时间进程采用追踪方法，对构成系统的各要素（事件）的状态逐项一步一步地进行分析，每一步都从成功和失败两种可能后果考虑，直到最终用水平树状图表示其可能的结果。

故障树分析（FTA）首先由美国贝尔电话研究所于 1961 年为研究民兵式导弹发射控制系统时提出来。随后，该所的梅恩斯等人改进了这种方法，对预测导弹发射偶然事故做出了贡献。后来，波音公司对 FTA 进行了重要改革，使之能够利用计算机模拟。故障树分析是对既定的生产系统或作业中可能出现的事故及可能导致的灾害后果，按工艺流程、先后次序和因果关系绘成程序方框图，表示导致灾害、伤害事故的各种因素间的逻辑关系。故障树是一种逻辑因果关系图，构图的元素是事件和逻辑门。通过对可能造成产品故障的硬件、软件、环境、人为因素进行分析，画出故障树，从而确定产品故障原因的各种可能组合方式和（或）其发生概率。

二、组织机构及职责

机场综合预案中，应该确定机场应急组织机构，一般包括应急救援指挥中心、机场应急救援管理办公室、专业的应急救援队伍三个层次，预案中要构建完善的组织机构框架，详细写清各个层次人员的组成。

机场管理机构应当在地方人民政府统一领导下成立机场应急救援工作领导小组。机场应急救援工作领导小组是机场应急救援工作的决策机构，通常应当由地方人民政府、机场管理机构、民航地区管理局或其派出机构、空中交通管理部门、有关航空器营运人和其他驻场单位负责人共同组成。机场应急救援工作领导小组负责确定机场应急救援工作的总体方针和工作重点、审核机场突发事件应急救援预案及各应急救援成员单位之间的职责、审核确定机场应急救援演练等重要事项，并在机场应急救援过程中，对遇到的重大问题进行决策。

还要明确相关各个职能部门的具体责任，明确各个部门、各个小组在救援活动中的职责，详细阐述组织机构的运行机制。

三、分级响应

预案应急响应主要包括以下四个方面。

（一）响应分级

民航建立应对突发事件分级响应制度。根据突发事件对民用航空活动的威胁与危害，民用航空活动发生、引发的突发事件性质、严重程度、可控性和影响范围，以及协助和配合国家、地方人民政府及相关部门应急处置工作的需要等因素，实行分级响应，在相应的范围内组织、指挥或协调民航相关单位采取相应的应急处置措施。

民航应对突发事件分级响应等级划分标准由民航总局制定。

根据《国家处置民用航空器飞行事故应急预案》中的规定，按民用航空器飞行事故的可控性、严重程度和影响范围，应急响应分为四个等级。

1. I 级应急响应

发生民用航空器特别重大飞行事故；民用航空器执行专机任务发生飞行事故；民用航空器飞行事故死亡人员中有国际、国内重要旅客；军用航空器与民用航空器发生空中相撞；外国民用航空器在中华人民共和国境内发生飞行事故，并造成人员死亡；由中国运营人使用的民用航空器在中华人民共和国境外发生飞行事故，并造成人员死亡；民用航空器发生爆炸、空中解体、坠机等，造成重要地面设施巨大损失，并对设施使用、环境保护、公众安全、社会稳定等造成巨大影响的民用航空器飞行事故为 I 级应急响应。

2. II 级应急响应

凡属下列情况之一者为 II 级应急响应：

- 民用航空器发生重大飞行事故。
- 民用航空器在运行过程中发生严重的不正常紧急事件，可能导致重大以上飞行事故发生，或可能对重要地面设施、环境保护、公众安全、社会稳定等造成重大影响或损失。

3. III 级应急响应

凡属下列情况之一者为 III 级应急响应：

- 民用航空器发生较大飞行事故。
- 民用航空器在运行过程中发生严重的不正常紧急事件，可能导致较大以上飞行事故发生，或可能对地面设施、环境保护、公众安全、社会稳定等造成较大影响或损失。

4. IV 级应急响应

凡属下列情况之一者为 IV 级应急响应：

- 民用航空器发生一般飞行事故。

● 民用航空器在运行过程中发生严重的不正常紧急事件，可能导致一般以上飞行事故发生，或可能对地面设施、环境保护、公众安全、社会稳定等造成一定影响或损失。

机场管理机构可以结合上一级预案中的要求，确定符合该机场救援能力及事故类型应急响应等级。

（二）响应程序

响应程序根据事故级别和发展态势，描述应急指挥机构启动、应急资源调配、应急救援、扩大应急等响应程序，如图2-4所示。

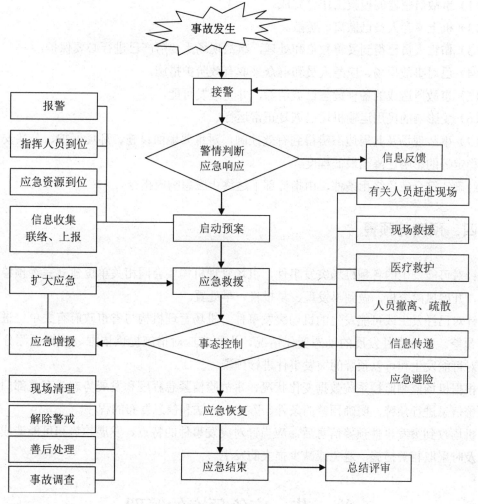

图2-4 应急响应程序流程图

（三）处置程序

针对可能发生的事故风险、事故危害程度和影响范围，制定相应的应急处置措施，明确处置原则和具体要求。若机场针对某些事故类型没有编写专项应急预案时，综合应急预案在此部分应该编写该事故类型的应急处置措施。很多机场综合应急预案在这里通常有航空器失事应急处置措施、航空器与航空器地面相撞或与障碍物相撞应急处置措施；航空器跑道事件应急处置措施；航空器火警应急处置措施；涉及航空器的其他突发事件；自然灾害应急处置措施；医学突发事件应急处置措施；不涉及航空器的其他突发事件等。

（四）应急结束

综合预案中应明确机场应急结束的条件和要求。

例如，某机场设定的机场应急事件应急终止条件如下。

（1）事故航空器的搜救工作已完成。

（2）机上幸存人员已撤离、疏散。

（3）伤亡人员已得到妥善救治和处理，事故现场重要财产已进行必要保护。

（4）已对事故现场、应急人员和群众采取有效防护措施。

（5）事故所造成的各种危害已被消除，并无继发可能。

（6）受影响的民用运输机场已恢复正常运行。

（7）事故现场及其周边态势得到有效控制，对重要地面设施、环境保护、公共安全、社会稳定等的影响已降至最低程度。

经确认符合应急终止条件，由指挥部下达终止应急响应指令。

四、预测与预警

针对可能发生的各种机场突发事件，机场管理机构要会同相关单位建立完善预警监测机制，开展风险分析，做到早发现、早报告、早处置。

针对已经发生或可能发生的机场突发事件，机场管理机构与省市政府有关单位进行监测和预警，掌握事件发展的动态变化情况，为制定应对措施提供依据。根据预测分析结果，对可能发生和可以预警的突发事件进行预警。

根据机场监测监控系统数据变化状况、事故险情紧急程度和发展势态或有关部门提供的预警信息进行预警，明确预警的条件、方式、方法和信息发布的程序。

机场收到突发事件预警信息后，应当针对突发事件的特点、发展趋势和可能造成的危害，及时采取相关措施，避免或减少损失的发生。

第三节　应急预案的管理

机场管理机构应当按照国家、地方人民政府的有关规定和本规则的要求，制定机场突发事件应急救援预案，并负责机场应急救援工作的统筹协调和管理。使用该机场的航空器营运人和其他驻场单位应当根据在应急救援中承担的职责制定相应的突发事件应急救援预案，并与机场突发事件应急救援预案相协调，送机场管理机构备案。

机场应急救援工作应当接受机场所在地人民政府的领导和监督。

应急预案的管理，是指根据变化了的条件和演习的结果对公布的预案做不断的修订以保证其适合新形势的过程。预案管理工作主要包括应急预案的评审与发布、备案、培训、演练、修订、更新等。一般分为预案评估、预案实施、预案宣传与预案修订四大部分。

应急预案编制完成后，机场管理机构在广泛征求意见的基础上，应组织专家对本单位编制的应急预案进行评审。

应急预案评审应成立应急预案评审组，落实参加评审的部门和专家人员名单，将应急预案和评审资料提前送达参加评审的部门和人员。

评审应当形成书面纪要并附有专家名单。

应急预案评审由机场管理机构主要负责人或主管安全生产工作的负责人主持，参加应急预案评审人员应当包括应急预案涉及的政府部门管理人员和有关安全生产及应急管理方面的专家。应急预案评审工作组讨论并提出评审意见。

机场管理机构应认真分析研究评审意见，按照评审意见对应急预案进行修订和完善。

中国民用航空局负责机场应急救援管理工作相关规章、标准的制定和对机场应急救援管理工作进行总体监督检查，并按照《民用机场使用许可规定》的要求，负责飞行区等级指标为 4E 以上（含 4E）机场突发事件应急救援预案的审批工作。

中国民用航空地区管理局负责本辖区内机场应急救援管理工作的日常监督检查，并按照《民用机场使用许可规定》的要求，负责飞行区等级指标为 4D 以下（含 4D）机场突发事件应急救援预案的审批工作。

一、评审时机

（1）定期评审和修订（如一年）。

（2）不定期评审和修订。

主要包括：培训和演习中发现的问题；重大事故灾害的应急经验与教训；国家或地方有关应急法规发生变化；本地区（单位）或周边危险源及环境的变化等。

二、评审准则

在应急预案的评审过程中，应当遵循完整性（功能/职能完整、应急过程完整、适应范围完整）、准确性（通信信息准确、职责描述准确、适应危险性质及种类准确）、可读性（易于查询、语言简洁通俗易懂、层次及结构清晰）、符合性（符合法规标准要求）、兼容性（与其他预案一致或兼容）、实用性的评审准则（可操作性或实用性）。

三、评审要求

表 2-1 所示为应急预案的评审要求。

表 2-1　应急预案评审要求

评审类型		评审人员	评审目标
内部评审		预案编制人员	预案语句通畅、内容完整
外部评审	同行评审	有编制成员类似资格或专业人员	听取同行对预案的客观意见
	上级评审	对预案有监督职责的个人或组织	对预案中要求的资源予以授权和做出相应的承诺
	政府评审	政府部门的有关专家	确认预案符合法律法规、标准和上级政府的规定要求；确认预案与其他预案协调一致；对预案进行认可，予以备案

四、评审发布过程

评审的发布过程，需要经过编写之后的内部评审、同行评审、上级评审和社区评审，再交由政府评审，合格以后才可以进行发布，且在每一个评审之间都需进行修改。

本章思考题

1. 简述我国应急预案体系的框架。
2. 简述民航部门应急预案体系。
3. 简述机场应急预案体系的构成。
4. 简述针对某机场进行应急预案体系的构建。
5. 简述应急预案编写的关键点。

第三章

机场应急救援组织机构

学习目标

1．掌握机场应急救援组织构成；
2．掌握各个部门在应急救援过程中的主要职责；
3．了解现场指挥的一般程序。

民用运输机场应急救援工作应当接受机场所在地人民政府（以下统称地方人民政府）的领导，地方人民政府是指机场所在地县级（含）以上人民政府。

在地方人民政府领导下、民用航空管理部门指导下，机场管理机构负责机场应急救援预案的制定、汇总和报备工作，同时负责发生突发事件时机场应急救援工作的统一指挥。参与应急救援的单位和个人应当服从机场管理机构的统一指挥。

第一节　机场应急救援组织机构的构成及职责划分

一、应急救援组织机构及其职责

机场管理机构应当在地方人民政府统一领导下成立机场应急救援工作领导小组。

机场应急救援工作领导小组是机场应急救援工作的决策机构，通常应当由地方人民政府、机场管理机构、民航地区管理局或其派出机构、空中交通管理部门、航空器承运人和其他驻场单位负责人共同组成。

机场应急救援工作领导小组负责确定机场应急救援工作的总体方针和工作重点、审核机场突发事件应急救援预案以及各应急救援成员单位之间的职责、审核确定机场应急救援演练等重要事项，并在机场应急救援过程中，对遇到的重大问题进行决策。

机场应急救援总指挥由机场管理机构主要负责人或者其授权人担任，全面负责机场应急救援的指挥工作。

机场管理机构应当设立机场应急救援指挥管理机构，即机场应急救援指挥中心（以下简称指挥中心），作为机场应急救援领导小组的常设办事机构，同时也是机场应急救援工作的管理机构和发生突发事件时的应急指挥机构，其具体职责如下。

（1）组织制定、汇总、修订和管理机场突发事件应急救援预案。

（2）定期检查各有关部门、单位的突发事件应急救援预案、人员培训、演练、物资储备、设备保养等工作的保障落实情况；定期修订突发事件应急救援预案中各有关部门和单位的负责人、联系人名单及电话号码。

（3）按要求制订年度应急救援演练计划并组织或者参与实施。

（4）机场发生突发事件时，根据总指挥的指令，以及预案要求，发布应急救援指令并组织实施救援工作。

（5）根据残损航空器搬移协议，组织或者参与残损航空器的搬移工作。

（6）定期或不定期总结、汇总机场应急救援管理工作，向机场应急救援工作领导小组汇报。

机场空中交通管理部门在机场应急救援工作中的主要职责如下。

（1）将获知的突发事件类型、时间、地点等情况按照突发事件应急救援预案规定的程序通知有关部门。

（2）及时了解发生突发事件航空器机长意图和事件发展情况，并通报指挥中心；负责发布因发生突发事件影响机场正常运行的航行通告。

（3）负责向指挥中心及其他参与救援的单位提供所需的气象等信息。

二、具体相关部门职责及划分

1. 机场总指挥职责

（1）全面负责应急救援组织、指挥工作。

（2）审核、确定应急救援工作实施方案。

（3）组织研究、讨论救援过程中遇到的重大问题，提出处置方案并组织实施。

（4）负责消防、急救、公安等部门申请救援力量支援的审批。

（5）负责搬移残损航空器的总体协调工作。

（6）决定机场临时关闭或恢复运行。

（7）及时组织有关单位准确发布突发事件相关信息，批准外界媒体采访和拍摄。

（8）负责向上级领导汇报救援工作情况，并落实上级领导指示。

（9）应急救援工作结束后，下达救援工作结束指令，对救援工作进行讲评。

2. 机场指挥中心职责

（1）组织制定、汇总、修订和管理《机场应急救援手册》（以下简称《手册》）。

（2）指挥、协调和调动参加应急救援的单位，就已经发生的应急救援发布指令。

（3）每年检查一次各有关部门的应急救援预案、人员培训、演练等保障措施落实情况，并按《手册》要求制订年度应急救援演练计划，并组织或参与实施。

（4）每月核实一次应急救援各保障单位负责人的名册及其电话号码变化和通信畅通情况。

（5）每季度检查应急救援设备器材的登记编号、存储保管、维护保养等工作情况，保证应急救援设备完好。

（6）制定机场应急救援项目检查单，明确救援信息要素和基本指挥开展程序。

（7）当机场发生突发事件时，机场指挥中心根据总指挥指令以及预案要求，应及时、果断地向各救援保障部门下达指令，按信息通报要求逐级报告，并组织实施救援工作；在特殊情况下，指挥员可先下达救援指令，后逐级报告。

（8）根据残损航空器搬移协议，组织或者参与残损航空器的搬移工作。

（9）根据突发事件现场情况，及时向空中交通管制部门提供《航行通告》资料。

（10）根据应急救援总指挥指令，发布紧急情况解除指令。

（11）组织参与应急救援的部门对应急救援工作全过程进行讲评。

（12）当应急救援工作结束后，根据上级要求，负责向机场领导小组提供应急救援工作总结报告；并适时总结、汇总机场应急救援管理工作，向机场领导小组汇报。

3. 现场指挥部职责

（1）负责向总指挥/现场总指挥报告现场救援工作进展情况。

（2）掌握现场救援工作状况。

（3）负责救援工作总体指挥与协调。

（4）在总指挥未赶到现场前，负责应急救援工作的全面指挥。

4. 民航空中交通管理局职责

（1）负责将获知的突发事件类型、时间、地点等情况按照规定的程序通知有关部门。

（2）负责及时了解突发事件航空器机长意图和事件发展情况，并通报机场指挥中心。

（3）负责依据机场指挥中心提供的资料及时发布因发生突发事件影响机场运行的航行通告。

（4）负责向机场指挥中心及其他参与救援的单位及时提供所需要的气象等信息。

（5）负责形势十分紧急的航空器类突发事件下，对消防、急救的紧急出动指令的发布。

（6）如果航空器在场外失事，根据事故现场情况，负责与机场附近的空军部队联系。

5. 机场消防部门职责

（1）负责突发事件中防止起火和现场灭火作业工作的指挥与实施。

（2）负责对突发事件中受困遇险人员的解救、疏散及搜救工作。

（3）负责机场应急救援指挥车的管理，发生突发事件时，根据指挥中心指令，立即指派应急救援指挥车到事发地点或集结点建立指挥部，并树立有"救援指挥"字样的红色旗帜。

（4）根据救援需要实施航空器的破拆工作。

（5）与市消防机构签订支援协议，建立联动机制，并负责市消防救援力量的调集、引导和协调工作。

（6）负责将罹难者遗体和受伤人员移至安全区域，并在医疗救护人员尚未到达现场的情况下，本着"自救互救"人道主义原则，实施对伤员的紧急救护工作。

（7）协助航空器营运人搬移残损航空器。

（8）协助专业部门清理毒害危险品污染现场。

（9）负责参与并实施突发事件期间机场消防模式的制定和恢复工作。

（10）协助事故调查组保护事故现场。

（11）负责职责范围内消防分预案的编制、修订和演练、培训工作。

（12）负责消防设施设备和残损航空器搬移设备的管理和检查维护，保证其处于良好状态；如救援设备低于保障要求，须及时向机场指挥中心报告。

（13）对协议消防单位进行业务指导与培训。

6. 机场医疗部门职责

（1）负责突发事件中现场医疗作业工作的指挥与实施。

（2）负责机场突发民航公共卫生事件（包括实施国内交通卫生检疫）和突发民航医疗卫生救援事件的应急处理工作的组织、协调和管理工作。

（3）接受上级有关机场突发重大医疗卫生事件应急处理工作的指令，组织和协调突发事件现场应急处置工作。

（4）进行或协助现场医学处置和传染病等疫情的防控工作。

（5）负责医学突发事件处置的组织与实施。

（6）组织进行伤亡人员的检伤分类、现场应急医疗救治和伤员后送工作。

（7）负责伤亡人员的伤情登记、统计及后送、转运跟踪等情况的信息记录工作。

（8）与市医疗机构签订支援协议，建立联动机制，并负责市医疗救援力量的调集、引导和协调工作。

（9）组织和指导驻场武警中队、护卫中心、空港物流担架队的现场救护工作和担架队员的日常培训工作。

（10）协助航空器营运人及其代理人妥善处置遇难人员遗体，并协助司法鉴定工作。

（11）负责与当地心理健康机构取得联系，为幸存者（旅客、机组）、家属、救援人员、事故调查人员提供心理辅导。

（12）负责对突发事件现场及人员的消毒处理工作。

（13）负责参与并实施突发事件期间机场医疗模式的制定和恢复工作。

（14）负责职责范围内医疗分预案的编制、修订和演练、培训工作。

（15）负责用于机场应急救护设施设备的配备、维护、更新和管理，保证应急救护仪器、器材、药品、物资处于可使用、完整和有效状态，符合规范规定。

（16）对协议医疗单位进行业务指导与培训。

7. 机场公安部门职责

（1）负责指挥参与救援的公安民警、机场护卫中心保安人员的救援行动。

（2）负责协调省公安厅、市公安局、驻场武警中队等外部支援单位军警的现场救援工作。

（3）负责制定各类非法干扰事件的紧急处置预案，定期组织演练，并报应急救援指挥中心备案。

（4）负责非法干扰事件信息接收及研判，提出非法干扰事件处置建议。

（5）负责对非法干扰威胁信息的评估，发布威胁预警。

（6）负责非法干扰类紧急事件的现场指挥，组织力量进行非法干扰应急处置工作。

（7）协助提供人质谈判和排除爆炸装置等方面的专家和技术设备支持。

（8）当发生场外救援时，负责与当地公安部门进行协调，保障应急救援工作的开展。

（9）负责指挥引导公安支援队伍、消防、急救、抢险工程车辆等应急救援支援力量进入事件现场。

（10）负责设置事件现场及相关场所安全警戒区，布置警戒线、应急专用通道及车辆停放区等，保护现场、维护现场治安秩序。

（11）与机场医疗配合参与核对死亡人数、死亡人员身份等工作。

（12）制服、缉拿犯罪嫌疑人。

（13）组织处置爆炸物，协助专业部门处置危险品。

（14）实施地面交通管制，控制突发事件现场及周边道路的交通，保障救援道路畅通。

（15）参与现场取证、记录、录音、录像等工作。

（16）负责事故现场的现场保护工作。

（17）对未受伤人员（旅客、机组）停留区实施警戒，防止外人进入。

（18）负责将非法干扰类事件或其他事件升级情况上报相关的公安部门。

（19）负责职责范围内预案的编制、修订和演练、培训工作。

8. 航空器营运人或其代理人职责

（1）配合救援保障部门做好紧急事件现场救援工作，并提供相关设备。

（2）负责向现场指挥部或机场指挥中心提供有关资料。资料包括发生突发事件航空器的航班号、机型、国籍登记号、机组人员情况、旅客人员名单及身份证号码、联系电话、机上座位号、国籍、性别、行李数量、所载燃油量、所载货物及危险品情况。

（3）通过其他渠道得知航空器紧急事件信息时，须及时通知机场指挥中心。

（4）负责在航空器起飞机场、发生突发事件的机场和原计划降落的机场设立临时接待机构和场所，负责突发事件旅客、机组家属的接待和查询工作。

（5）负责开通应急电话服务中心并负责伤亡人员亲属的通知联络工作。

（6）负责紧急事件现场旅客疏导及食宿安排。

（7）在指挥中心或者事故调查组负责人允许下，负责对突发事件现场的货物、邮件和行李的清点和处理。

（8）做好遇难人员遗物交接及伤亡人员的善后处置工作。

（9）航空器出入境过程中发生突发事件时，负责将事件的基本情况通报海关、边防和检疫部门。

（10）负责残损航空器的搬移工作。

（11）负责参与并实施紧急事件期间替代运行模式的制定和运行恢复工作。

（12）负责职责范围内预案的编制、修订和演练、培训工作。

9. 机场地面服务部门职责

（1）负责将突发事件信息通报航空公司代表，索取突发事件发生后航空器的有关数据资料，并立即报送现场指挥部或机场指挥中心。

（2）负责突发事件发生时事故现场生还旅客的疏散、食宿安排。

（3）负责旅客情况的登记及行李、物品清点工作。

（4）国际航班航空器发生紧急事件时，负责将事故的情况通知联检部门。

（5）负责航站楼发生紧急事件时辖区旅客的疏散工作。

（6）负责场内突发事件时航站楼内救援人员和武警中队救援人员的运送工作。

（7）负责航空器上旅客疏散后的运送及靠梯工作，并提供必要的服务。

（8）负责参与并实施紧急事件期间替代运行模式的制定和运行恢复工作。

（9）负责职责范围内预案的编制、修订和演练、培训工作。

10. 机场护卫部门职责

（1）维护场区秩序，做好各禁区通道口的控制工作。

（2）协助机场公安局、驻场武警部队维护突发事件现场秩序。

（3）协助应急救援中心开展工作，提供救援所需的担架队员。

（4）建立突发事件应急救援小分队，按照机场指挥中心指令开展机动救援行动。

（5）处置非法干扰事件时，协助机场公安机关排查危险物品。

（6）协助机场公安机关实施旅客安置区、货物堆积区的安全保卫工作。

（7）协助区域管理部门实施旅客的疏散工作。

（8）负责参与并实施紧急事件期间替代运行模式的制定和运行恢复工作。

（9）负责职责范围内预案的编制、修订和演练、培训工作。

11. 机场安检部门职责

（1）维护安检区域和航站楼隔离厅秩序，做好相关区域通道口的控制工作。

（2）负责紧急情况下航站楼隔离厅内及安检区域旅客的疏散工作。

（3）必要时对相关航空器人员重新进行安检，配合有关部门对航空器进行清舱。

（4）保存安检相关各类图像及检查资料，以便调查取证。

（5）负责参与并实施紧急事件期间替代运行模式的制定和运行恢复工作。

（6）负责职责范围内预案的编制、修订和演练、培训工作。

12. 机场飞行区管理部门职责

（1）负责清理救援现场，场道、助航灯光抢修恢复使之达到适航标准及必备物资的储备工作。

（2）负责飞行活动区及场外应急临时通道铺筑。

（3）提供救援现场工作照明，协调有关保证突发事件现场所需电源供应。

（4）负责提供跑道摩擦系数数据。

（5）负责辖区内汛期的防汛工作。

（6）负责残损航空器搬移辅助设备、器材的管理和检查维护，保证设备、器材处于良好状态。

（7）与市内吊车、平台车等大型救援设备所属单位及救援物资供应厂商签订支援协议，建立联动机制，并负责市救援物资救援力量的调集、引导和协调工作。

（8）负责参与并实施突发事件期间替代运行模式的制定和运行恢复工作。

（9）负责职责范围内预案的编制、修订和演练、培训工作。

13. 机场航站楼管理部门/机场信息机电部门职责

（1）负责航站楼内疏散图的制作及标识的设置。

（2）确保航站楼内应急撤离通道畅通，照明设备、疏散标识、疏散图齐全有效。

（3）负责组织航站楼区域人员紧急疏散工作，并协助机场安检中心、地面服务分公司与驻航站楼楼各单位共同做好旅客的疏散工作。

（4）紧急情况下，机场在航站楼成立临时指挥部，负责用警报、广播、电子显示屏发布疏散信息，统一指挥疏散行动。

（5）负责航站楼旅客临时安置区域的设置及管理工作。

（6）协调离港设备专业公司和承包商，负责离港系统的抢修、恢复工作及必要物资的储备。

（7）负责航站楼内保障设施的抢修恢复工作及必要物资的储备。

（8）负责参与并实施突发事件期间替代运行模式的制定和运行恢复工作。

（9）负责职责范围内预案的编制、修订和演练、培训工作。

14. 机场公共区管理部/客运换乘部门职责

（1）确保应急救援事件中公共区内社会道路的畅通。

（2）负责机场公共区疏散图的制作及标识的设置。

（3）确保公共区内应急撤离通道畅通，照明设备、疏散标识、疏散图齐全有效。

（4）负责公共区内车辆、旅客的疏散工作。

（5）负责辖区内汛期的防汛工作。

（6）负责救援现场的供水、供电保障。

（7）配合区域管理部门完成水、暖、电、气等基础设施的抢修恢复工作及必要物资的储备。

（8）负责突发事件旅客及其他人员物资运送工作。

（9）发生场外突发事件时，负责按照护卫中心要求安排大客车到护卫中心办公楼前运送护卫中心救援人员。

（10）负责场外突发事件时航站楼内救援人员和武警中队救援人员的运送工作。

（11）负责组织管辖区域旅客、车辆及工作人员应急疏散工作。

（12）负责参与并实施突发事件期间替代运行模式的制定和运行恢复工作。

（13）负责职责范围内预案的编制、修订和演练、培训工作。

15. 机场机务维修部门职责（机坪引导部门）

（1）负责事件航空器的引导，配合管制部门指挥航空器地面滑行。

（2）负责事发区域航空器推出、滑行、开车等航空器地面运行调流、管控工作。

（3）提供必要特种车辆设备。

（4）根据各类航空器性能、布局，指导、协助机场消防做好航空器破拆工作。

（5）提供代理航空器的技术资料。

（6）协助航空器营运人搬移残损航空器。掌握了解各类型航空器移动时支撑点部位，避免航空器搬移过程中的再次损伤。

（7）协助事故调查组寻找飞行数据记录器和舱音记录器。

（8）机务维修部负责在紧急情况下派出驾驶员按照医疗救护部门指示将急救物资车开往事发地点。

（9）负责参与并实施突发事件期间替代运行模式的制定和运行恢复工作。

（10）负责职责范围内预案的编制、修订和演练、培训工作。

16. 机场维修部门职责

（1）成立应急抢险突击队，负责防汛抗洪等突发事件应急抢修相关工作。

（2）负责相关保障设备设施的抢修恢复工作及必要物资的储备。

（3）负责参与并实施突发事件期间替代运行模式的制定和运行恢复工作。

（4）负责职责范围内预案的编制、修订和演练、培训工作。

17. 空港物流部门职责

（1）制定相关危险品处置预案、货运仓库消防应急预案。

（2）负责向现场指挥部或机场指挥中心提供机场代理航班/航空器承载货物等有关资料，包括如有无危险品、危险品位置等（进港舱单由物流公司提供）。

（3）负责突发事件发生后，航班/航空器所载货物、邮件和行李的搬运、清点、收集、登记和保管工作（机场代理航班/航空器所载行李清点、登记工作由地面服务部门负责）。

（4）负责货运库区发生危险品事件的前期处置工作。

（5）负责突发事件发生后，及时提供相关保障车辆、人员和设备设施。

（6）负责参与并实施突发事件期间替代运行模式的制定和运行恢复工作。

（7）负责职责范围内预案的编制、修订和演练、培训工作。

18. 机场安全质量督查部职责

（1）负责向安全监察与空管运行部、机场公司其他领导、机场公司人事行政部、机场公司党群工作部通报信息，并随时报告救援工作进展情况。

（2）协助事故调查组开展工作。

（3）负责紧急情况下事故现场的记录、拍照和易失证据的收集、保护工作。

（4）负责对救援过程中涉及职业健康、环境影响的评估。

（5）协助总结、分析应急救援工作的经验、教训。

（6）负责应急救援工作最终材料的起草与上报工作。

19. 机场人事行政部门职责

（1）负责制定机场应急救援领导接待分预案，成立领导接待组，做好上级领导的具体接待工作。

（2）做好相关后勤保障工作。

（3）协同机场党群工作部做好新闻媒体的接待工作。

20. 机场党群工作部门职责

（1）负责制定机场应急救援新闻发布工作分预案，成立新闻发布组，做好机场应急救援新闻发布工作。

（2）负责收集机场突发事件相关资料并经机场领导小组的授权对外进行新闻持续通告。

（3）经机场领导小组的授权负责召集社会媒体，召开新闻发布会。

（4）对外界舆论和报道进行跟踪并实施有效的新闻引导。

21. 机场商旅保障部门职责

（1）负责协助机场人事行政部做好上级领导具体接待工作。

（2）负责组织管辖区域旅客及工作人员应急疏散工作。

（3）负责职责范围内预案的编制、修订和演练、培训工作。

22. 机场客货销售部门职责

（1）负责及时向现场指挥部或机场指挥中心提供突发事件航空器的相关货物信息。

（2）负责及时向现场指挥部或机场指挥中心提供突发事件公务机的有关信息。

（3）负责组织管辖区域应急疏散工作。

（4）负责职责范围内预案的编制、修订和演练、培训工作。

23. 其他驻场单位职责（商贸、餐饮、空港配餐、广告、收银管理中心等）

（1）负责在突发事件处置期间对各餐饮、零售店面的经营调整与恢复工作。

（2）负责配合事故调查部门对问题食品进行清查。

（3）负责问题食品的召回和各餐饮、零售店面食品安全问题的后续处理。

（4）负责协调场区辖管广告的厂商和保险公司处置突发事件相关事宜。

（5）负责组织管辖区域旅客及工作人员应急疏散工作。

24. 驻场武警部队职责

（1）驻场武警中队与机场应急救援中心共同承担遇险人员营救工作。

（2）驻场武警担架队在应急救援中心的指导下承担紧急事件现场伤亡人员搬运任务。

（3）驻场武警中队负责紧急事件现场外围警戒。

（4）省武警总队反劫机中队在处置劫机事件时，承担突击制敌任务。反劫机中队由辽宁省公安厅调动。

25. 中航油公司职责

（1）负责制定油库、加油站及供油管网等应急处置专项预案，并报机场指挥中心备案。

（2）协调所属单位（部门）的行动，提供应急救援所需物资、设备及人员等。

（3）当被劫持航空器要求加油时，根据领导小组/总指挥的指令，按预定的程序为被劫持航空器加油。

（4）负责或参与燃油溢漏等突发事件的处置。

（5）负责本单位的应急救援培训工作。

26. 航空公司维修部门职责

（1）负责制定南航所属或代理的机库、航空器故障处置及残损航空器搬移等应急处置专项预案，并报机场指挥中心备案。

（2）为航空器救援行动提供技术资料以及相关设施、设备。

（3）负责或参与航空器搬移工作。

（4）负责责任原因导致的航空器燃油遗漏的回收、清理等工作。

（5）负责本单位的应急救援培训工作。

27. 驻场联检单位职责（机场海关、机场边防、机场检疫）

（1）负责向机场指挥中心提供突发事件相关联检需求信息。

（2）对突发事件中受困遇险人员及货物、行李提供联检服务工作。

（3）机场检疫负责或参与放射性（含核污染）物质的现场处置工作。

（4）海关、边防等部门在航空器营运人及其代理人的协助下，依据职责开展工作。

（5）机场检验检疫部门在应急救援中心协助下，依据职责开展工作。

（6）负责参与并实施突发事件期间替代运行模式的制定和运行恢复工作。

（7）负责职责范围内预案的编制、修订和演练的参与工作。

28. 其他驻场单位（部门）职责

（1）其他驻场单位（部门）依据机场指挥中心指令，提供应急救援所需物资、设备、人员和有关信息等。

（2）负责参与并实施突发事件期间替代运行模式的制定和运行恢复工作。

（3）负责职责范围内预案的编制、修订和演练的参与工作。

29. 注意事项

（1）所有参与应急救援的工作人员在应急救援过程中应当保护突发事件现场，并如实向事故调查组提供现场情况。

（2）为保证实施应急救援时的时效性，机场指挥中心有权指挥所有参与救援工作的单位和个人；有权调动所有驻场各单位的人员、物资、设备；有权纠正、制止任何人员违章、违纪及不按照规定实施救援的行为；在应急救援行动结束后，有权向机场领导小组提出有关救援工作中的奖惩建议。

第二节　机场应急救援现场指挥

一、应急救援处置的基本要求

机场应急救援工作应当遵循最大限度地抢救人员生命和减少财产损失，预案完善、准备充分、救援及时、处置有效的原则。

（1）发生突发事件后，机场应急救援处置工作应当在总指挥的统一指挥下，由消防、公安、医疗和其他驻场单位分别在本单位职责范围内行使分指挥权，特殊情况下，总指挥可以授权支援单位行使分指挥权。

实施突发事件救援时，机场应急救援总指挥或者其授权人应当服从地方人民政府领导及其突发事件应对部门的指挥，并根据地方人民政府领导及其突发事件应对部门的要求和命令，分时段、分区域向其移交指挥权。

发生应急救援等级为紧急出动的突发事件时，机场管理机构应当在最短的时间内组成应急救援现场指挥部，由机场应急救援总指挥或者其授权的人担任现场指挥员，在总指挥的总体救援行动意图下，统一指挥突发事件现场的各救援单位的救援行动。

有火情的突发事件发生后，总指挥可以授权消防指挥员担任应急救援现场指挥员。

（2）突发事件发生后及在实施应急救援时，如需机场外的支援单位参加救援工作，应当由机场内相应的救援单位提出需求和方案，经总指挥批准后通知支援单位前来支援，紧急情况下，也可先通知支援单位到达集结地点，再向总指挥报告，经总指挥同意后参加救援工作。

二、机场应急救援现场指挥决策机构

机场应急救援领导小组（以下简称机场领导小组）是机场应急救援工作的最高指挥决策机构。

机场领导小组由省政府、市政府、民航地区管理局、省机场管理集团、机场公司、民航空中交通管理局、航空器营运人及其代理人和其他驻场单位负责人等共同组成，机场应急救援领导小组成员组成名单如下。

机场应急救援领导小组成员组成名单

组　长：　省人民政府分管副省长；
　　　　　市人民政府分管副市长；
副组长：　民航地区管理局局长；
　　　　　省机场管理集团公司总经理；
成　员：　民航安全监督管理局局长；
　　　　　省机场管理集团公司副总经理；
　　　　　机场公司总经理；
　　　　　航空公司总经理；
　　　　　飞机维修基地总经理；
　　　　　民航地区空中交通管理局局长；
　　　　　中航油分公司总经理；
　　　　　机场公安局局长
　　　　　市人民政府口岸办公室主任；

机场边防检查站站长；

机场海关副关长；

出入境检验检疫局机场办事处主任；

武警市支队、大队、中队队长；

空港物流有限公司总经理；

其他各有关航空器营运人负责人或其代表。

三、机场应急救援指挥管理机构

机场应急救援指挥中心（以下简称机场指挥中心）是机场领导小组的常设办事机构，同时也是机场应急救援工作的管理机构和发生突发事件时的应急指挥机构，对机场领导小组负责和报告工作。机场指挥中心日常办事机构是机场公司生产运行指挥中心，机场应急救援指挥中心成员组成名单如下。

机场应急救援指挥中心成员名单

总　指　挥：　　机场公司总经理

副总指挥：　　机场公司主管副总经理

现场指挥官：　　机场公司生产运行指挥中心主任

注意：

（1）机场应急救援总指挥由机场公司总经理或者其授权人担任，全面负责机场应急救援的指挥工作。事件发生后第一时间，应急救援总指挥应立即与所有救援部门联系，迅速形成指挥核心，果断发出正确指令。

（2）机场生产运行指挥中心主任负责处理应急救援的日常管理工作。紧急情况发生时，机场指挥中心主任在总指挥或其授权的负责人领导下，担任现场指挥官，积极提供各类救援意见和建议，并参与事故现场的指挥工作。

（3）针对非法干扰突发事件处置中的现场指挥官由机场总指挥指定的有资质资格的人担任。

（4）机场生产运行指挥中心所有工作人员均为机场指挥中心工作人员，负责机场指挥中心的日常值班工作。

四、机场应急救援现场指挥机构

应急救援现场指挥部（以下简称现场指挥部）是发生应急救援等级为紧急出动的突发事件时，机场指挥中心以最短时间内在事件现场临时成立的应急救援现场指挥机构。

现场指挥部由机场指挥中心各级指挥官、消防指挥官、急救指挥官、公安指挥官和航空器营运人或其代理人等现场处置单位的负责人共同组成。机场应急救援总指挥或其授权人担任现场指挥员（由率先赶赴事故现场的机场现场指挥官先行担任），共同对突发事件进行评估，并在总指挥的总体救援行动意图下，统一指挥突发事件现场的各救援的救援行动。

突发事件发生时，机场指挥中心应在第一时间乘坐指挥车赶赴事故现场，在事故现场的上风口设立指挥部，并树立有"救援指挥"字样的红色旗帜。现场指挥部成员应在第一时间赶赴指挥部协调指挥紧急事件现场应急处置工作。

注意：

（1）当机场发生应急救援等级集结待命的突发事件时，也应在集结点设立现场指挥部做好事件升级的准备。

（2）到达现场指挥部的单位为有现场处置任务的单位，各救援单位应根据突发事件具体情况和本单位职责赶赴指挥部集结待命。无现场处置任务的单位应原地待命或按照相关预案做好本单位执管区域内的应急处置工作。

（3）指挥中心在事故现场的上风口设立指挥部，并树立有"救援指挥"字样的红色旗帜。

五、应急救援专业指挥官

（1）公安指挥官：机场公安局局长。

（2）消防指挥官：消防主管领导。

（3）医疗指挥官：医疗主管领导。

机场各应急救援保障单位指挥官由各单位负责人或当日值班领导担任，根据规定职责负责本单位的应急救援现场指挥工作，及时向现场总指挥提出解决措施及建议，报告事件的进展情况，并调动单位内部力量按照应急救援预案和指令展开行动，完成机场指挥中心下达的救援任务。

六、应急救援指挥权的实施

（1）发生突发事件后，机场应急救援处置工作应当在机场总指挥的统一领导下，由消防、公安、医疗和其他驻场单位分别在本单位职责范围内行使分指挥权，特殊情况下，总指挥可以授权支援单位行使分指挥权。

（2）在机场总指挥未到达突发事件现场或未临时指定授权人时，由机场当日值班一号代行总指挥职权，全面指挥机场应急救援工作。在机场总指挥到达突发事件现场后或依据总指挥指令进行指挥权移交。

（3）实施突发事件救援时，机场应急救援总指挥或其授权人应当服从省和市人民政府领导及其突发事件应对部门的指挥，并根据省和市人民政府领导及其突发事件应对部门的要求和命令，分时段、分区域向其移交指挥权。

（4）机场消防指挥官在总指挥的领导下，行使事故现场消防工作的最高指挥权，并将现场消防救援情况及时报告总指挥。

（5）机场公安指挥官在总指挥的领导下，行使对非法干扰行为的现场应急处置最高指挥权，并将现场的处置情况及时报告总指挥。

（6）机场医疗指挥官在总指挥的领导下，行使事发现场医疗救护工作最高指挥权，并将现场的医疗抢救情况及时报告总指挥。

（7）在机场领导小组主要领导到达后，机场指挥中心在机场领导小组统一指挥下，组织开展各项救援工作。

七、注意事项

（1）紧急情况发生后，按照到达事故现场指挥官的级别实施指挥。

（2）现场、公安、消防、医疗指挥官为固定人员。如紧急情况发生时，上述"四官员"未到位时，则由上述四单位当日值班领导暂时代行指挥权。当上述"四官员"赶赴事发现场后，再实施指挥权的移交。

（3）有火情的突发事件发生后，机场总指挥可授权消防指挥官担任应急救援现场指挥员。

（4）当机场发生 I、II、III 级突发事件，由省市政府直接指挥机场应急救援工作时，机场应急救援领导小组可视情指定其他人选担任各级专业指挥官。

第三节　机场突发事件应急指挥

机场突发事件应急救援组织指挥，系指应急救援指挥中心和应急救援指挥官对应急救援进行特殊的组织领导活动。具体来说，为了保证应急救援队伍保持高度战斗状态，并且在应急救援任务中抢占先机，应急救援指挥中心和应急救援指挥官根据客观情况和基本原则所开展的各项活动。应急救援组织指挥涉及面广，专业性强，贯穿于从接警出动至应急救援全过程。应急救援组织指挥正确与否，直接关系到应急救援任务的成败。

一、组织指挥任务

组织指挥的意义在于应急救援指挥官组织参与救援各部门发挥最佳战斗力，取得最佳的救援效果，以最快的速度扑灭火灾，最大限度地减少人员伤亡和经济损失。

（一）收集信息、确定对策

应急救援指挥官应通过各种渠道，快速、准确地收集救援现场信息，如应急救援预案的信息，接警出动时应急救援指挥中心下达的指令及方案，报警人以及相关人员提供的情况以及亲临火场侦察判断掌握的基本情况等。以便根据掌握的各种信息，尽快地分析判断，确定最佳的应急救援方案，使各项决策符合现场的客观事实。

（二）调配力量、协同配合

应急救援尤其是航空器及航站楼等复杂情况救援，由于涉及出多力量和若干环节，加上现场情况的复杂多变，在应急救援行动和力量使用上，极易出现现场混乱和漏洞。应急救援指挥官要根据应急救援预案，通过组织指挥的手段，组织各参与救援力量协同配合，步调一致。当救援现场情况发生变化时，要及时修正、补充和更改协同预案，修补漏洞，保证应急救援行动的顺利进行。

（三）部署任务、督促执行

部署任务并督促执行时实施救援组织指挥的重要环节。应急救援指挥官要根据救援现场形势和情况的发展变化，针对各参与救援力量和装备情况，适时进行救援总体任务部署或分段任务布置，并随着救援行动的推进及时调整。部署的救援任务下达后，要通过各种参与救援力量的具体执行才能实现。要达到这一目的，应急救援指挥官就要通过现场检查、听取汇报或其他方式，掌握参与救援力量执行命令的情况，发现问题，及时调整，切实保证准确实施各项救援及保障措施，使救援各个方面的行动始终按照任务部署进行。

二、组织指挥原则

应急救援组织指挥原则，是指在组织指挥救援行动中各级指挥员必须遵循的基本原则，其是应急救援总体决策能否得以实现的关键所在。救援任务中，各参与救援力量的组织指挥原则是统一指挥，逐级指挥。

（一）统一指挥

应急救援现场情况复杂，任务艰巨，经常涉及参与救援以及协同救援任务的各单位力量，只有实现统一指挥，才能使救援组织者准确地掌握和正确地调用各救援力量，保证救援部署的整体性和救援行动的协调性，使之步调一致地贯彻执行火场总体决策，有效地完成应急救援任务。救援任务重，若干救援环节紧密相连、相互影响，一旦发生偏差，往往导致救援任务的全面溃败。实施统一指挥，可以加强总体协调，互相弥补不足，及时修补漏洞。

（二）逐级指挥

无论救援现场困难大小、参展力量多少，应急救援行动的组织指挥具体实施一般都要逐级进行。实行指挥逐级负责制，以充分发挥部署贯彻执行命令的积极性和坚定性，避免指挥混乱。救援任务中，下级必须服从上级，对上级指挥官的命令若有异议，可以提出，但当上级没有改动决定时，下级必须严格执行。

在上级指挥官紧急调动下属或更动原来命令，而下属的直接领导没有在场的特殊情况下，救援的命令可以越级下达，但越级下达命令者必须讲明身份。随后，下达命令和接受命令的双方都要及时通知和报告接受命令者的直接领导。

三、组织指挥形式

组织指挥的形式有计划指挥和临场指挥。

（一）计划指挥

按照救援预案指挥救援任务的形式，称为计划指挥。计划指挥是在临场指挥基础上发展起来的，计划指挥是以保卫对象情况的深入了解、救援方法的分析研究和救援经验的总结为基础，是救援指挥的重要形式。

计划指挥适用于实际情况与灭火预案基本符合的火灾现场，作用如下。

（1）减少或避免盲目性。救援预案是经过大量调查研究、数据测算，以及现场实际演练制定的，预案利用图纸和文字说明，清楚、准确地介绍了保卫对象的地理位置、交通道路、周围环境、可用水源、建筑结构、生产性质（储存物资）、灭火力量、作战具体方案等，灭火时所需用的各种情况和数据，救援指战员按照预案执行，能保证救援的整体性。

（2）争取时间赢得灭火主动权。实施计划指挥的救援现场，都是救援队伍平常熟悉，按救援预案演练过的驻场重点单位和部位，应急救援指挥官情况熟、任务清，应急救援预案执行，参战人员思想和行动有充分的的准备，可以避免临场指挥可能遇到的一些阻碍，缩减战斗行动，赢得灭火主动权。

（3）提高救援现场的应变能力。根据救援预案提供的各种实施依据和提示，可以帮助应急救援指挥官应付救援现场情况的突变，提高救援指战员在救援现场的应变能力。

按照参战力量和指挥层次，计划指挥可分一般救援计划指挥和联合救援计划指挥两种。

（1）一般救援计划指挥。是指由应急救援部门自行完成应急救援任务，计划指挥工作由应急救援部门组织实施。救援预案由应急救援部门制定，上级核准，投入使用。

（2）联合救援计划指挥。是指除应急救援部门外，由其他驻场单位和部门共同参与，共同完成救援任务的救援现场，计划指挥工作由应急救援指挥中心实施。大型灭火预案也由应急救援指挥中心组织制定。

计划指挥的实施绝不意味着应急救援指挥官要按照救援预案一成不变的机械处置，救援指挥官应根据救援现场的变化情况，可以做不违背预案原则的调整和变动。

计划指挥的实施，应以救援预案为基本依据。

对在力量集结或现场救援过程中出现的各种影响预案执行的特殊情况，应急救援指挥官应指令采取应急措施给予处置或调整，保证计划指挥全面、完整的实施。

为保证计划指挥的有效实施，平时要做到以下几点。

（1）应急救援指挥官应通过战术研究、现场熟悉、实施演练等方法，不断加深救援人员对预案的熟悉程度，提高执行计划的自觉性。

（2）根据救援对象的变化，及时修订救援预案，适应救援实际需要。

预案的制定样式、储存方法、取拿形式等，要以方便、适用救援组织指挥为原则。

（二）临场指挥

根据救援现场的具体情况，临场确定救援决策和救援行动方案的指挥形式，称为临场指挥。

1. 临场指挥的适用范围

临场指挥适用于以下情况。

（1）没有制定救援预案的救援现场。

（2）救援预案与救援现场实际情况不相符合，计划指挥无法实施的救援现场。

（3）现场情况发生突变，部分情况与原预案不符，应急救援行动需要临时进行较大调整和变动的救援现场。

2. 临场指挥实施的保障

临场指挥是属于救援的应急处置，但也应有大量的救援准备工作给予保障。

（1）按责任区分工，掌握责任区范围内各种与灭火组织指挥有关的基础情况和变化情况，如责任区的地理状况、交通道路、周围情况、可用水源、建筑结构和布局等。

（2）掌握救援力量分布及救援状况，如可出动车辆、车种，特种装备的性能和状态，灭火剂储备情况和一次最高运载量，到救援现场的距离、时间；保持与市内消防与医疗救护、供电、供水、交通运输、治安等协同救援单位和部门的联系等。

（3）掌握处置各类救援的有效办法，搞好信息资料储存和应急提取，为指挥救援现场提供参考依据。

（4）通过资料检索、救援现场情况询问、瞭望以及现场电视转播、无线通信等各种现代技术手段，把现场的一切可靠情况提供给应急救援指挥官。

（5）制定与组织指挥有重要关联的必要规定，如划定救援分区，制定救援出动规定，增员救援力量规定等。

3. 临场指挥的实施

临场指挥从火灾现场实际情况出发，认真贯彻战术原则，灵活运用战术方法，正确部署救援力量。

应急救援指挥官在不违反基本原则的前提下，指挥上应尽力保持救援力量的整体救援体系。一般要求如下。

（1）由应急救援部门负责的救援现场，一般是先到救援人员担任火情压制、截火救人等关键任务；后到人员协助先到人员，进攻火点，组织供水，检伤分类，院前急救及其他辅助任务。

（2）由多方应急救援力量参与的大型应急救援现场，应急救援部门一般多担负火情压制、截火救人、现场施救等关键任务，其他应急救援力量协同配合，保持前后方有机衔接的救援整体。

（3）应急救援指挥官要尽早到达救援现场，搜集情报，掌握信息，把指令提早下达给救援人员，使救援力量在行进中或到达救援现场前就有充分的思想和物质准备。

（4）应急救援指挥官要通过各种手段，随时掌握救援现场情况的发展变化，对临场采取各项对策的实施，发现问题，及时纠正。

临场指挥的弊端如下。

（1）临场指挥是临场对救援现场台式的应急处置，应防止出现指挥上的盲目性。

（2）临场指挥，指挥官缺乏思想和物质的充分准备，要防止延误救援行动时间，避免出现差错，影响救援效果。

（3）临场指挥的大型救援现场，任务重，参与救援力量多，要防止出现指挥未覆盖的死角。

（三）计划指挥与临场指挥的关系

计划指挥与临场指挥属于两种不同的指挥形式，但目标是一致的，从诸多救援现场的指挥实践看，两者互为补充，相辅相成。

1. 计划指挥先于临场指挥

计划指挥是在认真总结临场指挥的经验和规律基础上发展起来的。实施计划指挥是以深入的调查研究和准确的救援预案为前提条件，因此，通常情况下应急救援指挥官应首先按照预案的各项部署实施指挥。但是，救援现场情况经常是千变万化的，针对救援现场发生突变的情况，应急救援指挥官应临机决断，采取针对性措施，保证应急救援的顺利进行。因此，临场指挥也是必不可少的指挥形式。

2. 计划指挥与临场指挥互为依托

实施计划指挥的救援现场，因预案设想不全或救援现场情况突变，造成预案的部分行动计划与救援现场实际不相符，这时就要凭借临场指挥的作用进行调整和协调，以适应救援现场的实际需要。

临场指挥要吸取计划指挥可行的部分，预先制定有关规定，提高救援力量行动的自觉性，减少临场指挥可能产生的盲目性，避免救援现场的忙乱。

四、组织指挥的程序和方法

（一）组织指挥的程序

应急救援力量执行应急救援任务的组织指挥程序是：搜集掌握火场情况，确定总体救援决策和行动方案，下达救援指令，并根据救援现场变化随机指挥。

1. 搜集掌握现场情况

迅速搜集和掌握与应急救援相关的各种可靠情况，在快速分析研究的基础上，准确地判断救援现场发展趋势，是抓住救援现场主要方面，制定救援决策和组织实施救援方案的前提。因此，应急救援指挥官要通过各种手段，全面了解掌握救援现场基本情况，掌握应急救援指战员的业务素质、救援特长以及灭火剂、救援器材装备的保障和周围救援环境等情况，为确立救援现场主要方面，提出最佳应急救援行动方案提供可靠的依据。

应掌握信息如下。

（1）燃烧物质的性质，燃烧范围，火势蔓延速度和方向。

（2）有无人员受到高温、烟气、火势的威胁，其数量和所处地点以及抢救疏散的通路。

（3）有无爆炸、毒气、触电和建筑物倒塌的危险。

（4）有无受到火势、高温威胁的重要物资、设备、档案和资料，其数量、位置和实施疏散、保护的可行性。

（5）可利用的水源及供水能力。

（6）救援对象（建筑物）的建筑特点、建筑消防设施和毗邻情况。

（7）救援力量和灭火剂、器材装备等情况。

（8）火场周围的道路及周围环境等情况。

（9）救援当日气象（风向、风力、风速、气温、相对湿度、阴、雨、晴、雪等）变化情况。

（10）其他应了解掌握的情况来源如下。

① 通过对报警人的询问。

② 从储存资料中提取。

③ 救援行驶途中通过电台对到场参战人员的了解。

④ 听取救援现场知情人的报告。

⑤ 仪器设备检测或计算。

⑥ 现场观察和火场侦察报告。

⑦ 其他可利用的方式。

分析和判断救援现场情况，把救援现场掌握的各种可靠情况、上级指示和有关方面的建设有机地联系在一起，依据救援态势发展规律、救援基本原则和指导思想，通过分析、判断或借助现代技术有段的处理，确定救援现场主要方面和所需救援力量，提出救援行动的最佳方案。

2. 确定总体决策和救援方案

确定总体决策和救援方案是应急救援指挥官在应急救援组织指挥中最基本、最重要的工作。正确的决策是应急救援的行动依据，是取得应急救援胜利的基本保证。

应急救援指挥官确立灭火对策和行动方案的主要依据如下。

（1）火场基本情况：起火点位置，燃烧物质性质，燃烧面积以及火势发展蔓延方向；有无人员被困，抢救疏散的通道，有无毒气、爆炸、倒塌以及贵重物资受到火势威胁，实施保护和疏散的方法等。

（2）到场救援力量：主要包括救援力量的编制人员、车辆类型和器材装备，消防部门、急救部门、参与救援各单位、各部门、供水、供电、市内消防与医疗救护、交通、公安等救援力量。

（3）起火单位（部位）建筑布局：主要包括建筑结构、平面布局、内部灭火设施等。

（4）消防水源及气象状况：单位内外消防水源和当日气象情况。

应急救援决策的基本内容通常包括如下方面。

（1）救援任务意图：是应急救援指挥官对应急救援行动总体设想，即所要达到的救援目的和采取的主要救援方法，是救援决策中最基本的要素。

（2）主要救援方向：即火场主要方面，投入主要的救援力量。主要救援方面体现着应急救援指挥官的部署重心。其主要方面如下。

① 人员受到火势威胁的场所。

② 有可能引起爆炸、毒害的部位。

③ 重要物资收到火势威胁的地方。

④ 伙食蔓延猛烈，有可能造成重大损失的方向。

⑤ 有可能引起建（构）筑物倒塌或者变形的方面。

（3）救援力量部署：是应急救援指挥官对救援力量确定的人员编组和任务划分，以车辆器材、装备及人员的具体组合与分配的形式，体现了应急救援指挥官应急救援的指导思想和救援方法。

（4）协同配合：是应急救援指挥官为保证整体救援任务的协调一致，对救援力量提出的密切配合，统一行动的原则和要求。

（5）后勤保障：是应急救援指挥官为了保障救援任务顺利进行，对救援器材、车辆装备、油料补给、救援人员饮食、救援用各种物资等提出的措施和要求。

3. 决策的要领

救援任务决策是组织指挥的核心。科学地实施救援决策最重要的是处理主观与客观的关系。

（1）明确救援任务，确立救援目标。明确救援任务的目的是进一步领会上级意图，明确救援力量所担负的任务，为确立救援目标提供依据。确立救援目标就是根据上级领导意图和指示，确定救援任务所要达到的目的。在实际救援行动中，火场不同，救援目标也不尽相同。

（2）准确判断情况，科学权衡利弊。应急救援指挥官的正确决策来自于对救援现场情况准确的判断和科学的分析。应急救援指挥官在收集火场情报之后，应以主要精力，结合应急救援任务，对掌握的救援现场情况认真分析、对比、权衡利弊，得出判断的结论。

（3）集思广益，确定最佳方案。集思广益，确定最佳方案是在判断情况、权衡利弊的基础上进行的，是决策活动的中心。救援方案一般包括：救援任务目的，救援力量部署，救援战术、技术措施，协同配合救援事项及救援保障。救援方案一是要内容明确，符合客观情况；二是要对救援现场可能出现的所有状况以及每个救援阶段进行全面设想和处置；三是要集思广益，听取多方意见，是方案更科学有效。

4. 下达救援指令

应急救援指挥官下达救援指令要坚决、果断，内容要简明扼要，可以采用面对面或者有线、无线通信方法，也可以采用旗语、手语等方法下达指令。无论采用哪种方式，必须使救援人员明确下达的任务和救援要求。命令下达后药剂师做好记录，详细记下下达命令的时间、内容、接受人等。

根据救援现场变化，实施随机指挥。应急救援过程中，应急救援指挥官要按照确定的总体决策和行动方案，不间断地实施指挥。在救援现场情况没有发生根本变化时，应坚决将救援预案贯彻到底；当救援现场情况发生突变时，应适时修正方案，是救援符合实际要求。对一些重大救援行动和环境异常艰苦部位（如突破救人、堵截火势、向火点进攻和深入危险地带）的救援力量，指挥官要亲自过问或组织指挥。

（二）组织指挥的方法

1. 协调配合救援行动

应急救援指挥官应根据救援现场情况变化和救援态势，合理分配救援力量参与救援行动，以保证救援目标和预案的顺利实施。

协调的重点是救援行动。一是协调应急救援中消防部门和急救部门的行动，始终保持救援现场的行动中心；二是协调各参与救援单位（部门）之间的配合，保持整体救援效率。

2. 适时调整部署

当救援现场出现意外情况，致使救援行动受挫或救援方案无法实施时，指挥官要针对救援现场情况的变化，坚决果断地进行重新部署和调整。

适时调整部署的重点：一是重新确立救援现场主要方面；二是调整各参与救援单位（部门）的应急救援任务；三是重新进行战斗编组。调整部署必须紧紧围绕救援主要方面，根据应急救援进程和救援现场情况变化，因势利导，果断实施。按照执行主要任务、辅助任务、机动力量、后勤保障力量的顺序，分步骤妥善实施，防止火场出现混乱。

3. 绘制救援现场指挥图

应急救援指挥图是指用图示的方法，快速反应应急救援指挥官的救援意图的救援文书，是救援指挥官在实施随机指挥时的重要辅助手段。

应急救援指挥图是根据救援指挥官的作战决策绘制的。其作用：一是帮助指挥官正确地部署和调度力量。二是帮助指挥官将作战意图准确地向上级领导和参与救援单位介绍，为上级指挥官和参与救援单位的决策和行动提供依据。三是可以作为下达命令的附图，使下级指挥官明确自己所担负的任务，了解整个救援战斗部署，有利于协同配合。四是与原来制定的救援预案相对照，检查制定预案与实际战斗行动的差距，不断总结经验，提高制定救援预案水平。五是可以作为检查救援现场指挥正确与否的原始资料。六是救援结束后，可作为分析救援开展情况，进行救援总结和战评的原始依据。

4. 协同配合的组织指挥

现代应急救援已越来越多地呈现立体、大空间、大跨度的态势，消防、急救部门联合参与，驻场其余单位参与救援的案例也很多。因此，必须实施强有力的统一组织指挥，使各参与救援力量各司其职，密切配合，协同一致，形成整体优势，方可夺取应急救援的胜利。

5. 消防部门各中队协同救援

两个以上消防中队参与的救援任务，由上级指挥官实施指挥，并可根据救援现场情况成立救援指挥部。上级指挥官未到达救援现场前，实行属地指挥。

（1）协同作战原则。责任区中队为主，增援中队为辅。责任区消防中队距离救援现场近，辖区情况熟，应承担救人、堵截火势或保护毗连建筑、冷却有爆炸危险的储罐等主要救援任务。增援中队到场后协助责任区中队，协调一致地执行救援行动。

（2）统筹部署，发挥特长。指挥官在组织指挥作战时，要统筹兼顾，充分发挥各参战中队的救援特长，要依据中队的技术装备和特勤技能来确定应急救援作战任务。避免凭主观印象，只顾及局部而忽视全局，要把最艰巨的任务交给最能胜任的中队去完成，并从各方面提供优良的救援保障。同时，合理调配其他救援任务，使参与救援中队都能发挥其特长。

（3）确立最佳阵地编成，前后方形成体系。在救援力量部署上，指挥官要依据救援现场具体情况，迅速、准确地估算出救援现场上所需水枪数量，并确立最佳水枪阵地，合理地部署供水力量。一般情况下，要尽力使参与救援各中队保持前后方形成体系的救援整体，避免出现各自为战，造成协同配合不力，以充分发挥参与救援中队的主观能动性。

6. 协同救援的实施

（1）责任区中队与增援中队的配合。当责任区消防中队和增援消防中队先后到达救援现场，而上级指挥官没有到达救援现场前，救援现场指挥官应由责任区消防中队指挥官担任，对到场救援力量实施统一指挥。增援中队在责任区中队救援现场指挥官的统一领导下，执行应急救援任务。

责任区中队指挥官要全面了解救援现场情况，确定主攻方向，提出灭火、救人等主要措施，向增援中队下达救援指令，并督促执行情况。同时，随时掌握火势变化情况，及时向上级请示报告，并要注意发挥增援中队指挥官的作用，对重大灭火问题要主动征询意见，共同商定。

增援中队指挥官要充分发挥自己的主观能动性，坚决执行责任区中队救援指挥官的命令，积极为救援指挥官出谋划策，共同负责应急救援，协调一致地执行救援任务。

（2）特勤班组与战斗班组的配合。特勤班组在救援现场上主要担负险情侦检、抢险救人、登高灭火、防毒排险、破拆堵漏等攻坚或特殊任务。通常情况下，特勤班组应接受现场指挥部的统一指挥。当特勤班组独立或为主作战时，应由特勤指挥官实施指挥；当特勤班组进行辅助作战时，应接受责任区中队或现场最高指挥官的指挥；当特勤班组实施跨区域支援作战时，应按"属地原则"接受当地消防指挥机构的指挥。

（3）灭火抢险与后勤保障的配合。扑救面积大、情况复杂的火灾，需要大量灭火剂、装备器材、油料、饮食、物资等，必须保证充足的供应。要制定调集方案和后勤保障方案，确保灭火救援任务的完成。

（4）市内消防部门与机场消防部门的配合。在扑救火灾和抢险救援行动中，往往调集市内消防部门参与。消防部门要注意与市内兄弟部门的协同作战，分工负责各方面的工作，使救援现场人力、物力落到实处。

供水部门负责救援现场供水任务，决定增加水量和水压，必要时停止部分地区供水，保证救援现场用水；供电部门负责处理救援现场的电气设备，协助消防部门做好停电或带电灭火；燃气部门负责救援现场燃气管道的停止供气或协助消防部门扑救管道破裂引起的火灾，防止发生爆炸或中毒事故；医疗部门负责抢救伤员采取防护措施；交通运输部门负责调集运输工具，向救援现场运送物资以及抢救人命和疏散物资等；公安、武警负责救援现场警戒、交通疏导管制，保护现场，维护火场秩序。

7. 协同救援的指挥要求

（1）预测各消防中队到场时间，提前部署任务。各消防中队接到出动命令后，由于距救援现场远近不一，到达现场时间必有先后，指挥官要及时与参与救援部门进行联络，预测到场时间，提前把所调力量灭火任务确定好，待其到达后，立即投入救援任务中，为整个灭火战斗的顺利进行奠定基础。

（2）要善于创新，构成最佳战斗体系。应急救援中各救援力量如何协同，不同的救援现场，不同的救援对象有着不同的协同方式，同一类型的救援任务因时间地点和救援力量的不同，协同配合的方式也不尽相同。因此，指挥官组织指挥协同配合不能拘泥于一种特定的模式，必须依据不同的对象，以变制变，善于创新，构成最佳的救援体系。

（3）纵观全局，注重发挥无形因素与作用。协同救援时，在力量调配上，应注意留有充分余地，使协同救援体系构成具有一定的灵活性。要在对救援现场发展趋势做出预测的基础上，做好多手准备，避免用单一的方案去应付救援现场错综复杂的局势。协同救援行动是一个连续过程，要随着应急救援的进行及新情况的出现，不断地协调各救援中队的救援行动，以适应瞬息万变的救援现场。救援现场上各救援力量要搞好合作关系，政治上要团结一致，战术思想上要统一，纪律作风上要严明，以及高度的时间观念，主动的配合精神，是进行协同救援的基础。指挥官应注意培养和发挥各救援中队无形的力量，使之融于有形的力量之中，形成强大的合力去克服困难，扑灭火灾。

8. 消防、急救部门协同救援

消防与急救部门的协同救援由应急救援指挥中心实施统一指挥。应急救援指挥官要根据各救援力量实战能力，分配相应的应急救援任务，并检查执行情况。应急救援指挥官要主动向各救援部门的指挥官了解各种信息，听取他们的意见和建议。

应急救援指挥中心要加强对消防、急救部门平时的业务指导，经常组织开展联合应急救援训练和综合演练，为切实做好应急救援协同救援创造条件。

9. 应急救援各部门协同救援

驻场各单位以及省市多部门协同作战的救援现场一般都是一些重特大应急救援任务，组织指挥难度大，应急救援总指挥官和应急救援指挥部必须全面考虑，组织周密。

（1）成立两级救援指挥部。多部门协同作战的救援现场，不仅投入的车辆多、人员多、场面大，而且救援现场情况复杂，救援时间长，应成立应急救援总指挥部，实施火场统一指挥。应急救援总指挥部的主要职责是对应急救援工作做出重大决策，并负责调动各有关方面的人力、物力，保障应急救援和后勤生活物资的供应。

在应急救援总指挥部的领导下，成立应急救援指挥部，全权负责应急救援的组织指挥。应急救援指挥部应以应急救援指挥中心领导为主，相关单位（部门）主要负责人和工程技术人员共同组成。应急救援指挥部的主要职责是向应急救援总指挥部汇报救援现场情况，提出救援方案，参加总指挥部救援决策，把总指挥部的意图变成具体行动。

（2）逐级调配力量，分级协同指挥。执行重特大应急救援任务时，需要多部门联合救援，救援力量的调集要按照职能逐级实施。参加抢险救灾的社会力量由省、市政府协调解决，驻军由军队领导机关按调兵程序调集。调集各单位参战时，应当规定集结的时间和地点，参战单位应在规定的时间内按要求组织抢险救援车辆、人员和所需器材，及时到达集结地点报到，等候战斗命令。

为保障各项战斗行动有秩序的实施，必须实施分级协同指挥。一是属地指挥，现场应急救援指挥部由省、市政府领导组成，应急救援指挥官在上级领导到场前负责应急救援指挥工作，并根据救援现场情况和灭火需要，划分成若干个救援区，向各中队下达救援命令，部署救援任务，并检查执行情况。增援力量指挥官要服从命令，听从指挥，并要及时向应急救援指挥官报告救援现场情况，协助指挥应急救援。二是统一指挥，当地党政领导和上级领导到场后，要成立总指挥部，在灭火指挥部的统一指挥下，各救援力量由各指挥官具体指挥，使参与救援力量以单位（部门）为单位组成一个有机整体，确保救援行动紧张有序，有条不紊。

本章思考题

1. 简述机场应急组织机构的组成部分。
2. 简述机场各个部分的主要职责。
3. 组织指挥的原则是什么？
4. 组织指挥的形式有哪几种？

第四章

机场应急演练及培训

学习目标

1．了解应急演练的作用及目的；
2．掌握机场应急演练的分类；
3．掌握机场应急演练的要求；
4．掌握机场应急演练组织实施的程序；
5．掌握机场应急培训的内容及训练的方式。

为了应急救援工作顺利展开，机场管理机构应当按照《国际民用航空公约 附件14》的要求，适时组织开展单项及综合应急救援演练，演练的目的在于校验机场应急救援预案的科学性、合理性及可行性。

因机场应急救援涉及的业务非常专业，所以机场应急救援执勤及相关人员的培训，是机场应急救援准备工作中非常重要且必要的内容。通过系统、专业的业务培训，使人员具备辨识风险、应对突发状况的能力。

第一节　机场应急演练

应急救援是一项涉及多专业、跨部门的系统工程，为了在紧急情况下更好地应对突发状况，切实做好应急救援准备工作，机场管理机构通常会按照实际需要编制应急救援预案，并按照应急救援预案适时组织开展演练。

应急救援演练情况应尽量贴近紧急状况下的真实场景，并加入一些突发状况，增加演练的真实性。

为了使演练更加真实，切实考验应急救援人员应对突发状况的能力，很多机场管理机构组织开展无脚本演练，相对有预案脚本演练，无脚本演练可以真实反映应急救援人员是否具备应急处突的能力。

一、应急演练概述

（一）应急演练的概念和目的

应急演练，是指《生产安全事故应急演练指南》针对事故情景，依据应急预案而模拟开展的预警行动、事故报告、指挥协调、现场处置等活动。

应急演练的目的是检验预案、锻炼队伍、磨合机制、宣传教育、完善准备五个方面。

（二）应急演练的分类

应急演练的分类有如下几种。

（1）按照内容划分，分为综合演练和单项演练。

综合演练是由机场应急救援工作领导小组或者其授权单位组织，机场管理机构及其各驻机场参加应急救援的单位及协议支援单位参加，针对模拟的某一类型突发事件或几种类型突发事件的组合而进行的综合实战演练。

单项演练是由机场管理机构或参加应急救援的相关单位组织，参加应急救援的一个或几个单位参加，按照本单位所承担的应急救援责任，针对某一模拟的紧急情况进行的单项实战演练。

（2）按照形式划分为现场演练和桌面演练。

桌面演练也称指挥所推演，是由机场管理机构或参加应急救援的相关单位组织，各救援单位参加，针对模拟的某一类型突发事件或几种类型突发事件的组合以语言表达方式进行的综合非实战演练。

其目的是在没有时间压力情况下明确相互协作和职责划分问题，锻炼演习人员解决问题的能力；发现和解决预案和程序中的问题，取得一些有建设性的讨论结果。桌面演练的特点是头脑和口头上"过一遍，走一遍"应急响应的场景，成本低。

其形式主要有如下几种。

① 通常在会议室举行。

② 由应急组织的代表或关键岗位人员参加。

③ 按照应急预案和标准行动程序，讨论所应急采取的应急行动。

④ 讨论问题不受时间限制。

⑤ 采取口头评论形式，并形成书面总结和改进建议。

综合演练和单项演练均是实战演练。机场应急救援综合演练应当至少每三年举行一次，未举行综合演练的年度应当至少举行一次桌面演练，机场各参加应急救援的单位每年至少应当举行一次单项演练。

（3）按照演练的目的划分为检验性演练、示范性演练和研究性演练。

① 检验性演练：检验性演练是指为检验应急预案的可行性、应急准备的充分性、应急机制的协调性及相关人员的应急处置能力而组织的演练。

② 示范性演练：示范性演练是指为向观摩人员展示应急能力或提供示范教学，严格按照应急预案规定开展的表演性演练。

③ 研究性演练：研究性演练是指为研究和解决突发事件应急处置的重点、难点问题，试验新方案、新技术、新装备而组织的演练。

（三）应急演练的内容

（1）预警与报告。根据事故情景，向相关部门或人员发出预警信息，并向有关部门和人员报告事故信息。

（2）指挥与协调。根据事故情景，成立应急指挥部，调集应急救援队伍等相关资源，开展应急救援行动。

（3）应急通信。根据事故情景，在应急救援相关部门或人员之间进行音频、视频信号或数据信息互通。

（4）事故监测。根据事故情景，对事故现场进行观察、分析或测定，确定事故严重程度、影响范围和变化趋势等。

（5）警戒与管制。根据事故情景，建立应急处置现场警戒区域，实行交通管制，维护现场秩序。

（6）疏散与安置。根据事故情景，对事故可能波及范围内的相关人员进行疏散、转移和安置。

（7）医疗救护。根据事故情景，调集医疗卫生专家和卫生应急队伍开展紧急医学救援，并开展卫生监测和防疫工作。

（8）现场处置。根据事故情景，按照相关应急预案和现场指挥部要求对事故现场进行控制和处理。

（9）社会沟通。根据事故情景，召开新闻发布会或事故情况通报会，通报事故有关情况。

（10）后期处置。根据事故情景，应急处置结束后，开展事故损失评估、事故原因调查、事故现场清理和相关善后工作。

二、演练原则

通过应急救援演练，机场管理机构可以检验各应急救援部门之间的反应能力、协调配合能力及实战能力，切实做好应急救援准备工作。为了达到应急救援演练预期效果，减少演练给机场运行带来的影响，应急救援演练应遵循以下原则。

（1）应急救援演练应减少给机场运行带来负面影响。

（2）在演练过程中，应确保机场具备正常保障能力。

（3）应制定详尽的应急救援演练预案。

（4）应协调好参与应急救援各单位人员的组织问题。

（5）参与应急救援的车辆、大型救援设备以及物资器材等应配备齐全。

第二节　机场综合演练组织与实施

机场应急救援综合演练应当至少每三年举行一次，未举行综合演练的年度应当至少举行一次桌面演练，机场各参加应急救援的单位每年至少应当举行一次单项演练。

举行综合演练时，可以邀请当地人民政府及有关部门、民航地区管理局、航空器营运人及其他有关驻场单位人员以观察员身份参加，并参加演练后的总结讲评会。

在举行机场应急救援演练前，机场管理机构或者组织单项演练的相关单位应当组织编制应急救援演练计划，应急救援演练计划应当按照突发事件发生、发展的进程进行编制，应急救援演练计划可以是一种或几种突发事件的综合。演练计划主要包括以下几种。

（1）演练所模拟的突发事件类型、演练地点及日期。

（2）参加演练的单位。

（3）演练的程序。

（4）演练场地的布置及模拟的紧急情况。

（5）规定的救援人员及车辆的集结地点及行走路线。

（6）演练结束和演练中止的通知方式。

机场管理机构在举行应急救援演练时，原则上应当采取措施保持机场应急救援的正常保障能力，尽可能地避免影响机场的正常运行。如果由于应急救援演练致使本机场的正常保障能力在演练期间不能满足相应标准要求的，应当就这一情况通知空中交通管理部门发布航行通告，并在演练后，尽快恢复应急救援的正常保障能力。举行综合演练时，机场管理机构应当视情事先通报相关部门。

一、应急救援演练的目的

（1）通过应急演练，检验应急救援预案的合理性和可行性，发现应急救援预案中存在的缺陷并加以完善。

（2）使各单位熟悉本单位的职责、行动步骤和作用。

（3）使各单位了解其他单位的基本行动和作用，提高协同配合能力。

（4）熟悉救援现场环境。

（5）检验救援时间、信息传递、通信系统、应急处置、协调配合和决策指挥等，检验和提高各单位的应答速度、反应能力、指挥协调能力、综合实战能力；牢固树立常备不懈的观念，总结经验，摸索规律，锻炼队伍，提高机场应急救援的综合保障能力。

二、应急救援演练的组织步骤

（1）应急救援演练前，机场指挥中心或者组织单项演练的相关单位应当组织编制详细的演练计划，应急救援演练计划应当按照突发事件的发生、发展的进程进行编制，应急救援演练计划可以是一种或几种突发事件的综合。演练计划主要包括以下几种。

① 演练所模拟的突发事件的类型、演练地点、演练日期、时间等。

② 参加演练的单位及其责任内容。

③ 演练的程序。

④ 演练所需的设备及要求。

⑤ 演练场地的布置及模拟的紧急情况。

⑥ 演练信息的传递。

⑦ 规定的救援人员及车辆的集结点地点及行走路线。

⑧ 演练结束及演练中止的通知方式。

⑨ 演练的讲评方式、时间及地点。

（2）应急救援演练计划制订完毕并经领导小组同意后，应当在演练实施两周前报送相关管理局。

（3）演练在实施过程中，应接受演练督导组的督导，并对演练督导组提出的情况做出响应。

（4）应急救援演练结束后，演练组织者应召集各参演单位负责人进行总结讲评。演练督导组就演练的总体评价、演练组织、演练计划、演练人员和设备等方面提出综合评价意见。

三、应急救援演练基本要求

（1）机场指挥中心及参加应急救援的驻场单位应根据应急救援预案的要求定期组织应急救援演练。

（2）机场指挥中心及参加应急救援的驻场单位均应将应急救援演练列入年度工作计划。

（3）驻场的航空器营运人、空中交通管制部门及其他参加应急救援的单位应配合机场指挥中心做好应急救援演练工作。

（4）每年机场各应急救援单位应向机场指挥中心提交该年度单项演练计划，并按计划组织实施。演练实施时，应向机场指挥中心上报演练方案及演练总结。

（5）参加应急演练各单位的职责、基本行动及要求可参照相关规定要求、各种应急救援预案的基本行动和本单位应急程序的有关规定。

（6）机场指挥中心在举行应急救援演练时，原则上应当采取措施保持机场应急救援的正常保障能力，尽可能避免影响机场的正常运行。如果由于演练致使本机场的正常保障能力在演练期间不能满足相应标准要求时，应就该情况通知空中交通管制部门发布航行通告，并在演练结束后，尽快恢复应急救援的正常保障能力。

（7）举行综合演练时，机场指挥中心应视情事先通报相关单位（部门）。

（8）举行综合演练时，可以邀请省、市政府有关部门、民航地区管理局、监管局、航空营运人及其他有关驻场单位人员以观察员身份参加，并参加演练后的总结讲评会。

（9）各单位举行单项演练时，应邀请相关管理局和机场指挥中心派代表到场观摩指导，并参加演练后的讲评。

（10）演练工作应当坚持指挥与督导分开的原则。演练时，应当在演练指挥机构之外另设演练督导组。

（11）演练督导组应当由民航地区管理局在收到演练计划后召集。综合演练督导组应当由民航地区管理局、监管局、省市人民政府及其有关部门、机场集团公司和股份公司、相关航空器营运人、空中交通管制部门人员及特邀专家组成。

（12）演练督导组应当在演练实施前研究并熟悉参演机场的应急预案和本次应急救援演练计划，全程跟踪演练进程，并在演练中提出各种实际救援中可能出现的复杂或意外情况交机场指挥中心应对。对于演练督导组提出的情况，机场指挥中心及相关救援单位应当做出响应。

（13）演练督导组应当对机场应急救援演练工作进行监督检查，演练督导组应当根据演练形式和规模派出足够的督导人员进入演练现场，对演练涉及的各个方面实施全程监督检查。

第三节　机场应急预案培训

一、应急救援培训

（1）各应急救援单位应每年至少对承担应急救援工作职责的工作人员进行一次培训。对于专职应急救援管理人员、指挥人员、消防战斗员、医疗救护人员应当进行经常性培训。培训内容包括应急救援基础理论、法规规章、技术标准、岗位职责、突发事件应急救援预案、医疗急救常识、消防知识、旅客疏散引导及其他技能。

（2）驻航站楼的各单位应每年至少对驻楼工作人员进行一次消防器材使用、人员疏散引导、熟悉建筑物布局等内容的培训。

（3）应急救援中心应每年至少对消防战斗员进行一次医疗急救常识的培训。

（4）各应急救援保障单位应将应急救援培训纳入全年培训计划，定期对相关人员进行应急救援相关知识及技能的培训，使有关人员了解应急预案内容，熟悉应急职责、应急程序和岗位应急处置方案。

二、灭火战斗预案的培训

消防队应根据执勤战斗需要，分级分类制定执勤战斗预案。包括灭火作战预案、抢险救援预案和重要活动消防勤务预案，并进行经常性的培训演练。

（1）消防队应当对消防安全重点单位、在建重点工程和其他重要区域、场所制定灭火作战预案。培训内容包括单位概况、火灾特点、灾情设定、力量部署、扑救对策、战斗保障、注意事项。

（2）消防队应当根据辖区可能发生的灾害事故制定抢险救援预案。培训内容包括灾害评估、情况设定、力量调集、处置程序和方法、战斗保障、注意事项。

（3）消防队应当根据重要活动消防保卫的需要制定重要活动消防勤务预案。培训内容包括活动概况、指挥机构、重点部位、力量部署、勤务保障、注意事项。

三、专业知识、技术培训

基本培训是消防人员做好飞机火灾扑救应掌握的业务技能知识，是消防队最基本的基础工作。

消防技术训练是消防员为熟悉掌握运用各种器材装备而进行的基本技术训练。其任务是：使受训者能够熟练地掌握训练项目的操作程序、操作方法、操作要求，以提高消防员的技术操作水平和个人防护能力，提高部队整体作战能力，适应灭火救援战斗的需要。

（一）技术训练的特点

技术训练作为消防部门业务训练内容之一，与其他业务训练相比，有许多显著特点，概括起来有以下三个特点。

1. 规范性强

技术训练是战术训练基础。实现一个战术目标需要由一系列技术动作来完成，开展技术训练要有一定的场地、设施、器材等，实施时消防员要按照规定的操作程序、操作要求、操作方法开展训练。不同训练科目，有不同的操作程序、方法和要求，所以它具有严格的规范性。

2. 技术性强

技术训练科目繁多，训练方法多种多样，同一训练科目又有多种操作方法，只有经过反复训练，不断地在实践中进行探索、创新，才能摸索出最佳训练方法和基本技术。因此，在注重技术训练连贯性的同时，科学掌握操作中的技术性显得十分重要，它是缩短技术训练周期，提高技术训练质量的有效途径。

3. 组训方法多样化

根据消防部队性质、任务和特点，坚持从实战需要出发，立足于消防装备器材状况。目前技术训练方法一般采取单个练习、分组练习、班集体练习和协同练习等。因此，多种组训方法训练是提高消防战斗力的重要手段，是消防部门技术训练必由之路。

（二）技术训练的要求

1. 坚持全面训练

随着消防装备不断改革发展，消防训练项目越来越多，消防员要根据大纲和本地实际，本着实战需要什么就设置什么科目，有什么装备就设置什么内容的原则，全面施训，防止漏训、误训、偏训、不训的现象发生。

2. 突出重点训练

技术训练在全面训练的基础上要选择一些科目进行重点训练，如技术性强、操作复杂、实战急需的项目，新装备训练项目等，通过重点训练，使消防员进一步熟练掌握那些高难度训练项目的操作技术，以便在灭火救援中灵活运用。

3. 坚持经常训练

技术训练必须保持经常，持之以恒，在反复练习上多下功夫，使已经掌握的业务技术不断得到巩固和提高。特别是对一些技术性强且复杂的科目必须坚持反复练习。只有这样才能熟练掌握操作技术。一要根据不同科目的特点，遵循由简到繁、由易到难、循序渐进的规律。二要坚持分步细训,以练为主,切实在反复练习上下功夫。三要讲究练习方法,善于根据科目的特点、训练内容等情况灵活施训。

4. 注重应用训练

单兵、班组熟悉掌握消防器材装备的性能和操作技能是技术训练的基础,打牢这个基础,才能发挥消防器材装备应有效能,以适应灭火救援需要。技术训练必须遵循练为战的指导思想,要突出技术应用训练,开展技术协同综合训练,将单一技术训练通过各种组训方式与实践结合起来,缩短操场训练与火场应用之间的距离,为灭火战斗打下坚实的基础。

(三)技术训练的实施步骤

技术训练通常是以班、中队为单位,由中队长组织实施,一般按理论学习和操作练习两个步骤进行。

1. 理论学习

理论学习通常在操作前进行,是技术训练的一个重要方面。通过理论讲授,达到对技术训练项目的基本情况、操作程序、操作要求和灭火抢险救援现场运用等方面了解和认识的目的,以指导操作练习。理论学习应针对士兵文化基础和训练保障的特点,采取讲解和自学相结合的方法实施。理论学习一般可按理论备课、宣布科目、阅读教材、理论讲授、作业考核的程序进行。

2. 操作练习

操作练习是受训者在教练员的指导下,反复练习操作要领的过程,是受训者掌握战斗技能的基本途径,是训练的基本环节。目的是通过练习掌握知识,形成技能。一般程序是按操作准备、操作实施、操作讲评进行。

(四)加强专业知识的培训学习

(1)法律、法规、细则、规定、标准的学习。

(2)物质燃烧基础知识的学习。

(3)危险物品的分类、特征及标志学习。

(4)机场防火知识的学习。

(5)消防通信、消防器材及个人防护装备的学习。

(6)机场灭火工作的基本保障(机场的分布、车辆的配备、机场灭火药剂的配备、飞机火灾危险区域、机场消防水源)。

(7)灭火战斗的指导思想、原则、方法;扑救飞机火灾的战术原则、方法。

(8)灭火战斗行动:接警出动、火情侦察、战斗展开、火场供水、组织指挥、火灾扑救、抢险救援、执勤战斗保障、战评与总结。

(9)飞机火灾发展过程、影响飞机火灾发展变化的因素、飞机火灾特点。

（五）加强平时技术培训

着装（着战斗服、着防火隔热服、原地着装登车、着装登车）、佩戴呼吸器、铺设水带（两盘水带、三盘水带、五盘水带、沿消防梯铺设水带、百米障碍、沿楼层垂直铺设水带）、射水（射水姿势、射水打靶、操作水炮、吸水管连接吸水）、攀登九米拉梯、徒手救人。

（六）加强平时的战术培训

美洲豹钻头航空器舱内灭火、水罐消防车单干线出两支水枪、水罐消防车双干线出三支水枪、水罐消防车楼层单干线出两支水枪、泡沫消防车出两支泡沫管枪、长干线供水、重服两盘水带连接、五人楼层灭火、五人楼层救人、水带延长、障碍救人、四人破拆操冷却堵截、地下室烟雾寻找器材、气动升降照明灯训练、照明车灯架、电梯救人、航空搬移。

四、战术操法培训

战术训练是为掌握战术原则和作战方法进行的训练。目的在于针对不同灾害对象的实际，演练各种战法，提高指挥人员的组织指挥能力、临机处置能力、火场估算能力、综合决策能力；提高指战员在高温、有毒、缺氧、浓烟等复杂危险情况下的实战能力，着实提高协同作战能力和综合救援能力。

（一）战术训练的特点

1. 协同性强

战术训练是一种多个中队、多种装备、多数人员的合成性训练，需要实施统一的指挥，参战各方协同配合才能取得战斗的胜利，具有很强的协同性。

2. 指向性强

战术训练具有鲜明的指向性，它是针对灭火救援对象的具体情况来实施的。不同类型的战术训练对象需要采用针对性的战术方法和战术措施。

3. 适用面广

战术训练是针对灭火救援对象或不同的险情而开展的各种具有不同内容的训练，它适用面很广，适用于对各种灭火救援对象、各种技术装备合成、各种消防队伍或各种组训形式的训练。

（二）战术训练的要求

1. 突出重点，注重实效

在训练课题的选择上，要紧密结合责任区的情况，有重点地选择课题训练；在训练层次上，应重点抓好战斗班的训练；在训练对象上，应突出中队干部、班长的训练；在训练步骤上，要在做好训练准备、理论学习的基础上，重点抓好分段作业，熟悉在各种不同假设情况下组织指挥的协同动作。同时，在充分准备的条件下，组织进行战术演习，做到演习一次，提高一次，保证训练效果。

2. 分类分级，分步施训

战术训练，必须依据各级训练职责进行训练。一是坚持分类分级，即班长组织班战术分段作业；中队长或支队、总队组织本级战术分段作业、连贯作业以及战术演习。当有驻场各单位及供电、供水、警卫等部门参加的大型协同战术训练时，应设立训练指挥部。二是坚持分步施训，就是从训练准备和训练实施两个方面，严格按照各个步骤组织训练。

3. 针对多种装备，强化战术合成

在训练中要针对多种装备，强化战术的合成训练，要最大限度地发挥指战员的主观能动性，充分实现人和装备最有机的结合，以便形成最大、最佳、最强的战斗力，要实现一种装备器材多种用法，一种灾害情况有多种战术措施处置。

4. 针对险恶情况，提高实战能力

要根据灾害事故发生、发展的规律，努力探索在险恶情况下开展训练的新路子。一是要设定险恶情况或利用大风、暴雨等险恶条件，定时、不定时地进行战术演习。二是要明确训练重点，保证训练质量。三是要搞好训练保障，确保训练顺利实施，力求取得良好的训练效果。

（三）战术训练的实施步骤

灭火战术训练通常按照理论学习、熟悉情况与制定灭火救援预案、分段作业、连贯作业、战术演习的步骤实施。

1. 理论学习

理论学习是开展战术训练的基础，是指导战术训练的依据。战术理论学习一般在开展课题训练之前进行，也可穿插在制定课题预案时，进行情况调研、实地参观中实施。理论学习的内容，主要是掌握种类火灾的特点、规律和灭火措施等与课题相关的知识。理论学习的方法，应针对指战员的文化基础，以及课题的难易程度，采取讲课、自学、实验等方法实施。理论学习时要做到三个结合：一是课堂讲授与预习自学相结合。二是课堂讲授与实地参观相结合。三是多种手段相结合，如与观看录像、实验操作、组织讨论相结合。理论学习一般可依照备课与预习、讲授与讨论、测验与讲评的顺序进行。

2. 熟悉情况与制定预案

（1）责任区情况熟悉。责任区情况熟悉一般按照走出去进行调查了解，请进来听介绍和在图上学习掌握情况等步骤实施，达到对责任区情况"六熟悉"，即熟悉责任区的交通道路和水源情况；熟悉责任区重点单位的分类、数量及分布情况；熟悉责任区内主要灾害事故处置的对策及基本程序；熟悉重点单位建筑物使用及重点部位情况；熟悉重点单位内

部消防实施情况；熟悉重点单位的消防组织及灭火抢险任务分工情况。

（2）拟制预案。灭火救援预案，是指对灭火救援进程和战法的设想。一般针对灾情可能的发展变化，从困难、复杂的情况出发，预定一至数个方案，其中以最大可能出现的情况作为基本方案，内容包括灾情判断、主要任务、作战方向、基本战术步骤、力量部署，以及各种保障措施等。

3. 分段作业

分段作业是战术训练的主要方法和重点。组织进行战术训练分段作业，通常按照理论提示、宣布情况、反复练习、小结讲评的步骤实施。

（1）理论提示。就是教练员围绕课题训练内容，有重点地提示有关业务理论。理论提示时，必须围绕重点，做到简明扼要、形象直观。理论提示的方法，可采取直述、提问、归纳等方法。

（2）宣布情况。宣布情况一般应以统一设定的情况为依据。宣布情况的方法，通常采取口述、电台通信、实物显示等方法进行。

（3）反复练习。反复练习中，要重点突出干部指挥、战斗展开、固定消防设施使用、抢救人员、排除险情、协同作战等内容，及时纠正训练中存在的问题。反复练习一般应逐级、逐段实施，其主要方法是采取分练和合练两种。

反复练习时，指挥员应根据作业实际及环境情况，适时采取合练和分练的训练方法，解决战术协同中存在的问题。同时应采取变换情况、变换任务、变换场地等形式，综合运用各种训练方法，组织受训者反复练习。

（4）小结讲评。当训练完一个阶段或一个内容之后，应退出情况，集合人员，结合训练的任务，对作业情况进行扼要小结，总结经验，表扬先进，指出问题，提出要求。

4. 连贯作业

连贯作业是在分段作业训练的基础上实施的，通常按照宣布提要，逐情况、逐内容指挥中队行动，作业讲评的步骤组织实施。

（1）宣布提要。指挥员应根据连贯作业的内容，按照作业实施的程序，下达课题，包括科目、目的、内容、要求等。

（2）逐情况、逐内容指挥救援行动。连贯作业实施，通常依据作业课题性质，按战斗发展进程组织实施，即从受训者进入预定位置，完成战斗准备开始至战斗结束为止。

（3）作业讲评。连贯作业课题全部训练完毕后，指挥员要围绕救援力量的组织指挥和行动进行讲评。其方法可采取逐级讲评和集中讲评两种。内容包括：重述连贯作业课目、目的、内容；估价训练效果；从组织指挥和战法上总结经验教训，表扬训练中好的单位和先进个人；指出训练中存在的问题和不足，明确下步训练努力的方向。

5. 战术演习

战术演习，是根据想定的情况，按战斗进程进行的综合性应用训练。它是战术训练的高级阶段，可以全面锻炼队伍协调一致的战斗动作，培养勇猛顽强的战斗作风，提高指挥员的战术思想水平和组织指挥能力。战术演习一般的程序如下。

（1）演习准备。主要是派出情况显示、警戒人员。根据演习训练课题的要求，确定情况显示、警戒人员的数量，力求做到一员多用。要给显示及警戒人员定位置、定信号、定时间，使其做到任务清、情况显示准、警戒严密，确保演习实施的顺利进行。

（2）演习实施。是指执勤队伍接到演习开始命令，进行蹬车出动，以至到达演习场地进行战斗展开等实施一系列演习程序的全过程。其方法如下。

- 发布演习出动命令。
- 演习出动。
- 战斗实施。
- 适时检查。
- 演习结束。
- 演习讲评。

讲评由演习的组织者组织实施。可采取训练问题分段讲评和演习结束后综合讲评两种方法。讲评要阐明演习成绩，存在问题与解决问题的办法，对演习指挥员及各单位的优缺点做出总的评价，并提出今后课题演习应努力的方向。

（3）演习总结。在演习结束，恢复战备后，可采取由下而上或由上而下的方法进行演习总结。总结要实事求是，突出重点，照顾全面，找出经验教训，探讨学术问题，提出改进意见。

五、战术训练课题

战术训练课题包括飞机火灾扑救、加油站火灾扑救、职工公寓火灾扑救、塔台，空管火灾扑救、高层建筑火灾扑救、航站楼火灾扑救、物流仓库火灾扑救、地下室火灾扑救、汽车火灾扑救、地铁火灾扑救、计算机房火灾扑救、油罐火灾扑救、液化气罐火灾扑救等。

（一）熟悉道路水源培训

机场消防队的消防人员必须加强机场建筑设施及重点部位熟悉，熟识机场及其附近的道路水源情况（8km 范围内），绘制详细的道路水源分布图，以便在紧急情况下达到以下目的。

（1）能够选择驶往起火飞机所在地的最佳行车路线。

（2）知道范围内的任何局部地区存在可能成为通行障碍的地面物体。

（3）能够辨认看不清楚的地标。

（4）当正常路线被阻挡时，能够选择通往起火飞机所在地的其他路线。

（5）能够找到并使用距离起火飞机最近的水源及其他能够用来取得消防用水的池塘河流。

（二）熟悉飞机培训

每个消防人员必须熟悉本机场各飞机的构造，掌握以下情况。

（1）飞机的燃油型号和油箱位置。

（2）正常出口和紧急出口位置及操作使用方法。

（3）机舱内的设备和座位安排位置。

（4）氧气瓶和蓄电池组的分布位置。

（5）电源插座及手提灭火器的位置。

（6）可以破拆或切割的位置和标志。

（三）加强出动练习的培训

机场消防队自接到报警后（消防车在地面条件及能见度都很好的情况下）到达机场上起火飞机所在地点的时间：跑道尽端应不多于 2min，跑道尽端以外 1 000m 应不多于 3min。

（四）搞好模拟航空器救援培训

模拟飞机起火后的各种复杂情况，对消防人员进行高温、毒气、浓烟等条件下佩戴氧（空）气呼吸器，穿着避火服、隔热服等，进入客舱侦察火情，灭火救人的技术培训，使消防员体验灭火中可能遇到的高温、毒气和视线不清等困难情况。

（五）正确旋放灭火剂

熟悉各种主要灭火剂和辅助灭火剂的性能，掌握施放灭火剂的正确方法，能够熟练准确地操纵消防炮，将灭火剂喷射到起火部位——火点。

本章思考题

1. 应急演练是如何分类的？

2. 机场应进行哪些单项演练？

3. 应急演练的程序是什么？

4. 应急演练的脚本包括哪些？

5. 战术训练课题包括哪些？

6. 关于航空器的培训包括哪些？

第五章

机场消防救援

学习目标

1．掌握航空器火灾事故的特点；
2．掌握机场消防救援的要求；
3．掌握机场消防救援设备设施配备的要求；
4．了解机场消防应急处置措施。

第一节　机场消防救援特点

民用飞机火灾事故的发生发展具有瞬间性、危害后果的明确性和次生灾害的多样性等特点，往往是集压力容器火灾、油品火灾、密闭空间火灾、危化品火灾、人员密集场所火灾、金属火灾、结构火灾、立体火灾、流淌火灾、电气火灾等诸多火灾特点于一身，应急决策具有反应时间短、信息高度不确定、决策难度大、控制成本高等特点，存在爆炸、毒害、窒息、放射、高温、倒塌等危险因素，如不能及时控制和清除，势必会造成被困人员和救援人员的伤亡。

飞机在坠毁时油箱发生破裂后，随即泄露的高挥发燃料和其他可燃液体，遇到飞机高热金属部件或残骸移动造成的火花，及电路受损后产生的电火花，就极易出现高强度的爆燃。由于接地或加油操作过程中，通过累积静电负荷的释放，也会引起飞机火灾。飞机火灾有一个显著特性，就是它们在非常短的时间内便可达到致命的强度，飞机火灾的强度主要受其所携带的燃油数量影响。对近战内攻的消防人员存在严重的威胁，不利于救援工作的开展。飞机火灾有以下特点。

1. 突发性较大

飞机火灾与其他火灾相比，有着很大的突发性。其他火灾的发生往往有发生、发展的过程，通常，在发生火灾前，人们能够意识到，也能够控制和防范。而有的飞机火灾则不完全相同，有些飞机火灾是可以看得出，意识得到的。如发现输油系统、电器系统和起落架发生故障，出现险情等。但有的飞机本身并未出现故障或险情，只是在起飞或降落时发生意外，冲出跑道、起落架折断等，造成火灾或爆炸。

2. 火势蔓延迅速

飞机上可燃物质多，机翼和机身内载有大量的燃料油，不论在地面或在空中飞行都处于大气中。如飞机在停机坪停放，或在滑行道、跑道上滑行，周围都比较开阔，没有建筑物阻挡，风速较大，特别是飞机在空中飞行，氧量充足，一旦着火，火势发展极快，会迅速蔓延到整个机身，只需约 1～2min 时间，火势就可达到相当猛烈的程度。

3. 疏散困难，伤亡严重

客机上旅客较多，少则几十人，多则几百人。因受飞机结构的限制，机上的疏散途径很差，大多数飞机只有 2～4 个机舱门，而且舱门宽度仅约 1m，舱门离地面高度约 2～8.5m；舱内通道狭窄，只能容 1 人通行。飞机起火后，旅客心情恐慌，争取逃生，更会导致通道阻塞，使人员难以迅速疏散到机外，从而造成严重的伤亡，再则，飞机升空后机上旅客自己没有主动权，没有逃生路，如有意外，就很可能造成严重伤亡事故。

4. 扑救困难，易发爆炸

飞机火灾往往是瞬间起火，而且很快蔓延成灾。飞机升空后起火，地面消防装备再好，力量再强也无法施展，只能靠飞机上仅有的消防设施和灭火器扑救初起的火灾。飞机着火，不论火势大小，燃烧的严重程度，飞机都要落地，有的可能迫降或坠毁在荒郊野地及机场附近地区。遇到这种情况，一是消防车没有通行道路，不能或不易接近出事现场；二是由于飞机坠落舱门变形，不易开启，机身蒙板坚硬又不易破拆，救援人员难以进入；三是机内旅客急于逃生，往往会拥到舱门口造成扑救困难。加之，机上的燃油箱、氧气钢瓶、轮胎等物体，受到高温烧烤后，很容易发生爆炸。燃油箱爆炸后，大量的燃料油流淌到地面燃烧，严重影响消防人员的扑救工作，并有可能造成机毁人亡的严重后果。

5. 火灾地点不定，损失严重

据国际民航组织的资料统计，飞机火灾约有 90%发生在起飞和降落的过程中，而且80%以上的事故飞机坠落在距离跑道两端 300m，跑道两侧约 1 000m 范围内。由此可见，扑救飞机火灾的战斗绝大多数在飞行区进行。飞机在飞行过程中起火，失去控制没有可供降落的机场时，将坠落在任何地方，如人中密集的市区、江河中、田野中、草原、山区等。

第二节　机场消防救援基本要求

机场消防与救援的主要目标是挽救生命。

扑救飞机火灾的首要任务，是救援机上受困乘员。必须首先控制火势，建立疏散通道，一旦疏散通道建立，应立即进入飞机抢救人员，在进行救人的同时，保持对火势及潜在火势的控制。

民用航空器火灾事故救援的关键因素主要有：人员所受的训练、设备的有效性；参与救援的人员和设备投入使用的速度。国际民航组织要求，参与航空器事故救援的车辆及人员应能够保证在飞机失事或发生事故时，能按车辆最大的设计能力，有效、及时地进行主要或辅助灭火剂的喷放。救援过程中要注意以下问题。

第一，无论事故大小，到场后应选择上风方向和地势较高位置建立活动指挥部。

第二，除必须外，一般禁止使用行进中出水，因驾驶员注意力集中到火点，防止误伤路旅客和车辆碰撞事件的发生。

第三，接近火场时必须考虑所有影响到的因素，包括停车位的选择、与火场的距离、风向，要防止撞伤逃生的人员，如果视线受烟雾或其他因素影响看不清楚时，防止水炮或水枪误伤旅客，车辆之间的距离要得当，以便应付随时改变的环境因素。

第四，要注意危险区域，尽量远离飞机的引擎、机翼和尾翼的下方。

第五，喷射泡沫保护机身时，泡沫一定要打在火焰的上方，不要打在火的下方，以保证覆盖冷却的效果；如舱门打开、舱内起火、机内旅客向外撤出或窗户破坏时，不要覆盖整个机身。

第六，时刻确保逃生路线的安全，随时对无火区域的漏油进行泡沫覆盖，并引导乘客到安全地带，不要将水炮对着逃生人员。

第七，只有建立无火通道后，再撤离机内人员。

第八，消防警戒圈内为危险区域，除消防灭火救援车辆、消防队员外，其他单位车辆、人员不得进入。消防警戒圈设置，目前最大的民航飞机 A380 客机燃油容量 241m^3，一旦全部泄露面积可达 8 200m^2 左右；波音 747 飞机燃油容量为 178m^3，一旦全部泄露面积可达 6 000m^2 左右，根据以上数据，在应对该类飞机事故划分实际危险区域面积时，最少要设置以燃油泄露点为中心，直径为 120m 的危险区域，并根据地势高低走向，决定危险区域的偏离量，便可满足现有民航飞机实际危险区划分的需要。但要注意警戒区域内地下排水沟入口的分布情况，组织人力封堵排水口，防止燃油由地下排水沟扩散而引发的危险。

第三节　航空器灭火作战（灭火救援）行动

当事故或灾害不可避免时，有效的应急救援行动是唯一可以抵御事故或灾害蔓延并减缓危害后果的有力措施。国际民航界的大量实际经验表明，在发生涉及航空器的紧急事件后，能否组织快速、有效的施救，直接关系到航空器乘员的伤亡，特别是在救援最初的 20min 以内。大量航空器紧急事件的分析可以看出，将近 6.5% 的航空器紧急事件会发生火灾，发生火灾的航空器紧急事件的死亡人数占所有航空器紧急事件死亡人数的 70%。

一、民用航空器火灾的发展过程和潜在的危险部位

（一）民用航空器火灾的发展过程

民用航空器火灾的发展过程为：首先油雾着火，并延续 15～20s。渗漏燃油着火，并逐渐增加强度，这很可能引燃其他的可燃物质，例如引燃镁合金轮毂等。大约经过 2～5min，火势将达到猛烈的程度。随着渗漏的燃油被逐渐消耗，最强烈的火势渐减弱，这一过程延续的时间会很长。此外，在有限的空间里，油蒸气与空气混合物易引发爆炸，或在

火的影响作用下，油箱会超压造成破裂，这将增加飞机火灾的强度，并加速火势的发展，氧气瓶的破坏，也会增加飞机内部火灾的强度导致火势的快速发展。

（二）潜在危险部位

1. 隐蔽空间

部分飞机系统部件被安置在客舱内壁与外部机身蒙皮之间，这种隐蔽空间遍布整个飞机，并相互贯通，在这空间里，无论是由外部烧穿蒙皮窜入的火势，还是由系统部件引发的火灾，受空间限制而蔓延迅速，在这种情况下，很难确认起火部位和蔓延范围。

2. 防波油箱

位于机翼外侧内部，用于收集燃油波动后产生溢流燃油，并将其引回主油箱，如果防波油箱中的油量过多，多余燃油会从通气斗中排出机外，这在飞行并无大碍，但在地面事故条件下，飞机姿态和重心可能出现偏移，导致防波油箱内燃油或油蒸气大量外泄。

3. 机身内部

机身内部上层安置座椅，用于乘载旅客和机组人员，下层用于装载行李和货物。从飞机结构来说，机身中段是最坚固的部分，因为飞机从这里开始建造，但这里恰恰是中央油箱的所在位置，也是机翼主油箱的连接部位，如果坠机时还有残油，这里将是爆炸风险最高的区域，也是救援机上人员、抑制爆炸的主要战场。在每个油箱与进气道之间安装有阻火器，可在地面发生火灾时提供 2.5min 的保护，这里还安装有放泄管，不仅放泄 APU 供油管路的渗漏燃油，还作为润滑油的溢流口，是易被外部火势和地面流淌火突破的部位，消防救援人员需要时刻监测和控制的区域。

4. 辅助动力装置（APU）

位于飞机尾锥部位 APU 舱内，用于飞机相关系统供应电源和气源，可以在没有地面能源和飞机主发动机不工作时运转，使用的是机载航空燃料，其供油系统通过供油管可以从任何油箱给 APU 供油，中央油箱和主油箱增压泵都可给 APU 供油。如果增压泵关闭，APU 可以从主油箱进行抽吸供油。在燃油箱中，APU 供油管是铝合金制成的，在油箱外，APU 供油管是由合成橡胶制成的软管，并在供油管外套一层铝合金套管，套管用于收集从 APU 供油管路中渗漏出来的燃油，并通过放泄管将燃油排到机外，放泄管一般位于机身中部下方，这是外部火势窜入燃油系统的又一途径，也是存在潜在危险的部位。APU 供油系统如图 5-1 所示。

5. 起落架轮胎

多数飞机轮胎有在约 177℃ 融化的热熔塞，当轮胎着火或轮毂处于高温时，轮胎会泄压喷射，轮毂容易爆炸，其爆炸方向为沿轮轴方向向外，如图 5-2 所示。因此，在轮轴方向长 180m，沿轮轴方向 120° 的范围内为危险区域，不准任何人进入。

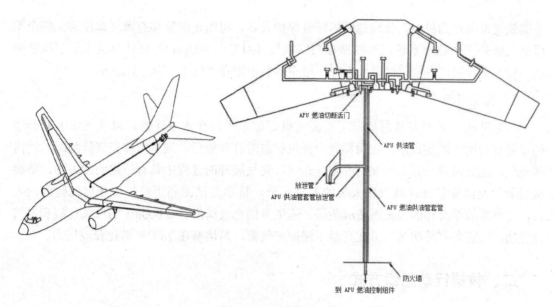

图 5-1　APU 供油系统

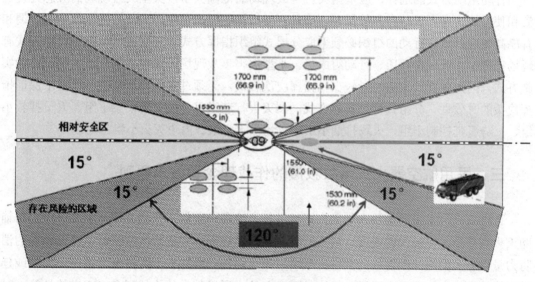

图 5-2　机轮爆射范围图

6. 氧气系统

可分为机组氧气系统、乘客氧气系统和手提氧气设备。这些系统和设备若受火灾侵害而得不到及时控制，容易造成火势突变。机组氧气系统独立于其他系统工作。属于高压气体系统（21℃ 1 800psi）。高压氧气储存在位于前货舱隔板内的氧气瓶中。由管道给机组氧气面罩提供氧气。乘客氧气系统使用化学氧气发生器。发生器安装在乘客服务面板内，每个化学氧气发生器是独立的。面罩用软管连接在化学氧气发生器上。氧气发生器靠氯酸钠和铁发生化学反应生成氧气，起动化学反应后，就不能停止，一直到所有的化学反应完成，可提供 12min 左右的氧气供应，在反应中会产生热量，发生器表面温度可达 232℃。

手提氧气设备作为机组人员应急时的呼吸保护设备，可防止烟雾和有毒气体侵害。每个手提氧气瓶是一个独立系统。气瓶储存高压氧气（21℃ 1 800psi），分别存放于舱门风挡外墙、盥洗室和厨房等部位以及头顶行李箱和储藏柜带有"PBE"标志的地方。

7. 逃生滑梯

可帮助机上人员在紧急情况下撤离飞机，如果飞机在水中降落，可从飞机上断开滑梯，并将其用于漂浮设备。在滑梯处于预位状态时打开舱门，逃生滑梯充气筒随即启动滑梯充气，逃离滑梯会在大约 6s 内完全充气，充气展开的过程中具有一定的冲击力，威胁接近舱门及滑梯展开区域救援人员的人身安全，特别是试图利用消防梯开启机舱门的人员，将很难躲避滑梯的冲击而造成坠落。逃生滑梯充气筒盛有 3 000psi 的二氧化碳和氮气混合物，并装备有易熔塞，可在高温下保护充气筒，易熔塞在 78℃ 时熔化释放压力。

二、救援行动组织方式

行动组织方式的选择，应依据灾害事故现场的范围大小，大型灾害现场的应急处置调集和使用的力量不仅种类和数量多，而且到场指挥的层次也高，为使处置行动全面协调和有序高效地开展，行动的组织必须采取分层式组织指挥方式。分层式行动组织指挥方式有现场指挥部、区域指挥所、行动组成员。小型灾害事故现场，常可采取分组式组织行动实施方式，因为处置涉及的力量较少且指挥层次较低，无须过多的指挥层次，以便于保证指挥决策的时效性。分组式行动实施方式，如灭火行动组可分成火情侦察小组、人员搜救小组、火势蔓延控制小组、火场排烟小组、火场供水小组、内攻灭火小组。

三、民用航空器火灾事故救援的作战理念和战术原则

飞机灭火战术主要是救人与灭火同步进行，冷却、破拆、排烟并举，主要灭火剂与辅助灭火剂并用，以最快的速度、最大的喷射量向燃烧部位和危险区域喷射。首批到场的消防力量以最大的泡沫喷射率向关键区域喷射灭火药剂，维持机上人员生存条件，抑制或延迟爆炸的发生，打通无火通道，第一时间攻入舱内通风救人的作战理念。突出的是第一时间最大喷射效能，必要时可忽视机身外部或脱落的构部件的火势，尽快攻入飞机内部实现通风，这种救援理念可最大限度地挽救机上人员生命，更适用于初战控制，但这种作战模式势必会导致救援行动的持续控制能力较差，不利于灾害的持续控制，造成救物效能低下，且救援人员安全风险较高。受国际民航组织对机场运行消防保障等级的要求，在遇有航空器灾害事故时，除非机场所有跑道关闭，否则机场消防须保留符合运行跑道保障等级相匹配的消防战力，因此战区的划分和联动机制的建立尤为重要。根据国际民航组织要求和国内民航相关法规要求，将机场控制区和以每条跑道中心为圆心，半径 8km 的范围作为机场消防队的主战区，其他区域为就近公安消防部队的主战区，邻近机场的公安消防队应适当调整配备主力泡沫车和重型供水设备。鉴于民用航空器 3min 消防救援的原则，在

遇有机场地区发生航空器紧急事件时，为充分发挥机场消防车的作战优势和保证救援的时效性和连续性，公安消防指挥机构应命令机场消防部门加强第一出动，同时加强调集机场周边公安消防部队主力作战车辆赶赴机场，替代机场消防部门保障位置，以便机场消防将全部战力布置于火场的主要方面或实现机场主战车辆跨战区增援作战，如条件允许，公安消防部队指挥官应优先考虑将机场主战车辆部署在作战的最前沿，公安消防车辆为其提供最大强度的后方供水和人力资源支持，借以解决因道面条件恶劣、主炮射程和喷泡率不足等问题，实现更为安全、高效、持续的救援响应。

（一）扑救飞机火灾的战术原则

（1）近战快攻，速战速决。在扑救飞机火灾中，消防人员要敢于接近火源，实施近战快攻，主战消防车到达有效射程范围后，应立即喷射泡沫。达到在一分钟内控制 90%火势的要求。

（2）上风冲击，围机灭火。在扑救飞机火灾中，应采取上风冲击，侧风进攻，围机灭火的战术，充分借助风的作用，在最短时间内，控制火势，开辟疏散通道，保护乘客安全撤离。

（3）前堵后截，中间突击。在扑救飞机火灾过程中，为了阻止火势的发展蔓延，保护驾驶舱、油箱和氧气瓶等重点部位，采取前堵后截，中间突击的战术。

（4）内外夹击，重点突破。飞机火灾有时从外部扩展到内部，有时则从内部蔓延到外部，而在内部的火势，从外部难以攻击，所以在控制了机身外部火势后，必须深入机舱，实施内攻，辅以外部的进攻，对火势形成内外夹击的态势，这样有利迅速扑灭火灾。如果出现氧气瓶周围火灾，指挥员必须部署特殊力量，采取重点突破的办法，施行登机，排除爆炸和其他险情。

（5）优先救人，灭救结合。扑救飞机火灾时，援救遇难机上受困人员是消防人员的首要任务。实战中，指挥员必须牢固树立救人第一的思想，积极组织力量，援救被困人员，为了救人，必须首先控制火势，建立疏散通道，一旦疏散通道建立，就必须立即进入飞机，援救机上人员，在进行救人的同时，继续扑救火灾。所以，灭火是为了救人，救人的同时进行灭火，这样才能有效地减少人员伤亡，提高灭火战斗的成功率。

（二）技战术方法的选择

上述战术在实际运用中可能受环境条件制约，无法达到预期的效果，战术的选择应做到变中求断，实时修正。如初期到场展开的救援行动易造成外强内弱的进攻态势，而人员存在的位置主要集中在机舱内，如一味采取外攻的策略，结果极易出现飞机内部火势扩大蔓延，被困人员不能有效救出的残局。加强及时有效的内攻是保证机上人员存活和救援行动人员安全的关键，内攻要承担巨大的风险，而毫无风险也就毫无救援可言。技战术方法的选择应具有针对性、适用性和简便性，并结合现场的主要方面分别选择适用的战术方法。

（1）灾害事故现场的主要方面。现场主要方面主要有灾情状况最严重的区域、可能潜在最大危害的险情、被困人员众多聚集的部位、可能进一步造成重大生命威胁和经济损失或社会影响的方面，它是灾害事故已经造成危害的最重要的事态发展及其方位，是实施现场应急救援行动最为迫切和最为紧要的方面，是影响和决定救援行动成败与效率的关键所在。现场主要方面是实施现场救援行动的重心，分析和把握了这个重心，就能围绕这个重心，合理有序地安排和协调现场救援的整体行动与行动的全过程。通过统筹使用现场救援力量，有重点地部署救援行动，组织现场的各种保障，着力解决潜在的主要险情，就能掌握现场救援行动全局的主动权。

（2）灾害事故现场主要方面的特点。灾害事故的种类、性质、发生规模、发展状态等主要因素决定了灾情的主要方面。不同的灾害事故甚至相同的灾害事故发生发展在不同的阶段和环境，现场主要方面的特点也不尽相同。多以险情危害性大、后果影响性严重、控制紧迫性强、灭火救援行动效率高等主要方面特点界定。

（3）技战术方法的选择。技战术方法是关于灾害事故现场险情处置所采取的行动策略和技术手段。行动策略是对险情处置行动的内容、步骤的抉择；技术手段是为实施行动策略所需采取的技术措施、方法和特殊器材设备。技战术方法既是完成任务目标的有力保证，又是行动方法的核心内容。技战术方法的选择要立足于现有力量的技术装备水平，有什么装备打什么仗，否则，所选方法将失去适用性。灭火行动中可选择采取与之对应的基本技战术方法，如堵截、突破、分割、夹攻、合击、围歼。处置行动还受现场客观环境条件的制约，如恶劣的大风或雷暴天气会限制救生行动；缺乏水源的地区火灾扑灭难以发挥大流量水炮的作用，因此，技战术方法的选择还必须考虑现场客观环境条件是否可行的问题。

（4）统一指挥，整体协同。在划分有行动区域的处置现场，通过科学合理地制定和分解行动任务，明确各区域的主要行动；根据各区域主要行动在目的上的关联性，确定相关行动区域各主要行动之间在地点、对象、时间方面的协同配合关系，并提出行动衔接配合的原则性要求。救援行动的现场组织系统担负着现场救援行动的指挥、协调和保障任务，一般由根据细化的救援行动类别成立的相应工作组构成，如灾情监控评估组、人员搜救组、险情控制处置组、医疗救护组、通信组、现场警戒保卫组、勤务保障组等。明确各组负责人及其工作职责，以及各组相互配合的要求。

（5）主要行动任务。包括灾情的侦查和评估、现场险情的处置、被困人员的搜救、受影响区域人群的疏散、受伤人员的现场医疗救护、现场贵重财物的抢救和保护、现场危险区域的安全警戒、现场处置行动的勤务保障。

四、民用航空器火灾事故应对技战术策略

救援流程如图 5-3 所示。

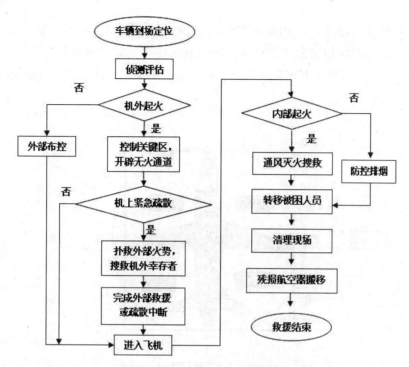

图 5-3 民用航空器灭火救援流程图

（一）外部技战术应对策略

1. 车辆作战位置定位

机头方向定为第一面，顺时针依次为二、三、四面。首车作战位置。基于乘客的惯性思维，第一辆到场的消防车应占据前舱门位置，确保对以上区域的绝对控制，外围的火势可以被暂时忽视，创造撤离和进攻的通道。如机身断裂多节，首车应定位于可能有最多人员滞留的区域。如地面条件许可，首车一般占据 11 点钟方向，负责 1 区火灾扑救，同时负责机头至机尾方向的冷却及无火通道的建立与维持，兼顾对 5 区的泡沫覆盖。第二辆到场车辆，如风力较强，多占据 1 点钟方向负责 2 区火灾扑救，同时负责机头至机尾方向的冷却及无火通道的建立与维持，兼顾对 5 区的泡沫覆盖，如风力和风向影响较小时，第二辆到场车辆应尽可能占据 5 点钟方向，与首车形成对角攻击态势，第三、四辆到场的消防车，如前期到场的车辆占据 11 点钟和 5 点钟方位时，应依次占据 1 点钟和 7 点钟方位，形成合围态势。如前期到场的车辆占据 11 点钟和 1 点钟方位时，应依次占据 5 点钟和 7 点钟方位，合力向机身外侧驱赶火焰，具体作战位置选取如图 5-4 所示。

2. 首要作战任务

飞机灾害外部控制的首要任务是对可能有人员滞留的区域和诱发事故升级的区域实施最大流量的泡沫覆盖冷却，驱赶火焰，使其远离机身区域，如首批到场力量不足时，可酌情放弃外围火势，集中力量对机身区域实施泡沫覆盖，并开辟无火通道，控制或消灭威胁人员安全的火势，始终保持疏散通道畅通和安全，对实际关键区域连续喷射泡沫，保持泡沫覆盖层的有效性，搜寻飞机周围的幸存者。当机身表面有明显的热作用反应时，消防人员应根据热作用不同区域采取不同措施，如机身区域可采取穿刺阻截的方式；APU 舱和电子舱可采取二氧化碳或干粉灌注的方式；前后货舱可采用泡沫灌注的方式实施控制。

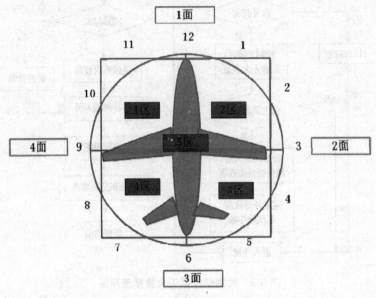

图 5-4　作战点、面、区图

3. 现场侦检评估

消防救援力量到场后，立即安排专人或多人负责现场侦检和评估，判明火势蔓延方向、密闭空间火灾、火场温度、有无爆炸、飞机结构倒塌、部件脱落或翻转、燃油泄漏等情况，使用红外热成像仪、测温仪实时监测灭火剂冷却覆盖效果和异常升温现象，使用毒害气体检测仪、可燃气体检测仪、放射性物质检测仪等设备对关键区域实施不间断检测，确保与参与救援的指战员的及时有效通信，受救援现场噪声影响，应事先明确紧急撤退的声、光报警信号。建立灾害现场侦检评估岗位可保证航空器灭火救援工作高效实施的同时，确保救援人员的行动安全，措施有效。

4. 主战车泡沫射流运用

（1）泡沫炮射流呈柱状，在 45°仰角时可获得最远射程，泡沫射流呈 30°扇面时可获得最佳的覆盖效果。喷射泡沫的方法有三种，即吊射、推射和折射。吊射可形成辐射状泡沫堆积，多用于扑救机身区域的火灾和关键区域的覆盖保护；推射可以驱赶或推动火焰和游离燃油，多用于扑救地面流淌火或机翼油箱部位的火灾，使其远离机身区域，同时适用于整个机身的快速喷涂。折射可形成单方向区域堆积，多用于起落架、轮舱、发动机区域的火灾扑救。

（2）车辆接近首要作战位置区域，进入主炮最大射程后立即实施 45°仰角行进中出泡沫吊射推进，适时调整主炮仰角，确保泡沫落点作用于机身中部翼根区域；抵达主炮射流可控制整个机身长度的作战位置时停车，同时下压主炮，实施机身的快速喷涂，随后对登机门区域火势重点压制，使用推射和折射的方式开辟无火通道，无火通道建立后，以机身为轴，呈扇形左右推打机身两侧火势，兼顾机身持续冷却，实现分割火势后，使用推射和折射的方式扑救发动机、机翼区、起落架区域及地面流淌火势，扑灭机身外部火势后，加强对机身的持续冷却，掩护内攻和撤离人员的安全，监测温度变化和冷却效果，直至战斗结束。

5. 多功能枪扑救地面流淌火势

如果主战车辆无法接近事故地点，主炮射流不能作用到起火区域，可铺设水带或胶管输送泡沫混合液展开近战，扑救地面流淌火时应两人一组，机身两侧各部署两组，由上风方向展开进攻，抵近起火区域前喷水测试，确保射水器具完好，四支多功能枪以机头方向为进攻点，合力打开突破口后，分两侧纵深推进灭火，一侧的两支枪相互掩护，左右推射驱赶火焰，开辟无火区域，向机身外侧驱赶火焰分割火势，扑灭机身周围的火势后，四组近战人员继续推进清除残火，对关键区域实施冷却保护，彻底扑灭全部火势后，应对过火区域实施持续冷却，直接温度降低至正常范围，完成作战任务或紧急撤退时，面向作战区域后退，始终保持雾状喷射保护，直至撤离到安全区域。铺设水带或胶管水枪扑救地面流淌火时应两人一组，水枪保持行进同步，尽量扩大扫射范围，以实现向机身外部驱赶火焰。

6. 外部搜救

通常能自行逃生的机上人员会选择飞机事故区域通向安全区域的无火路径进行逃生，所以消防人员应重点对这一路径进行保护。外部搜救应选择人员存活概率最高的区域实施搜救，主要是飞机舱门、出口和机身断裂处等区域，应随着灭火作业的推进，实施快速、全面的搜救。要确保搜救区域的绝对控制，还应设置备用水枪，并保证随时投入使用。内部和外部救援人员必须始终保持通信，便于突出危险时及时撤退。撤退时进攻人员应保持雾状水喷射状态，面向危险区域后退，备用水枪应对撤退人员进行重点保护，二次进入危险区域时，即使火已被扑灭，必须携带充水的水枪，因为 40%～60%的消防员伤亡是在二次进入时未带充水的水枪。

7. 立体火灾应对

燃油由机翼油箱破损处溢出，油箱压力可能导致雾化油喷出，关闭油门后，可能仍有油喷出，特别液压管路破损后，因管路内储有高压氮气，在其推动下，液压油喷射可能持续一定时间，并形成立体火灾，泡沫灭火剂难以实现对立体火灾的有效控制，应用干粉灭火剂扑救雾状油形成的立体火灾，随后使用泡沫覆盖或喷涂起火部位，在确保人员安全和充分掩护的前提下，对泄漏点实施堵漏。

泡沫灭火剂难以实现对立体火灾的有效控制，应用干粉灭火剂扑救压力雾状油形成的立体火灾，随后使用泡沫覆盖或喷涂起火部位，在确保人员安全和充分掩护的前提下，对泄漏点实施堵漏。干粉灭火剂施放操作要领：拖动干粉枪由上风方向接近现场，保持安全距离和足够的射程，干粉射流由火焰一侧切入，保证干粉气云作用于火焰区域，顺时针或逆时针转动干粉枪，向一侧卷动火焰，火焰扑灭后，立即实施泡沫冷却覆盖，防止复燃。

8. 警戒区域划分

警戒区域的划分有利于应急处置工作的安全、有序、顺畅等目标的实现。各区域的行动具有紧密的联系，须做出合理安排，确立各自的工作阵地及其相互协同配合的方式和通道，使不同行动区域的行动形成协同配合的整体，避免出现各自为战，保证整个现场应急处置工作高效地开展。警戒区可分为红、黄、绿三区，红区为高度危险区，只允许佩戴全套安全防护装具的消防员进入，并确保人员有充分的保护，区内主要行动是灭火救援、伤员及被困人员救助、控制与消除危险源，红区外缘由消防人员负责警戒；黄区为中度危险区，主要为消防车作业区，消防车距红区 30m 以上，确保便于观察火场和紧急撤离，并根据风向设置进出通道，同时加强对通道的消防控制，必要时专门布置消防力量确保疏散通道的安全，掩护伤员转运，黄区以内，除消防人员，其他人员禁止进入，消防车尾后30m 的黄区外缘为公安警戒圈，由公安民警负责警戒；绿区为相对安全区，应距红区外缘100m 以上，主要用于危险区的处置行动提供各项保障和救出伤员的现场医疗急救，应设置机上人员疏散集结区、医疗部门检伤分类、伤员救治；伤员转运救护车集结区；遇难者遗体安置区；机上物品、文件及重要物证安置区，绿区内的伤员搬运由武警负责，红区、黄区的伤员搬运由消防人员负责，绿区外缘由武警负责警戒。

9. 逃生滑梯部位控制

到达事故现场时，如滑梯已展开并在使用，消防救援人员不应干扰滑梯的正常使用，除非滑梯损坏或受到火灾的影响。充气滑梯极易受到风力和辐射热的影响，辐射热可以使滑梯融化、放气，导致滑梯不能使用，应加强受火势侵袭的逃生滑梯的控制，确保机上紧急疏散效率。当大风或飞机处于不正常状态引起滑梯翻转式错位时，救援人员应尽力调整其处于正常状态，并在该区域设置水枪阵地防护，做好临战准备。如果舱门已打开，但滑梯不能展开时，消防人员应立即使用消防梯、设备气垫等一切可利用的设备协助机上人员逃生。如舱门没有打开，消防人员应先尝试联系机组人员按程序开启舱门和滑梯，如得不到响应，应首选由机翼上方紧急出口进入飞机内部，开启舱门，释放逃生滑梯。如无紧急出口可用，可将消防梯等登高设备架设于舱门门轴对侧，通过观察窗查看黄色警告标志，确认滑梯处于取消预位状态后方可由外部开启舱门，必要时可对舱门进行绳索捆绑，控制开门角度，打开一定缝隙后，对逃生滑梯进行锁定。如果在滑梯预位时将门打开，滑梯将在 6s 内跌落并充气展开，易造成人员坠落事件。目前大多数飞机门已经改装，如果从外面开门，可以防止滑梯自动展开，但消防人员必须有心理准备，应对可能出现的打开舱门时滑梯自动释放，尽可能避免舱门、滑梯和消防梯之间的撞击，加强防护，减少不必要的人员伤亡。在滑梯展开前，地面上的设备和人员不应停留在干扰滑梯施放的位置，以免造成伤害。

10. 外部操控机载 APU 灭火系统

不同型号的飞机 APU 灭火系统设置和控制面板组成各不相同，控制面板多设置在机头起落架、机腹中部、驾驶舱，具体位置应参照相应的飞机消防救援图表。以波音 767 为例（见图 5-5），当 APU 舱区域出现火灾时，位于前起落架的 APU 控制面板的火警指示灯闪亮报警，现场人员应先按下 APU 停车按钮，停止 APU 运转，再按下手动灭火按钮施放机载灭火剂灭火。

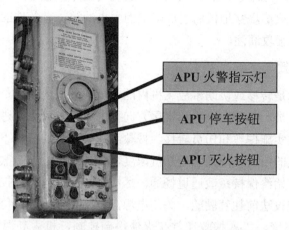

APU 火警指示灯

APU 停车按钮

APU 灭火按钮

图 5-5　波音 767 前起落架 APU 控制面板图

如机载灭火剂耗尽火势仍未得到控制时，消防人员应利用登高设备接近 APU 舱，施放干粉或二氧化碳控制火势，同时使用泡沫或雾状水冷却受火势威胁的飞机结构，尽快进入飞机驾驶舱关闭 APU 燃油供给和电力供应。

（二）内部技战术应对策略

1. 内攻的时机和进入飞机的方法

当机上紧急撤离正在进行时，消防人员的进攻不应干扰、减缓、阻挡甚至中断机上人员疏散逃生。如飞机舱门紧闭，无疏散迹象时，且机头部位相对完整，消防人员应首先选用前轮入孔进入电子舱和客舱，由内部开启舱门释放滑梯。如前轮入孔破损或被遮挡，消防人员应使用登高设备由外部开启舱门、紧急出口，但要小心滑梯弹出导致人员伤亡的危险，必要时施加绳索保护。当舱内有烟、火迹象或出现疏散中断，消防人员应布置充足力量强化机身、机翼区域的控制，在机翼根部架设登高梯，派遣两组灭火人员持充水的喷雾水枪，由机翼上方紧急出口进入飞机。

2. 抑制爆燃

爆燃是密闭空间容易出现的猛烈燃烧现象，本质上是一种热烟气的爆炸。当火灾发生在基本封闭的空间内，内部空气难以满足燃烧的需要，导致烟气中含有大量可燃成分，如突然形成通风口，烟气和新鲜空气发生较大范围的混合，在点火源的作用下点燃，并发生猛烈燃烧，火焰可能会充满整个空间并向外部喷射。爆燃产生的效应主要有三种形式：火球、冲击波和稳定火焰射流。舱内是否具备爆燃条件很难直观判断，所以无论舱内是否具备爆燃条件，开启客舱门或紧急出口时要极为谨慎，应先打开一定缝隙，通过门缝用雾状水流实施灌注，随时做好应对爆燃引发喷射火焰的准备和后备掩护，随后适当地打开舱门或应急出口攻入，实施灭火救人，采用机身上部破拆通风降温或使用具有穿透能力的射水器具，可以安全高效的破坏爆燃条件。外部的消防人员在加强对机翼油箱和中央油箱区域的冷却和监控，在破坏爆燃条件后，应立即通过机翼上方紧急出口或打落舷窗对机身中部火势实施强攻，防止火焰烧穿地板而引爆隐藏的中央油箱，有条件的可使用刺针式或钻头式喷嘴的消防车实施强攻灌注。

3. 舱内灭火搜救

内攻的首要目标是转移或协助事故飞机内的人员疏散，内攻人员应由机翼上方紧急出口进入的两组灭火人员，分别向机头和机尾方向推进灭火，灭火组进入机舱后，两组搜救人员分别跟随灭火组实施搜救和伤员转移。搜救组在灭火组的掩护下，实施快速搜救，途中打开一切可以通风的门窗，降低舱内烟气浓度，延长机上人员疏散和存活时间，移除客舱内便携式氧气瓶。始终保持疏散通道畅通，尽快确定着火位置，控制或扑灭火灾，如无法确定着火位置，应设法前往驾驶舱，关闭电源，以减少点火源，协助机上人员逃生，设法维持机内可生存环境。二次搜救通常在火情得到控制，机内高温和烟雾状况有所改善后，实施细致、彻底的全面搜救。始终保持疏散通道畅通，穿戴足够的防护装备持充水的水枪进入飞机内部，并保持足够的机动长度，尽快确定着火位置，控制或扑灭火灾。在机舱内部铺设水带灭火救人时，因通道狭窄造成行动受限、推近迟缓和转向困难，可传递水枪改变作战方向，交替持枪灭火和搜救更具效率。

幸存者可能存在驾驶舱、机上厨房区域、厕所、封闭的机舱区、座椅之间和座椅下、机舱天花板内（飞机非正常姿态时烟雾条件下误入），转移幸存者时，切勿将幸存者由可生存的环境转移到无法生存的环境。如果时间允许，应设法降低人员伤势恶化的可能性，可使用颈托和担架转运伤者，如受害者已经死亡，不要移动受害者，除非绝对有必要移动，应设置标记标示受害者位置后移动。

4. 排烟通风

排烟通风存在加强火势的风险，但也可简化和加快救援行动，清除危害受困或昏迷乘客的高温和有毒气体，可改善机内能见度，便于迅速确定起火部位。飞机舱内排烟通风的方法有水平排烟通风、垂直排烟通风和机械排烟通风。水平排烟通风最易实现，垂直通风效果最好，但需要破拆，鉴于救生时间限制，不易实现；机械通风是通过风机或喷雾水枪驱赶的方式通风，但需要先打开出入口，所要最具效率的排烟通风的方法是水平和机械排烟通风联合使用。当飞机结构未损坏时，应先打开下风或侧下风方向的舱门或紧急出口泄压排烟，再打开相对的受风面的舱门或紧急出口加速排烟，在上风方向舱门设置喷雾水枪向下风方向舱门外喷射雾状水，进一步加速排烟效率，有条件时可在机身内部设置排烟风机增强排烟效率。如受飞机结构变形影响无法开启舱门或紧急出口时，可用重锤先砸落下风面的飞机舷窗泄压排烟，再砸落受风面的舷窗，借助风加速排烟通风，在机身受风面设置喷雾水枪向下风方向的打开的舷窗喷射雾状水，加速排烟速率，同时在下风方向设置防护力量。

5.　移除或控制氧气系统

进入飞机内部搜救灭火的消防人员应立即移除便携式氧气瓶，在实施破拆工作前，应充分考虑氧气系统的分布，避免对该区域实施破拆，如必须对该区域实施破拆，应先移除氧气设备。机组氧气瓶一时无法移除，如可能受火势威胁，可设置自摆炮或喷雾水枪重点实施冷却保护，同时加强氧气瓶位置对应的飞机外部火灾实施重点扑救。如火势威胁位于电子舱的机组用氧气系统，可由驾驶舱与客舱间地板入口对电子舱使用二氧化碳、干粉或氮气实施饱和灌注。

6.　舱内机载灭火系统操控

如火势由外部向飞机发动机和 APU 区域蔓延，或外部操控面板不可用时，消防人员在阻击火势的同时，立即进入驾驶舱确认油门、电源状态，必要时激活机载灭火系统，喷施灭火药剂，预先防控，阻止或延迟火势蔓延速度，如图 5-6 所示。

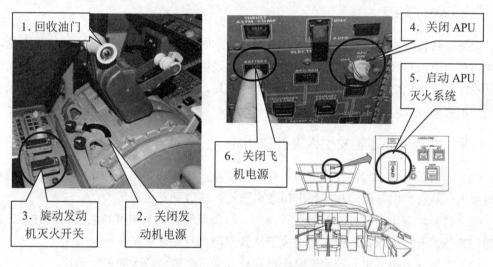

图 5-6　波音 767 驾驶舱紧急操控示意图

第四节　民用航空器火灾扑救战术措施

一、飞机内部火灾扑救措施

飞机火灾有相当一部分发生在机身内部，一旦发生火灾，将直接对机身内部人员的生命造成危害，消防人员应把救援机身内部人员脱险作为首要任务完成，灵活运用冷却降温、阻截控制、破拆排烟、掩护疏散、内外夹击、多点进攻、灌注灭火等战术措施，积极为救援机身内部人员创造条件，有效地控制和消灭火灾。

（一）确认起火部位和蔓延范围

在不拆除大量机舱地板、舱顶或舱壁结构的前提下，判断火灾在飞机内部的蔓延是非常困难的，在烟雾和热反应不明显的前提下，在外部观察机身上的漆泡或烟雾确定火灾的位置和范围，根据烟雾浓度判断火势强度。有条件可使用热成像设备进行侦察，如有明确的火灾迹象，应果断实施破拆控火。

（二）火灾控制

确认起火位置和蔓延区域后，在外部可使用刺针式喷嘴穿透控火，或使用破拆工具开孔，利用喷雾水枪实施灌注阻截。在飞机内部隐蔽空间的火灾蔓延一时不能控制时，应在蔓延方向进行必要的破拆，强制通风，可以有效地阻止火灾向其他部位发展，破拆机舱地板、内壁镶板和天花板后，使用喷雾水枪实施扑救，因需要实施立体阻截，应在舱内设置重兵和多重防线，有条件可设置自摆炮实施封堵，防止火势突破。破拆时位置的选择应避开油箱部位和氧气管。

（三）强行突破

如果确认机身内部客舱起火，且一时无法控制时，消防人员在加强外部消防力量对机翼油箱和中央油箱区域的冷却和监控的同时，通过机翼上方紧急出口或打碎舷窗对火势实施强攻，防止火焰烧穿地板而引爆隐藏的中央油箱，有条件的可使用刺针式或钻头式喷嘴的消防车实施强攻灌注。

（四）机身尾部客舱发生火灾扑救措施

（1）消防员从中部舱门攻入机身内部，用雾状水阻截火势向中部客舱蔓延，抢救乘客和机组人员从前、中部舱门和应急出口撤离飞机，疏散到安全地带。

（2）打开尾部舱门或打碎舷窗进行排烟，以降低舱内烟雾浓度和温度；同时，在打开的舱门或舷窗开口处布置水枪，阻击火焰从开门向机身外部蔓延。

（3）用泡沫覆盖或用开花水流喷洒机身外部受火势威胁较大的危险部位。

（4）在控制住火势向中部客舱蔓延的同时，消防员从尾部舱门突破烟火封锁，强攻进入尾部客舱，中部客舱水枪手与之形成合击。在舷窗间处的水枪手，应将水枪从舷窗口伸入客舱内部，与内部水枪手协同配合，打击火焰消灭火灾。

（五）机身中部客舱发生火灾扑救措施

（1）消防人员应先在下风向距机翼较远的部位打破舷窗进行排烟通风，同时从上风或侧上风方向的前舱门和尾舱门攻入机身内部，用雾状水控制火势向前部客舱和尾部客舱蔓延，并向下风方向排烟口驱赶烟、火，掩护乘客和机组人员从上风方向前舱门和尾舱门撤离飞机，疏散到安全地带。在无风条件时，可使用喷雾水枪雾状射流加速空气流动，实现人为改变风向。

（2）进攻灭火的同时，应在飞机外部部署消防力量采用泡沫覆盖或雾状水喷射的方法冷却临近结构，预防高温辐射引起机身和机翼处的燃油箱发生爆炸。

（六）机身前部客舱发生火灾扑救措施

（1）消防人员从前舱门和机翼上方紧急出口攻入机身内部，用雾状水阻截火势向驾驶舱或中部客舱蔓延，抢救乘客和机组人员从尾舱门和应急出口撤离飞机，疏散到安全地带。应使用下风或侧下风方向的前舱门作为排烟通风口，以避免火势对飞机油箱的威胁，同时应加强上风或侧上风方向前舱门的消防力量，防止火势向驾驶舱蔓延。

（2）当火势凶猛，前舱门进攻受阻，且火势已越过前舱门，严重威胁驾驶舱时，应先在靠近驾驶舱处打碎下风或侧下风方向的舷窗泄压排烟，改变火势蔓延方向和速度，再打破上风或侧上风方向的舷窗，将喷雾水枪从舷窗口伸入机身内，用雾状水封锁空间，阻截火势蔓延，保护驾驶舱，并配合内攻水枪手，里应外合，消灭火灾。

（七）驾驶舱内发生火灾扑救措施

（1）消防人员从左右前舱门攻入机身内部，用雾状水封堵驾驶舱与客舱之间的隔墙和通道，防止火势蔓延到客舱，同时对机电舱实施二氧化碳饱和灌注，掩护乘客和机组人员从中、尾部舱门和紧急出口撤离飞机。

（2）首选使用二氧化碳灭火剂，其次是干粉灭火器扑救驾驶舱内的火灾，迫不得已时再用水或泡沫扑救，因为干粉灭火剂会造成电路腐蚀，水系灭火剂会造成驾驶舱内的仪器仪表设备遭受不同程度的水渍损害。

（八）货舱（行李舱）内发生火灾扑救措施

（1）当飞机上有乘客时，应在部署灭火作战的同时，立即组织力量疏散客舱内所有人员。

（2）当货舱内装运普通货物时，可用喷雾水或泡沫扑救，如机场配备带有刺针式喷嘴的消防车或刺针式射水器具时，可实施穿刺灌注灭火，但要实时关注灌注的有效性。

（3）当货舱内装运化学危险品时，应根据所装运货物的性质选用灭火剂。

（4）应预先在客舱内部部署喷雾水枪阵地，随时应对可能因烧穿地板而蔓延至客舱内部的火势。

二、飞机起落架火灾扑救措施

起落架装置是飞机的一个重要组成部分，它的任何部位发生火灾，都足以引起一切严重的飞机火灾事故，最危险的是危及油箱或造成飞机翻倒，使火势蔓延到整个机身，起落架火灾的发展，一般需要经过过热发烟、局部燃烧和完全着火三个阶段。扑救起落架火灾时，应在飞机停稳以后进行。

（1）轮胎没有泄压，未发生火灾，只是过热时，在 1 小时内要避免人员接近机轮周围的区域，不要直接对高温的刹车系统和机轮使用任何灭火剂，这会对高温受压部件产生冲击，尤其不要使用二氧化碳灭火器，因为它会导致受压部件发生爆炸，同时不建议使用干粉，因为其会在高温部位形成一层沉淀物，降低了热量散发的速度，甚至导致刹车、机轮或是轮轴受到永久性的结构损伤，这一阶段疏散机轮泄压抛射危险区的人员及车辆，禁止无关人员接近，严密监控温度变化，任其自然冷却，同时设置水带干线，沿机头至机身方向接近过热的机轮组，距机轮 20m 处设置低位喷雾水枪阵地，如机轮异常升温，应立即使用雾状水间歇喷射冷却，控制升温。抵近作战时应观察飞机发动机是否运转，如涡轮式飞机发动机高速运转时，前部 7.5m 范围内有强大的吸引力，后部 45m 的范围内有强大的推动力和高温热气流，会造成吸入、灼伤，甚至被吹飞摔伤；螺旋式飞机发动机叶片在高速运转时容易被忽视，易造成冲击伤害，同时抵近作战人员不当行进于机身下部，防止机轮突然泄压导致机身下沉引发的人员伤亡。

（2）如轮胎已经起火，应立即用雾状水、泡沫或干粉实施扑救，并注意加强对受辐射热威胁的飞机结构进行充分的冷却，充实水射流或二氧化碳仅作为最后手段使用。扑救工作可能因迅速冷却而引起爆炸，所以要求作战人员在爆射安全范围内实施扑救，并与事故点保持一定距离。在扑救含镁金属的机轮火灾事故中，用大量水可以迅速降低温度，使温度降低到镁的燃点以下，从而扑灭火灾，但应特别注意从而引发的镁金属部件爆炸抛射。

三、飞机机翼火灾扑救措施

飞机机翼内载有大量的航空燃料，发生火灾后燃烧猛烈，火灾迅速向机身蔓延，并能够在短时间内烧毁机翼，引起机翼内燃油箱发生连续爆炸，使大量燃油泄漏到地面流淌燃烧，并迅速包围机身，对飞机起落架、机身及其内部人员威胁严重，灭火与疏散机内人员刻不容缓，消防力量到场后，不论机翼部位是否发生火灾或是否完整，都应对这一区域需特别关注，并及时布控，如出现燃油泄漏，应立即对其进行封堵或泡沫覆盖。如该区域已经脱落，为有效控制威胁机身的火灾，防止火场突变，必要时可能需要使用动力设备移走脱落或毁坏部分，应防止改变飞机部件方向或应力分布而引起飞机倾斜或翻转或引起被困人员的更大伤亡，并应随时做好燃油从局部毁坏的油箱中流出来甚至发生爆燃的应对准备。消防人员根据机翼起火的不同部位，采取泡沫覆盖冷却保护机身，掩护旅客疏散为先，上风冲击，泡沫射流切封喷涂，沿机身、翼根、翼中、翼尖的方向向外推挡火焰，干粉、泡沫联用立体灭火的战术。

（一）一侧机翼起火

一辆主战消防车使用主炮出泡沫冷却机身使其不受热辐射的影响，两辆主战消防车占据机翼前后作战位置使用主炮出泡沫夹击灭火，实现泡沫射流切封后，由机翼根部向翼尖方向推打火焰，保护机内人员由机身前舱和后舱安全撤离，如机翼下部出现立体燃料火灾，可采用干粉、泡沫联用的方式灭火。

（二）两侧机翼全部起火

一辆主战消防车占领 12 点钟方位使用主炮出泡沫，沿机头至机尾方向覆盖冷却机身，如风力条件允许，应分别在左翼和右翼前后部署两部主战消防车，实现泡沫射流切封后，由翼根向翼尖方向推打火势，掩护机内人员从前、后舱门迅速撤离到上风向安全地带。如风力条件不允许，应在上风方向，分别在左翼和右翼的前部部署两辆主战消防车，使用主炮出最大排量的泡沫，由翼根向翼尖方向合力交替推打火势，掩护机内人员从前舱门迅速撤离到上风向安全地带。

（三）尾翼起火

APU 火灾引起尾翼燃烧，火势向机身蔓延时。二辆主战消防车分别占领左右翼尖后部使用主炮喷射泡沫冷却后部机身，封堵控制火势由后向前蔓延，一辆多功能快速调动消防车占据侧上风方向，抵近飞机尾部采用泡沫、干粉联用向尾翼喷射，冲击灭火，消防人员穿戴全套防护装备由侧上风方向尾舱门进入机身后部设置自摆炮或喷雾水枪，阻止火势穿越防火墙向机身内部蔓延，掩护机内人员从前舱门撤离飞机。外部火势控制后，使用登高设备对 APU 舱实施干粉、二氧化碳或泡沫灌注。

四、飞机发动机火灾扑救措施

发动机是飞机的关键组成部件，通常安装在发动机吊舱、机舱尾锥、机身腹部或机身底部和侧面。发动机内部发生火灾，会使飞机瘫痪或从空中掉下来，消防人员在扑救发动机内部的火灾时，应根据发动机的不同类型采取不同的扑救措施。具体扑救措施如下。

（1）喷气发动机。在推力消失时，发动机内部燃烧的残余物能产生一阵黑烟，在某些情况下，残留物质会继续慢慢地燃烧，在管嘴内产生小的火焰。其扑救措施是：当喷气发动机内部燃烧时，因为其内部（燃烧室）绝缘良好，需要持续几分钟的极高温度才能燃烧起来，在这种极高温度下，其内部一般早已完全毁坏，若发动机尚未着火，只需做好冷却工作。

如果火包围了发动机，使发动机燃烧，可用泡沫有效地控制其周围的飞机结构和火势，防止火势向机身、机翼等部位蔓延。如火势发生在飞机发动机整流罩内，应设法打开整流罩，实施内部泡沫喷涂灌注。

当发动机运转时，喷气式发动机内部起火，火焰从尾喷管喷出，会产生高温，引起钛合金燃烧，此时应维持发动机低速运转，启动固定灭火装置灭火，消防人员由发动机前部 45° 角附近铺设水带干线，距发动机进气口 15m 处设置梯次喷雾水枪阵地，实施喷雾冷却。

发动机停止运转后，进气口和排气口都有冒出火焰的可能。其扑救措施是：切断燃油供给、启动固定灭火装置灭火，在固定灭火装置的灭火剂已耗完，涡轮发动机已关闭后，如火灾仍继续，可用二氧化碳和干粉灭火，泡沫和水应喷洒在外部，以冷却附近结构。除非用其他灭火剂均不能保证控制火势，火势有扩大蔓延危险时，一般不要在发动机进气口和排气口使用泡沫。

（2）活塞式发动机在活塞式发动机内部着火，当发动机起火被封闭在吊舱之内，而飞机灭火装置不能控制时，其扑救措施是：先施放干粉和二氧化碳灭火剂进行扑救，因为这些灭火剂扑救吊舱里的火比水和泡沫更为有效。再用泡沫和水喷洒覆盖外部，以冷却发动机邻近的飞机结构或部件。

五、辅助动力装置火灾扑救措施

飞机上安装有专门应对 APU 火灾的灭火系统，并配备探测设备，当探测到地面发生火灾时，如果没有采取任何行动，APU 灭火系统就会自动激活施放，也可以通过设置在机头起落架、机腹中部、驾驶舱部位的控制面板手动激活施放。APU 灭火系统储存有800psi 的 Halon（卤代烃）的灭火剂和氮气。如机载灭火剂耗尽，火势仍未得到控制，消防人员应利用登高设备接近 APU 舱，施放干粉或二氧化碳控制火势，同时使用泡沫或雾状水冷却受火势威胁的飞机结构。干粉、二氧化碳等辅助灭火剂在抑制封闭的立体火灾时，效果远远优于泡沫灭火剂，通常适用在立体燃油火灾或隐蔽地点的火灾，如机翼空间、发动机短舱内或轮舱。

六、飞机发生坠落火灾扑救措施

飞机发生坠落事故，不仅会使机身结构遭到破坏，内部人员伤亡严重，而且会由于油路和燃油箱的破裂，发生大量燃油渗漏事故，或形成大面积燃油火灾，从而给救援、灭火带来困难，消防人员必须根据飞机发生坠落的不同情况，采取相应的扑救对策。

（1）飞机坠落发生火灾时。当飞机坠落后，整个飞机都燃烧起来时，首先用干粉压制机身外部火焰，同时用泡沫覆盖冷却机身，降低高温对乘客的影响，为机身内部人员的生存提供条件。在兵力充足的条件下，可重点考虑扑救油箱、发动机和起落架等部位的火灾。

（2）当飞机油箱破裂，大量燃油洒到地面燃烧，火焰威胁机身安全时，首先用干粉和泡沫直接射向机身下面火焰根部，将火焰与机身分隔开，然后向机身周围的火焰喷射，最后覆盖整个火区，消灭燃油火。

（3）当飞机与洒落地面的燃油同时着火时，应首先扑灭机身上的火焰，用泡沫覆盖冷却机身，再向机身下部和周围地面喷射泡沫，将地面火焰与机身隔开，控制住燃油火向机身蔓延，为展开救援工作创造条件，最后消灭地面燃油火。

（4）及时扑救由坠落而引起的其他次生火灾。控制火势后，消防人员应尽一切可能，以最快的速度、采用多点进攻方法，消灭机身内部火焰，然后用雾状水排烟，降低舱内温度，对机身内人员施加水雾保护。在条件许可的情况下，消防人员应迅速打开舱门和紧急出口，深入机身内部，对伤残者实施救援。可通过尾部增压舱隔墙入孔从尾部进入机身内部实施救援。在舱门、紧急出口无法开启的情况下，消防人员应用破拆工具等实施破拆救援。破拆位置应选择在舱内座位水平线以上，行李架以下的舷窗之间，或在机舱顶部中心线两侧破拆。

（5）飞机坠落造成油箱破裂，燃油遍地流淌，尚未起火时，其扑救措施是：消防车从上风或侧风向驶近失事地点，停在距油面 30m 以外的地方，首先用泡沫射向机身下部地面，然后向机身喷射，最后向机身四周喷射覆盖燃油，防止起火。掩护机内人员向上风方向迅速撤离现场，关闭飞机发动机，并迅速用泡沫加以覆盖冷却，现场严禁使用带电设备，清除着火源，防止引起油蒸气爆炸。

第五节　劫机引发火灾事件的应急处置

犯罪分子劫持飞机后，引爆爆炸物品、点燃化学易燃品、干扰驾驶员操作或不服从地面指挥，使飞机失控，极易发生与地面建筑物或飞机碰撞事故，造成飞机火灾。

一、反劫机灭火战斗行动要求

（一）高度重视，完善机构

罪犯劫机事件政治影响大，所造成火灾事故的危害大，消防队伍灭火救援行动可能受到犯罪分子的破坏，情况瞬息万变，难以预料。消防队伍必须把反劫机和处置机场突发事件当作重要的任务来完成，结合实际制定出反劫机和应付机场突发事件的预案，建立反劫机和处置突发事件的组织指挥网络，确定消防力量的调集原则，搞好灭火演练，从思想上、组织上、车辆装备以及人员分工上充分做好应付突发事件的准备。

（二）掌握劫机动态，落实待命力量，争取灭火主动权

消防指挥中心接到反劫机报警后，应充分估计到情况的复杂性、严峻性和反劫机任务的艰巨性，及时赶赴现场，掌握劫机动态，部署、检查、落实待命力量，并迅速调集第一出动力量预先出动，聚集于现场待命。精心做好临战准备，争取灭火主动权。

（三）正确判断火情，及时调集力量

正常情况下，第一出动力量的调集，是以扑救一架飞机火灾考虑的。当被劫持飞机偏离跑道，与地面建筑物、车辆或其他飞机相撞而发生火灾时，消防指挥员要根据情况的急剧变化，适时调集增援力量，以满足灭火、救人的需要。必须坚持火场由公安消防队统一组织指挥的原则，积极搞好各方面力量的协同作战。

（四）灵活动用灭火战术

反劫机灭火战斗应坚持"以救人为主，灭火为救人创造条件"的指导思想，根据火灾情况和灭火力量善于灵活运用"重点突破，救灭结合，灭火与救人同步进行"的战术方法，集中优势兵力于火场救援的主要方面。若飞机与建筑物同时起火，应把优势兵力布置在扑救飞机火灾方面；若两架飞机同时起火，应把主要力量布置在机上乘客大部有生存希望的救援、灭火方面。

二、反劫机灭火救援注意事项

（1）消防队接到报警后，首先要问清楚遭受劫持飞机所处的状态，遭受劫持的性质、机上人员数量、燃油数量、有无九类危险品、飞机降落的跑道和停机地点等。

（2）如果有爆炸物品威胁，应按紧急事故火警出动，增调公安消防、武警、交通、医疗救护以及其他有关部门。

（3）遭受劫持飞机的停机位置与其他飞机、建筑和公共场所最少要保持 100m 的距离，凡在 100m 范围内的其他飞机、车辆、人员应疏散到安全地点。

（4）消防队到达现场后，如现场地面条件允许，车辆应机头前 50m 以外，与机翼线平行的方向排成"一"字形，车头面向飞机，车与车之间的距离为 10m 左右，以便于出现紧急情况时可迅速实现合围之势。

（5）消防人员应在反劫机指挥部统一指挥下开展救援、灭火行动，要严格行动纪律，避免因盲目行动而促使劫机分子狗急跳墙，从而付出不必要的代价。

（6）救援乘客一般不使用登机梯，可使用机上紧急滑梯和消防车上的所有设备

第六节　跑道泡沫喷涂

一项对施加或不施加泡沫进行紧急着陆的研究得到的数据表明，由于跑道上施加了泡沫，并没有将着火的危险或者在损害的程度上有重大的减少。没有证据表明，由于泡沫的存在，使飞行员得到任何心理上的好处。减少燃油渗漏着火危险的试验表明：一条带泡沫的跑道，在泡沫上面的大气中，燃油气体的着火危险上，并没有明显的效果，这些气体仍然可以由于一个发动机火、电弧或火花、静电放电或其他点燃源，在泡沫覆盖层上面被引燃，掩盖在泡沫下面的燃油，可减少可燃气体的释放。在点燃的情况下，可能减少燃烧面积。

一、跑道喷施泡沫的负面影响

（一）应对能力被削弱

紧急情况下，飞机能够稳妥地在空中等待的时间与机场所有的设备、泡沫剂和人力给跑道施加一定面积的泡沫层所需的时间相对比来决定是否采用施加泡沫层。但在这种情况下，势必会削弱机场消防救援力量的作战能力和灭火药剂储备，同时在应对发生的或随后发生的飞机失事起火状态的应对能力被削弱。

（二）对机场运行的影响

泡沫的施加与清除工作将对该机场，特别在只有单条跑道的机场，或者只有一条跑道能运行的机场的飞机活动产生影响，以及将影响所有飞机运行的安全性。

（三）制动问题

当时的气象条件是否满足使用泡沫覆盖层的条件，不应在大雨或下雪情况下，给跑道施加泡沫。在非常冷的气候下，从泡沫覆盖层流淌的水会结冰，会在紧急着陆和随后跑道使用时，产生严重的制动问题。

（四）飞机交通中断

对跑道实施泡沫喷涂需要一定的时间，在实施过程中，势必会造成飞机交通中断，公众会通过跑道喷涂行为察觉即将来临紧急着陆事件。

二、跑道喷涂泡沫作业的决断

采取跑道喷涂的请求应来自该飞机的机长或飞机经营者的最高指挥官，并确保他们对前面提到的各项因素是熟悉的。且机场消防救援部门是否配备了跑道喷涂设备、相适应的泡沫液和必要的泡沫储量，并非是每个机场都具备跑道喷涂能力。对具备跑道喷涂能力的机场，对一条跑道施加泡沫的可行性的确定，必须在机场经理或其代表在收到飞行员或飞机经营者对这项服务的正式请求，并对涉及防火和其他机场运行问题做出评价以后，同消防部门的最高指挥官进行商议方可做出决定。

三、跑道喷涂泡沫的方法和注意事项

（一）跑道喷涂泡沫的要求

一般释放泡沫宽度的原则是对于 4 发喷气式飞机，泡沫宽度在于内侧发动机宽度；对于螺旋桨飞机，应大于外侧发动机宽度。泡沫的长度根据起落架失效的位置和飞机机型的不同，长度在 450～900m。泡沫的起始位置：起落架处于收起状态的航空器迫降时，由于机身与道面之间的地效作用，机身接地点不同于正常接地点，就根据故障起落架位置和机机型不同，喷涂起始位置要在正常接地点后部 150～600m。国际民航组织推荐的泡沫厚度为 35～50mm。

（二）注意事项

只能使用蛋白质泡沫，尽量避免使用机场内部消防车辆施放泡沫。控制好喷施泡沫的时间，首先详细计算航空器在空中等待时间和施放泡沫所需的时间，在喷涂泡沫后，应当给泡沫约 15min 的老化时间，使泡沫中水分充分浸湿道面，随后实施迫降。

第七节　尾随故障飞机

民用航空器机械故障时，通过对故障可能引发灾害的严重程度，机场应急救援管理部门、空管部门或飞机机长会酌情提出机场消防车尾随故障飞机降落的需求。常见尾随任务有消防车在跑道不同部位分段集结待命，飞机降落滑跑过程中分段高速追击尾随的方式和故障飞机降速后滑行脱离跑道至停机位的方式。

一、尾随风险

（1）在跑道上尾随。由跑道端开始尾随航空器的消防车容易受气流和飞机脱落部件影响，而引发车辆事故。

（2）在跑道中部一侧担负尾随任务的待命车辆，存在被偏离跑道的飞机或部件击中的风险。

（3）尾随的消防车辆夜间易受能见度和跑道灯光的干扰，加之车辆制动性能和距离的影响，易发生危险接近和尾流伤害，甚至发生撞机事故。

二、尾随方法

（1）理想的方式为平行滑行道平行尾随，根据飞机故障类别和预计接地点及滑跑距离，可在平行滑行道起点端、预计接地点附近、预计滑跑减速点附近、预计滑跑停止点附近分别部署快速调动消防车和主战消防车，并事先授权，明确尾随勤务启动时机，如飞机飞至待命车辆上空或接近集结待命区便启动尾随方案。

（2）关键集结待命区的尾随车辆应首先选择快速调动车，快速调动消防车预计应部署在预计接地点或预计滑跑减速点附近，可缩短约 15s 的救援时间，同时在相应集结位置部署主战消防车，即"一快一主"的定位定车方式。在预计停止点附近的集结待命车辆应选择两部主战消防车的定位定车方式。

（3）如条件允许，在关键集结待命区应分别指派中队长实施现场机动指挥。

（4）在低能见度和不利气候条件下，在跑道中部待命的消防车辆应保持距跑道中心线300m 的距离选定待命位置。

第八节　民用机场消防设备设施配备

根据国家标准《民用航空运输机场消防站消防装备配备》及《民用航空运输机场飞行区消防设施》的要求，机场消防站设立在机场飞行区内，主要为该区域及其附近的航空器因火灾事故等各类救援事项提供必备的消防服务，其保有一定的消防设备，并提供及时的消防等各类服务，根据其装备、人员乃至救援能力的差异而划分出不同的消防保障等级。

消防装备多含有必备的灭火器材，如消防车及高压泵，必备的求生器械，如消防服装、呼吸器等，另外还包括灭火的药剂，以及临近河边和海边的消防艇等。从消防服务机构接到的首次呼救至应答救援的第一辆（或几辆）车到达并按规定喷射率的至少 50%施放灭火泡沫混合液的时间称之为应答时间。

一、机场消防保障等级及应答时间

（一）机场消防保障等级的确定

机场消防保障等级应根据该机场起降的最高类别航空器机身长度、宽度和起降频率（一年连续最繁忙的 3 个月内的起降次数）确定。按机身长度、宽度共划分为 10 个等级，如表 5-1 所示。

表 5-1 按机身长度、宽度划分的消防保障等级

消防保障等级	机身全长/m	机身最大宽度/m	消防保障等级	机身全长/m	机身最大宽度/m
1	0~9（不含）	2	6	28~39（不含）	5
2	9~12（不含）	2	7	39~49（不含）	5
3	12~18（不含）	3	8	49~61（不含）	7
4	18~24（不含）	4	9	61~76（不含）	7
5	24~28（不含）	4	10	76~90（不含）	8

按航空器起降频率调整消防保障等级的原则如下。

（1）当使用该机场最高类别的航空器在最繁忙的连续 3 个月内起降架次大于或等于 700 次，采用表 5-1 中相对应的消防保障等级；起降架次小于 700 架次的，则相对于表 5-1 的消防保障等级最多降低一级。

（2）当最高类别航空器的机身长度和宽度不在同一等级的，应按高的一级确定消防保障等级。

例如，某机场能起降的最大民航客机为 A380，按最繁忙的连续 3 个月内起降架次大于或等于 700 次计算，根据 A380 的基本尺寸示意图（见图 5-7），机身长度 72.75m，按表 5-1 为 9 级。

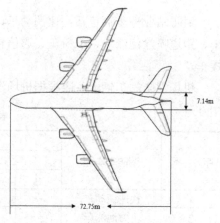

图 5-7 A380 基本尺寸示意图

（二）应答时间

在最佳能见度条件和地面通畅条件下，机场消防救援的应答时间应不超过 3min。

为保证连续喷射灭火剂，任何运送如表 5-2 规定最小可用灭火剂数量的车辆及其他航空器专用消防灭火车辆到达现场时间不应超过应答时间 1min。

注意：

最佳能见度条件和地面畅通条件指：白天，良好能见度，未降雨雪，规定的消防救援应答路线表面没有水、冰或雪的污染。

表 5-2　最小可用灭火剂数量

机场类别	达到施用水平 A 的泡沫		达到施用水平 B 的泡沫		辅助灭火剂
	水/L	泡沫混合液喷射率/（L/min）	水/L	泡沫混合液喷射率/（L/min）	化学干粉/kg
1	350	350	230	230	45
2	1 000	800	670	550	90
3	1 800	1 300	1 200	900	135
4	3 600	2 600	2 400	1 800	135
5	8 100	4 500	5 400	3 000	180
6	11 800	6 000	7 900	4 000	225
7	18 200	7 900	12 100	5 300	225
8	27 300	10 800	18 200	7 200	450
9	36 400	13 500	24 300	9 000	450
10	48 200	16 600	32 300	11 200	450

注："施用水平 A 的泡沫"表示最低应用比率为 8-2L/min·m² 的泡沫，例如蛋白质泡沫（PF）和氟蛋白泡沫（FP）。"施用水平 B 的泡沫"表示最低应用比率为 5-5L/min·m² 的泡沫，例如水成膜泡沫（AFFF）

二、消防站车辆及人员配备

（一）消防站车辆配备

消防站业务车辆包括快速调动车、主力泡沫车、重型泡沫车、中型泡沫车、重型水罐车、跑道喷涂泡沫车、干粉车、通信指挥车、火场照明车、破拆抢险车、保障车、升降救援车。

机场消防站车辆配备应根据机场消防保障等级确定，车辆配备的要求如表 5-3 所示。

表 5-3　消防车配备

序　号	消防车车型	配备数量							
		消防保障等级（级别）							
		3	4	5	6	7	8	9	10
1	快速调动车	—	—	—	—	1	1	1	1
2	主力泡沫车	—	—	—	1	2	3	3	4
3	干粉车	—	—	—	—	1	1	1	1
4	重型泡沫车	—	—	1	2	2	2	2	2
5	中型泡沫车	1	1	1	—	—	—	—	—
6	火场照明车	1	1	1	1	1	1	1	1
7	通信指挥车	1	1	1	1	1	1	1	1
8	破拆抢险车	—	—	—	—	1	1	1	1
9	保障车	—	—	—	—	1	1	1	1
	合　计	3	4	4	5	9	11	11	12

注：重型水罐车、升降救援车、跑道喷涂泡沫车应根据机场实际需要选配；无夜航机场的消防站可不配备火场照明车；当主力泡沫车性能能满足快速调动车标准时，可不配备快速调动车；当快速调动车或主力泡沫车辅助干粉灭火系统干粉量不少于 450kg 时，可不配备干粉车。

例如，某机场消防保障等级为 10 级，按表 5-3 可知最低配置需要配备快速调动车 1 辆、主力泡沫车 4 辆、干粉车 1 辆、重型泡沫车 2 辆、火场照明车 1 辆、通信指挥车 1 辆、破拆抢险车 1 辆、保障车 1 辆，共计 12 辆消防车辆。

（二）机场消防站人员计算

消防站配备人员分为专职消防、行政技术和后勤保障三类，专职消防人员包含指挥、通信、驾驶和战斗员四类人员，行政技术人员包括行政管理人员和专业技术人员。行政技术人员和后勤按专职消防人员总数的 15%配备。

单车专职消防人员的数量应根据表 5-4 的要求配备。

表 5-4　机场消防车定员

序　号	消防车		定员数量/人							
	名　称	单车定员/人	消防保障等级（级别）							
			3	4	5	6	7	8	9	10
1	快速调动车	3	—	—	—	—	3×1	3×1	3×1	3×1
2	主力泡沫车	3	—	—	3×1	3×2	3×3	3×3	3×4	
3	干粉车	3	—	—	—	—	3×1	3×1	3×1	3×1
4	重型泡沫车	6	—	6×1	6×1	6×2	6×2	6×2	6×2	
5	中型泡沫车	6	6×1	6×1	6×1	—	—	—	—	
6	火场照明车	3	3×1	3×1	3×1	3×1	3×1	3×1	3×1	3×1
7	通信指挥车	2	2×1	2×1	2×1	2×1	2×1	2×1	2×1	2×1
8	破拆抢险车	5	—	—	—	—	—	5×1	5×1	5×1
9	保障车	2	—	—	—	—	2×1	2×1	2×1	2×1
	合计		11	17	17	20	31	39	39	42

根据 10 级消防保障等级，按表 5-4 对 12 辆消防车进行人员配备，共配备 42 名专职消防人员。行政技术和后勤保障人数为：

$$42 \times 15\% = 6.3$$

取 7 人，机场消防站人员共 49 人。

三、机场消防站配备

（一）消防站基本要求

3 级及其以上消防保障等级的机场必须设置消防站。存在多个消防站时需确定一个为主消防站，其他可作为执勤点，救援能力不能满足应答时间要求时，也应增设执勤点。所有救援和消防车辆均需按规定停在消防站内。消防站建筑体须符合抗震要求，耐火等级不低于 2 级，建筑面积可按表 5-5 设置，消防站的选址应满足下列要求。

表 5-5　消防站建筑面积

序号	房间名称	消防保障等级						
		4	5	6	7	8	9	10
		建筑面积/m²						
1	备用车库	60	60	90	90	90	90	180
2	接处警值班室	20	30	40	40	40	40	50
3	干部办公室（每人）	14	14	14	14	14	14	14
4	干部宿舍（每人）	10	10	10	10	10	10	10
5	消防员宿舍（每人）	7	7	7	7	7	7	7
6	综合体能训练室	60	60	80	80	100	100	130
7	教室、会议室	50	50	100	100	150	150	180
8	修理间	15	20	20	30	30	30	40
9	器材间	25	30	40	60	80	80	100
10	救援战术研讨室	30	40	40	40	50	50	60
11	药剂储存间	40	40	50	120	120	120	150
12	浴室、更衣室	20	40	60	60	80	80	100
13	被装库	15	15	20	20	30	30	40
14	厨房	—	50	60	80	120	120	150
15	餐厅	—	50	60	80	120	120	150
16	仓库、炊事员宿舍	—	40	40	40	60	60	80

注：如本场内部的厨房、餐厅等紧邻消防站，并在就餐时能满足应答时间要求的，站内可不单独设置厨房和餐厅。

（1）保证应答时间不超过 3min。

（2）消防站能设立在飞行区内，宜靠近跑道或滑行道中部位置。

（3）能使出车方向面向飞行区，其位置能尽可能保证消防车辆通往该站所负责的跑道的距离最短，转弯次数最少，且能迅速、顺利地进入跑道地区。

（4）能设置直通跑道（或滑行道）的消防通道。

若某机场消防保障等级为 10 级，则消防站配备备用车库 180m²；接处警值班室 50m²；干部办公室（每人）14m²；干部宿舍（每人）10m²；消防员宿舍（每人）7m²；综合体能训练室 130m²；教室、会议室 180m²；修理间 40m²；器材间 100m²；救援战术研讨室 60m²；药剂储存间 150m²；浴室、更衣室 100m²；被装库 40m²；厨房 150m²；餐厅仓库、炊事员宿舍 80m²。

消防站必备的设施包括车库及其备用车库（建筑面积如表 5-6 所示）、器材及药剂储存间、接警和备勤用的值班室和备勤室、平时训练培训等用的救援战术研讨室和体能训练室等，还有一些必备生活用房。有三辆及其以上（含三辆）消防车的消防站，就需设置备用车位。

表 5-6 消防车库建筑面积

机场消防保障等级		3～5	6～10
车辆数/辆		3～4	5～12
总建筑面积/m²		180～240	450～1080
每个车库推荐尺寸/m	库长	12	15
	库宽	5	6
	库高	4.5	6

若某机场消防保障等级为 10 级，共配备 12 辆消防车，每个车库占地：

$$15 \times 6 = 90 \ (\mathrm{m}^2)$$

消防车数量在三辆以上，设置备用车位 1 个，总车库面积为：

$$90 \times (12 + 1) = 1\,170 \ (\mathrm{m}^2)$$

消防站的训练场地须满足表 5-7 的要求。

表 5-7 消防站训练场地面积

车辆数/辆	1～3	4～5	6～7	≥8
面积/m²	1 500	2 200	3 000	3 500

根据以上表格，综合得出，机场须配备 12 辆消防车，消防站训练场地面积为 3 500m²。

（二）消防器材配备

消防器材包括人身防护及破拆抢险救生装备、车配及其车辆保养器材、灭火药剂及火场专用器材、通信与照明设备、零备件、体能训练器材等，消防车器材配备数量如表 5-8 所示。

表 5-8 消防站值勤车辆器材配备

序号	车辆器材		配备数量							
	名称	单位	消防保障等级（级别）							
			3	4	5	6	7	8	9	10
1	两节拉梯	把	1	1	2	3	3	4	4	6
2	挂钩梯	把	1	1	2	2	2	2	2	3
3	单杠梯	把	1	1	2	3	3	4	4	5
4	水带	m	520	520	1 000	1 000	1 200	1 500	2 000	2 500
5	多功能水枪	支	3	3	6	9	12	15	15	18
6	空气泡沫枪	支	3	3	4	6	7	8	8	10
7	吸水管	个	6	8	10	10	10	12	12	16
8	水带保护桥	个	6	6	8	10	10	14	14	18
9	水带接口	对	50	81	130	130	130	150	150	180
10	滤水器	个	2	3	4	6	6	8	8	10
11	异径接口	对	2	4	6	8	8	10	10	14

序号	车辆器材		配备数量							
	名称	单位	消防保障等级（级别）							
			3	4	5	6	7	8	9	10
12	吸水管扳手	套	2	4	6	8	8	10	10	14
13	管钳	个	1	1	2	2	2	4	4	6
14	集水器	个	2	2	4	4	4	5	5	6
15	水带包布	块	4	6	10	15	15	20	20	25
16	水带挂钩	个	4	6	8	10	10	22	22	30
17	分水器	个	2	3	4	5	5	6	6	8
18	消火栓钥匙	个	2	3	4	5	5	6	6	8
19	救护大绳	条	1	1	2	2	2	2	2	4
20	异型接口	个	2	2	4	4	6	8	10	10

若某机场消防保障等级为 10 级，参照表 5-8 的最后一列，消防车辆需按 10 级消防保障配备两节拉梯、挂钩梯等 20 种类别相应数量的器材配备。

每个消防站应配备有线和无线通信设备（不含行政电话）。3 级（含 3 级）以上消防保障等级机场消防站接警电话（市话或场内专线电话）应能够同时受理两个火警；5 级（含 5 级）以上机场消防站应具备市话和直通塔台的专线，消防值勤点应配基地台。器材配备数量如表 5-9 所示。

表 5-9　消防站通信器材配备数量

序号	通信器材		配备数量							
	名称	单位	消防保障等级（级别）							
			3	4	5	6	7	8	9	10
1	手提式对讲机	个	4	6	8	10	16	20	20	22
2	火警受理系统	套	1	1	1	1	1	1	1	1
3	火警录音系统	1	1	1	1	1	1	1	1	1
4	火警图文信息系统	套	—	—	—	—	—	—	—	—
5	消防火警电话	台	1	1	2	2	2	2	2	2
6	传真机	台	1（每站点）							
7	消防站基地台	台	1（每站点）							
8	执勤点基地台	台	1（每站点）							
9	车载台	台	1（每车）							

若机场的消防保障等级 10 级，配备市话和直通塔台的专线，参照最后一列，消防站通信器材配备手提式对讲机 22 个、火警受理及录音系统各 1 套、各类电话、传真机、基地站等共计 12 台。

消防站救援破拆器材包括破拆和救生两类器材，其配备数量如表 5-10 所示。

表 5-10　消防站救援破拆器材配备数量

序号	救援破拆器		配备数量							
	名称	单位	消防保障等级（级别）							
			3	4	5	6	7	8	9	10
1	液压扩张剪钳	套	1	1	1	1	1	2	2	2
2	无齿切割锯	个	1	1	1	2	2	3	3	4
3	救生气垫	个	1	1	1	1	2	2	2	3
4	消防尖平斧	把	1	1	1	2	2	3	3	4
5	消防钩	个	1	3	3	3	3	3	3	4
6	消防专用铁镐	把	1	3	3	7	7	9	9	9
7	消防铁铤	个	1	3	3	7	7	9	9	9
8	铁皮剪	把	1	1	2	2	2	3	3	4
9	抽烟机	台	—	1	1	1	1	2	2	2
10	手提式广播器	个	—	1	1	1	2	2	2	2
11	急救医疗箱	个	1	1	1	1	1	2	2	2
12	绝缘钳	把	1	1	2	2	2	2	3	3

若某机场消防保障等级为 10 级，根据表 5-10 最后一列，机场须配备液压扩张剪钳、无齿切割锯等在内的 12 类物品共计 48 个（把、台、套）。

消防站应配备的综合类器材包括车辆保养器材、火场专用器材和体能训练器材，其配备器材如表 5-11 所示。

表 5-11　消防站综合类器材配备数量

序号	类别	器材类型		配备数量							
		名称	单位	消防保障等级（级别）							
				3	4	5	6	7	8	9	10
1	车辆保养器材	充电机	台	—	1	1	1	1	1	1	2
2		呼吸器充气机	台	—	1	1	1	1	1	1	2
3		手电钻	个	—	1	1	1	2	2	2	2
4		工具器材柜	个	1	1	2	2	2	3	3	4
5		消防器材架	个	1	1	2	2	2	3	3	4
6		充气泵	台	—	1	1	1	1	1	1	2
7		车辆高压泵清洗机	台	1	1	1	1	1	1	1	2
8	火场专用器材	温度测量仪	台	—	—	—	—	—	1	1	1
9		照相器材	套	—	—	—	—	1	1	1	1
10		绘图仪	套	—	—	—	—	—	1	1	1
11		摄像机	套	—	—	—	—	1	1	1	1
12		消火栓流量压力测量仪	台	—	—	—	—	1	2	2	2
13		可燃气体检测仪	台	1	1	1	1	2	2	2	2

序号	类别	器材类型		配备数量							
		名称	单位	消防保障等级（级别）							
				3	4	5	6	7	8	9	10
14	体能训练器材	篮球架	副	—	—	1	1	1	1	1	2
15		单杠	个	—	1	1	1	1	1	1	2
16		双杠	个	—	1	1	1	1	1	1	2
17		杠铃	个	1	1	1	1	1	1	1	2
18		训练用秒表	个	1	1	2	3	3	4	4	6
19		普通训练安全垫	块	2	2	4	6	6	8	8	10
20		乒乓球台	台	—	—	1	1	1	1	1	2
21		室内健身器材	套	—	—	1	1	1	1	1	2
22		障碍板	套	1	1	1	1	1	1	1	1

若某机场的消防保障等级为 10 级，由表 5-11 最后一列，机场须配备包括充电机、呼吸器充气机等在内的 3 大类 22 个小类的共计 53 个（台、套）。

本章思考题

1. 航空器火灾的特点是什么？
2. 航空器火灾潜在危险部位有哪些？
3. 民用航空器火灾事故救援流程是什么？
4. 警戒区如何划分？每个区域的作用是什么？
5. 航空器中部客舱发生火灾扑救措施是什么？
6. 一侧机翼火灾扑救措施是什么？
7. 发动机火灾如何扑救？
8. 机场消防保障等级如何确定？
9. 机场消防救援的应答时间是多少？

第六章

残损航空器的搬移

学习目标

1．掌握残损航空器搬移的法律规定；
2．掌握残损航空器搬移程序；
3．掌握残损航空器搬移常见设备的分组。

在航空器紧急事件发生后，为尽快恢复机场正常运行生产，机场管理机构应尽快启动残损航空器搬移程序。作为应急救援过程中最后一个，同时也是很重要的一个程序，残损航空器搬移和修复助航灯光等设施设备效率的高低，将直接影响机场的运行生产，也是机场管理机构保障能力很重要的考核指标。

第一节　残损航空器搬移相关法律规定

航空器在机场运行过程中可能发生多种类型紧急事件，从一般性事件来看，例如航空器轮胎爆胎或冲出跑道等较大的航空器事故，包括航空器部分或全部解体，这些紧急事件将严重影响机场的正常运行。就目前而言，并非所有机场都具备处理这类事件的能力和所需要的设施设备。近几年，随着航空器的逐渐增多，机型越来越大，对航空器应急救援提出了更高的要求，残损航空器的搬移将花费数小时或更长时间。残损航空器搬移按照航空器机型不同、损坏程度不同、损坏部位不同也不尽相同，操作方法和使用的设施设备也不相同，处置不当很可能对航空器造成二次损伤，并且延误机场开放时间。厘清残损航空器搬移过程中涉及的法律法规及有关责任是十分必要的。

一、国内机场在航空器搬移方面的要求

在现有民航运行体系中，残损航空器搬移工作一直被认为是各机场管理机构为航空公司提供的服务内容之一。在发生航空器紧急事件后，机场管理机构通常要承担残损航空器搬移的责任。因此，各机场也配备了大量的人员以及相应的搬移设备，如顶升气囊、活动道面、吊具、平板拖车等。但是国际民用航空公约的建议措施中只要求机场应制订残损航空器搬移计划，同时提出航空公司负责残损航空器搬移工作。在我国行业运行标准中，也明确了残损航空器搬移的责任应有航空公司承担，机场管理机构负责航空器搬移的组织工作。在机场的残损航空器搬移计划方面，只是要求机场的残损航空器搬移计划能够保证在需要搬移航空器时，能够找到相应的设备和人员来完成该项搬移工作，并没有提出机场必须配备航空器搬移设备。

从过去几年我国机场内部发生的航空器紧急事件实例来看，由于航空公司没有能力搬移残损航空器，那么由各个机场负责残损航空器的搬移，尽快恢复机场正常运行。需要机场服务的航空公司应与机场签订协议，并在搬移过程中提供相应的技术支持，以尽量避免

在搬移过程中航空器受到二次损伤。因此在航空公司不具备迅速地提供搬移方案和相关后勤支持的能力时，机场应负责组织搬移残损航空器，航空公司参与并给予技术支持，使应急事件产生的对机场正常运行方面的影响减到最小。

二、国外机场在航空器搬移方面的要求

美国大中型机场在消防和救援服务、航空器搬移工作之间具有明确的区分，同我国各个机场的消防队伍不同，美国机场的消防人员承担消防和现场救护两项工作，所有的消防队员都要经过严格的现场医疗急救的培训，航空器搬移则由专业的搬移公司承担。我国的机场消防队伍一般承担消防和航空器搬移等工作，日常工作包括航空器搬移设备的保管和操作训练。

在搬移航空器的责任方面，欧美机场一般明确提出航空公司应当承担航空器的搬移工作。例如，美国纽约港口管理当局要求，凡是使用纽约几个大型机场的航空公司，必须具备搬移自己航空器的能力。在纽约肯尼迪国际机场的搬移方案中，所有的航空器搬移设备基本上都是来源于各个航空公司和专业救援公司，各个航空公司参加由三角航空公司为主建立的搬移共享方案。同样在英国，英国机场管理当局要求，所有使用伦敦希思罗机场的航空公司必须出示和专业搬移公司签署的服务合同，保证自己的航空器在发生紧急事件后能够具有迅速搬移的能力，这是允许航空公司使用该机场的要求之一。

第二节　残损航空器搬移设备

《国际民用航空公约　附件14——机场》中对机场应急救援设施设备配备给出了标准，其中残损航空器搬移设施设备也做出了明确要求。在机场发生航空器紧急事件后，如果机场管理机构不能及时将残损航空器搬移出相关区域，将造成进港航班备降、出港航班延误、旅客恐慌、机场和航空公司形象上不可估量的损失，如果涉事机场采用单跑道运行，后果将更加不堪设想。因此，机场管理机构应当按照标准配备相应设施设备，这不仅直接影响航空器紧急事件中人员生命安全及财产损失大小，还将关系到机场恢复正常生产运行的效率问题。

航空器搬移设备具有投资高、使用频率极低、寿命短等特点，国际上存在一些航空器搬移设备的共享方案。各个成员航空公司根据航班比例分摊搬移设备的购置、保管成本，在发生了紧急事件后，可以使用这些装备。我国一些航空公司在经营国际航线时，受国外机场管理当局的要求，也参加了这些共享方案。由于目前我国民航总局颁布的一些规定虽然提出了航空公司在搬移航空器方面的责任，但是并没有明确要求航空公司在发生紧急事件后具备搬移航空器的能力，因此，我国的航空公司在航空器搬移问题上严重依赖机场管理机构。

我国民航行业管理当局一直十分重视机场应急救援和航空器搬移工作，其目标是最大限度地降低人员伤亡和财产损失，同时，在完成必要的救援和现场之后，尽快地开放机场，恢复民航运输生产秩序。在航空器搬移设备方面，民航行业管理当局曾经投资购置了

一些设备，配备给几个大型机场。随着民用机场的属地化和民用机场投资机制的变化，在没有出台完善的相关政策的前提下，依靠机场管理机构与航空公司之间的协商，厘清责任，尽快完善相关程序，将有助于航空器搬移工作的开展。

我国各民用机场的航空器恢复设备配备按照民航机场特种车辆、专用设备配备标准配置，涉及航空器事故恢复的设备按照飞行区技术等级和旅客吞吐量两个参数衡量。用于搬移残损航空器的设备分为以下 3 组。

第一组是针对每一种机型特有的设备，如换轮胎设备、千斤顶垫和拖把等。无论是较大的或较小的事故，在许多情况下都是急需的。这些设备几乎发生任何事故后都有用，因此应当可以在机场马上找到。

第二组设备包括专用的车辆和其他特殊的搬移设备，但并不是针对任何一种机型特有的设备。这组设备包括诸如气动起重袋、压缩袋、便携式电源设备及一般起重和卷扬设备。靠近水域的机场还需要水上救援的特殊设备和材料。

第三组设备由一些标准的重型设备和通路设备组成，如重型吊车、运输车和修路设备。吊车、运输车和其他一些重型回收设备在事故后不总是需要。当航空器停在辅路以外时，将需要修路设备，而且一些修路设备也许在恢复作业一开始就需要，例如地面太软以致加油车无法接近航空器去放油时。

一、航空器顶升设施设备

顶升设备的设计主要是用来进行飞机救援，比如，在不给飞机造成第二次损坏的前提下，将飞机提升以协助放下起落架，或者安装能便于维修和让飞机能进行移动的机械支架等。在原地维修不能进行时，可用救援拖车一起搬移飞机。

整套设备包括充气泵和充气管、充气嘴、分配器、顶升气囊和相关辅助设备等，所有这些设备都能够将各种飞机从出事地上提升并由拖车将其移动。

各种类型的顶升气囊能够在大幅度范围内提升重量。如果在它们的操作限度内运作，它们能够为救援操作提供一个稳定的平台。

1. 空气充气泵

空气充气泵（见图 6-1）的主要用途是为顶升气囊充气。

图 6-1　空气充气泵

2. 空气过滤器

空气过滤器（见图 6-2）的主要作用是将充气泵输入的空气过滤后，传送给压力调节器。

3. 压力调节器

压力调节器（见图 6-3）的主要用途是将滤后空气，经过充气管传送给压力调节器，然后再从各个气嘴传送给顶升气囊。

图 6-2　空气过滤器

图 6-3　压力调节器

4. 充气气嘴

充气气嘴（见图 6-4）的主要用途是用于连接充气管和顶升气囊，为气囊充气/放气使用。

5. 顶升气囊

通过充气泵输出的空气经过过滤调压后输入气囊充气，气囊层数依据不同的型号有多层，每层有两个充/放气口，最上面两层各有三个充/放气口，若气囊层数为 15 层的话，共有 32 个充/放气口，每层充满气后高 20cm，全面充满气囊高度可达 3m，如图 6-5 所示。

图 6-4　充气气嘴

图 6-5　顶升气囊

顶升气囊主要用于航空器起落架发生故障后，用气囊将航空器顶升后，进行现场维修或使用平台拖车将航空器拖离事故地点，恢复机场的正常运行。

二、活动作业路面和吊装等设备

1. 活动作业路面

适用于特殊道路下救援飞机时铺设活动作业路面（见图 6-6），其规格有 25×4.2m（购进 11 卷，颜色：黑色），用于将飞机从特殊道路上拖出时铺设；5×2.1m（购进 2 卷，颜色：白色），适用消防车在特殊道路上救援时铺设。

图 6-6　活动作业路面

2. 飞机吊装设备

飞机吊升设备（见图 6-7）主要用于航空器吊升救援使用。

图 6-7　飞机吊装设备

三、救援平台拖车

（1）适用于前起落架损伤的组装方式，如图 6-8 所示。
（2）适用于后起落架损伤的组装方式，如图 6-9 所示。

图 6-8　拖车　　　　　　　　　　图 6-9　航空器拖车

第三节　残损航空器搬移程序

一、残损航空器搬移计划

残损航空器搬移属于应急救援的后续处置工作，按照国际民用航空公约以及我国民航总局的相关要求，残损航空器搬移由航空公司负责。为保证残损航空器搬移工作得到有效处置，各机场、航空公司都要制订残损航空器搬移计划，并且两者必须进行有机衔接，明确在残损航空器搬移中机场和航空公司的责任和义务。

《国际民用航空公约　附件 14——机场》建议，要建立一个关于在机场活动地区或其邻近地区的残损航空器搬移计划。在预案中，应明确现场指挥权以及各项工作的具体分工，航行通告的发布程序，信息通报程序，现场保护及事故调查，新闻发布，机场部分关闭，关闭及恢复运行的有关程序，物资设备、专业人员的清单及联系电话，残损航空器搬移程序，搬移后的讲评及预案修订工作程序，培训及演练要求等。残损航空器的搬移计划应基于通常可能使用该机场的航空器的特性，具体有以下几方面。

（1）搬移工作所需有效的机场内或其邻近地区的设备和人员清单。清单应包括所需重型设备或特殊装置的类型和存放地点，以及设备到达机场所需的时间等。

（2）进入机场所有地区的路线、路况。

（3）残损航空器搬移的机场方格网图。

（4）搬移工作的安全保障措施。

（5）其他机场可获得的航空器回收设备。

（6）航空器制造商提供的通常使用该机场的各种机型的航空器资料。

（7）可执行修路和其他任务的人力资源方面的信息。

（8）航空器放油程序。

（9）后勤物资清单。

由于航空器搬移工作的特殊性，对于机场不能提供的各种特种设备，应当同地方救援机构、专业公司建立互助协议，制定机场可以利用的航空器搬移设备清单，并且保证清单的有效性。

二、残损航空器搬移一般程序

残损航空器搬移一般程序如图 6-10 所示。

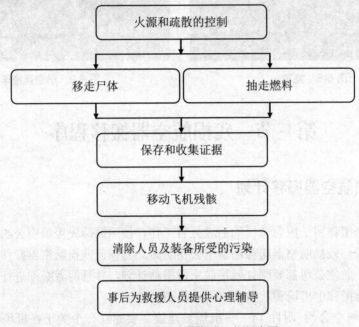

图 6-10　残损航空器搬移一般程序图

（一）流程细节描述

1. 火源和疏散的控制

在事故航空器未起火或火已被消防部门扑灭后，残损航空器搬移工作方可实施，但事故现场势必存在火灾风险，必须控制这种潜在危险的发生。

（1）意外事故现场必须严禁烟火，以杜绝或减少火灾的发生；找出并消除可能会引发火灾的着火源，如无线电对讲机、发电机、消防车引擎、破拆工具运行时产生的火花。

（2）燃料和易燃气体可能会顺着风向及地势向下移动，并在距离事故地点相对较远的地方聚集，我们有必要找出这些危险区域，探测危险程度并将其清除或控制；事故航空器附近如有建筑物，必须将四周建筑物的所有门窗紧闭，关闭燃气和电力供应，熄灭火种，疏散现场附近的车辆和人员到安全区域。

2. 移走尸体

（1）死者的尸体可能分布在飞机内外，必须在医疗部门和事故调查部门的指示下移走尸体，以保证发现尸体位置被准确记录。

（2）如在事故调查部门未到场的前提下，为拯救生还者或避免尸体被火或其他因素损毁而必须移走尸体，应准确记录发现尸体的地点和位置，如有可能，在移动尸体前应对尸体及位置进行拍照或录像。

（3）指派一名队员尽最大可能准确标示出发现尸体的地点和位置，并拍下飞机残骸、意外现场和尸体位置移动前的照片。

（4）由于尸体经过猛烈焚烧后会变得脆弱，未经过训练的人员在搬移尸体时，尸体可能会断开，这样会破坏辨认死者身份的重要证据及找出其死因的病理证据。

3. 抽走燃料

（1）在搬移残损航空器前或从飞机残骸的损毁部分中移走油箱前，应将油箱内的剩余燃油抽走，以保证搬移工作安全有序地进行。

（2）抽走燃料的工作应由油料部门的工程师或技术人员进行，可利用油料运油车实施抽油工作。

（3）在抽走燃料时，应派出一辆消防车及消防人员现场监护。

4. 保存和收集证据

（1）飞机上通常运载有大批文件，消防人员在安全的前提下，尽最大可能收集残损航空器或残骸中的文件，这些文件包括乘客名单、货运舱单、地图、记录簿、技术记事簿等；如文件部分被烧毁或受损，应将收集的这些文件存放在胶袋内，并加注适当的标签。

（2）寻找飞行记录仪。所有民航飞机均装配有被称为"黑匣子"的飞行记录仪，它通常并非黑色，而是鲜红色，它载有关于飞机失事原因的重要证据，可以承受剧烈的震动和火烧，因此，发现飞行记录仪后，除非必要，不应将其移动，最好让它留在原来的位置。

（3）发现飞行记录仪后，应立即通知民航事故调查部门，并详细描述发现地点，只有在可能会失去飞行记录仪的情况下，才可把它移离发现位置。

（4）飞机驾驶舱记录仪和驾驶舱录音机里数据可能会因电磁装置的影响而造成不必要的破坏，令数据丢失或延迟解读数据，所以避免与强磁场接触。发现驾驶舱记录仪和驾驶舱录音机后，应记下发现位置派人看守，并立即通知民航事故调查部门。

5. 移动飞机残骸

（1）在未得到民航事故调查部门的准许前，不得移动或扰乱飞机残骸。

（2）如果事故飞机、残骸或任何部分在调查完成前要进行移动，应记录各部分当时所在地点和位置，特别要小心保存极为重要的证据。

（3）搬移飞机或残骸前，应让飞机内部彻底的通风。

（4）任何表面，包括跑道或事故现场四周的地面都可能受到泄漏的燃料或易燃液体的污染，应加以清洗。飞机移走后，在恢复正常运营前再次检查每一处受污染的表面。

6. 清除人员及装备所受的污染

（1）皮肤接触飞机燃料、液压油和某些油类，可能会导致过敏或发炎，任何人员被上述液体溅污，应尽快用肥皂和水彻底清洗。

（2）曾处理尸体的人员应用消毒剂彻底清洗身体和防护服。凡接触尸体的用具，如担架、尸袋、抢救和挖掘工具等，都必须清洁消毒。

7. 事后为救援人员提供心理辅导

参与飞机事故救援及灭火的人员由于处理大批死伤者后，都会受事故的影响，而产生心理问题，需要专业人士进行心理辅导。

（二）应做和不应做的事项

1. 应做的事项

（1）封锁现场。

（2）记下飞机驾驶舱记录仪和驾驶舱录音机的位置。

（3）对需要移动的装置进行拍照或绘图。

（4）确定飞机所载货物是否会产生危险。

（5）处理泄漏出的燃料。

（6）在尸体上和发现尸体的地点标上编号和标记。

（7）收集散落的文件。

（8）阻止无关人员进入现场。

2. 不应做的事项

（1）移动飞机残骸，除非必要。

（2）移走尸体，除非有必要。

（3）取走尸体上的个人物品或把物品放在尸体上。

（4）移动飞机驾驶舱记录仪和驾驶舱录音机。

（5）移动外围的飞机残骸。

（6）行经或驶过有撞击痕迹的地面。

（7）允许未获授权的人士进入现场。

三、空客 A380 搬移程序

目前，我国民用机场最大起降机型为空客 A380（以下简称 A380），那么我们就以 A380 为例作以说明。

A380 为最新的世界工业奇迹，其安全性非常高，但是仍然会出现问题，作为 A380 世界民航救援难度最大的飞机，下面看一下 A380 自运行以来出现的紧急事件。

2008 年 1 月 10 日　新加坡航空 A380 客机在降落时冲出跑道

2009 年 8 月 21 日　新加坡航空 A380 客机在中国香港准备起飞时发生机件故障

2009 年 9 月 29 日　　新加坡航空 A380 客机巴黎起飞后发动机失灵
2010 年 4 月 1 日　　澳洲航空 A380 客机降落悉尼机场时两个机轮爆胎并冒出火光
2010 年 11 月 4 日　　澳洲航空 A380 客机在印尼上空发动机发生爆炸
2011 年 5 月 17 日　　澳洲航空 A380 客机在空中燃油用尽
2011 年 6 月 19 日　　空中客车公司 A380 客机在巴黎滑行碰撞
2011 年 7 月 22 日　　大韩航空 A380 客机在东京成田机场降落时引擎擦地
2011 年 10 月 29 日　　中国南方航空宣布中国首架空客 A380 飞机因机械故障停飞

（一）认识 A380

1. A380 基本参数

A380-800 机型，最大起飞重量 560t，翼展 79.6m，长度 72.7m，机尾高度 24.1m，机身宽度 7.1m，座位 555 个，A380 被归入 ICAO F 类飞机。

2. A380 顶吊位置（见图 6-11 和图 6-12）

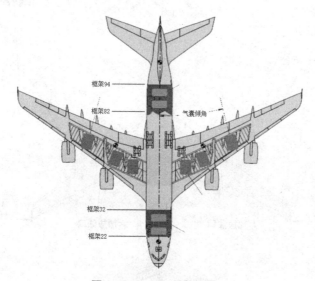

图 6-11　A380 顶吊位置 1

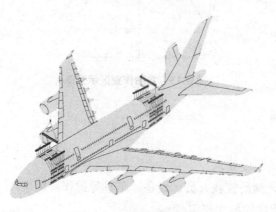

图 6-12　A380 顶吊位置 2

3. 救援难点

（1）难点一：重量大，要求救援设备承载能力大。

（2）难点二：机翼部位无吊装点，设备使用受限制。

（3）难点三：庞大，顶升弧线引起的机身横向和轴向位移不可忽视。

（4）难点四：只有 4 个千斤顶顶升点，换点顶升必须多设备配合。

（5）难点五：有 4 个发动机 5 个起落架，事故形式和救援工况复杂。

（二）残损航空器搬移主程序

1. 建立作业区

清除障碍让油罐车通过，油罐车分别停放于左右机翼下方放油口处，放油作业区示意图如图 6-13 所示。

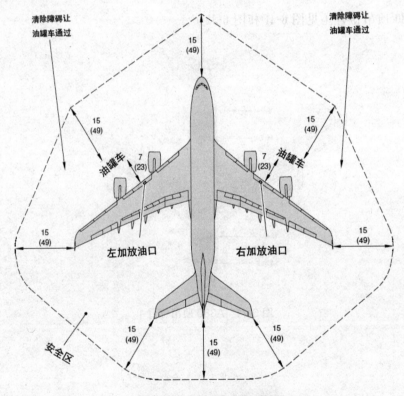

图 6-13　放油作业区示意图

2. 铺设活动道面

配置原则：

（1）满足救援轮迹长度要求。

（2）形成作业面，满足施救人员、设备、车辆等的作业需求。

（3）符合 A380 救援的相关规定。

配置数量：

轮迹：56m × 5 = 280m

作业面：8 000m²

3. 事故飞机救援

不同事故状态的救援流程如图 6-14 所示。

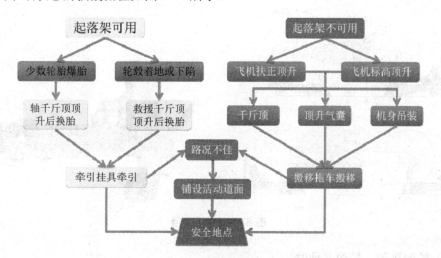

图 6-14　不同事故救援流程图

1）爆胎救援

（1）轮胎爆胎形式有如图 6-15～图 6-17 所示的几种。

图 6-15　前起落架

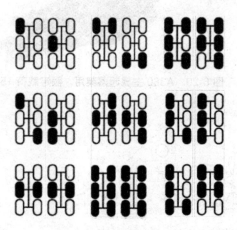

图 6-16　机腹主起落架

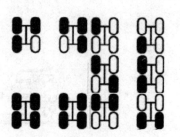

图 6-17　机翼主起落架

（2）轮胎爆胎，但轮毂未着地时，可选用如图 6-18 所示的轴千斤顶。

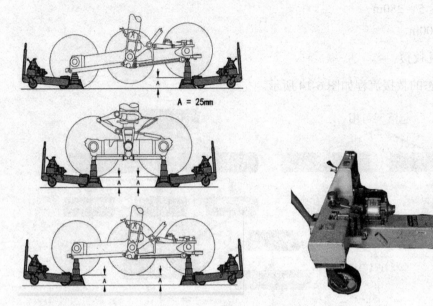

A = 25mm

图 6-18　轴千斤顶

（3）轮胎爆胎，轮毂着地时。

如图 6-19、图 6-20 所示的起落架及图 6-21 所示的千斤顶用于 A380 轮毂着地、一个起落架轮胎全部爆胎或者飞机轮陷入地面下等情况。

图 6-19　A380 前起落架用，额定载荷 50T

图 6-20　A380 主翼起落架用，额定载荷 150T

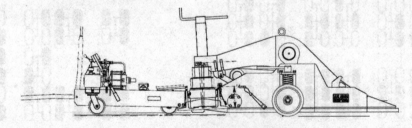

图 6-21　千斤顶使用示意图

（4）配置救援专用轴千斤顶。

① 满足救援起落架数量要求。

② 满足救援重量要求。

③ 符合 A380 救援的相关规定。

配置数量：

主（翼）起落架救援专用千斤顶 4 个

前起落架救援千斤顶 2 个

（5）牵引挂具，如图 6-22 所示。

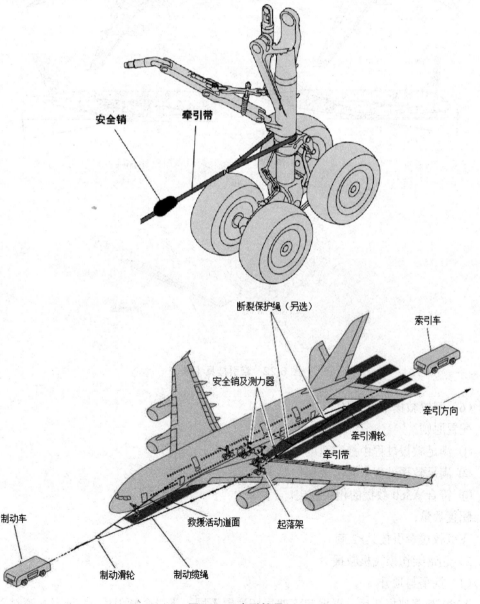

图 6-22　牵引挂具

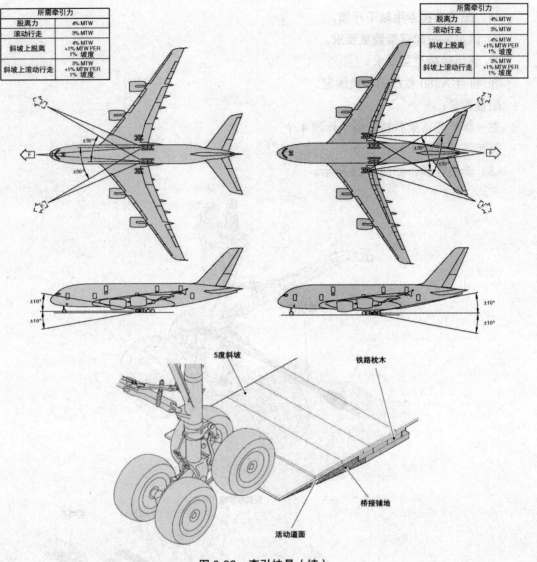

所需牵引力	
脱离力	4% MTW
滚动行走	3% MTW
斜坡上脱离	4% MTW +1% MTW PER 1% 坡度
斜坡上滚动行走	3% MTW +1% MTW PER 1% 坡度

所需牵引力	
脱离力	4% MTW
滚动行走	3% MTW
斜坡上脱离	4% MTW +1% MTW PER 1% 坡度
斜坡上滚动行走	3% MTW +1% MTW PER 1% 坡度

图6-22 牵引挂具（续）

（6）配置救援牵引挂具。

配置原则：

① 满足救援过程中拖行速度与刹车要求。

② 满足救援过程中起落架保护要求。

③ 符合 A380 救援的相关规定。

配置数量：

飞机救援牵引挂具×2 套

2）起落架伤损飞机救援

（1）抚平与顶升

A380 起落架损坏后，根据起落架损坏位置不同，飞机会倾斜成 11 种不同倾斜姿态，故扶平方式也分 11 种。从倾斜状态扶平时顶升点的移动轨迹为弧线。机体扶平后，还需要将整个飞机水平地顶升到特定高度，以完成特定作业，如图 6-23 所示。

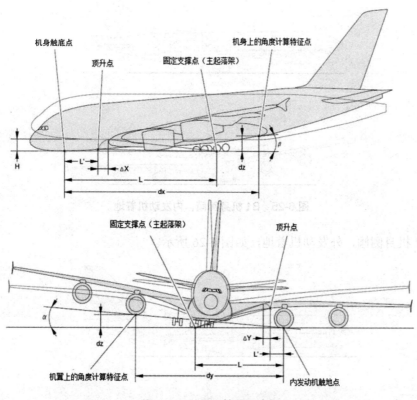

图 6-23　A380 扶平示意图

（2）不同倾斜姿态

① A1 机身前倾，机头着地，如图 6-24 所示。

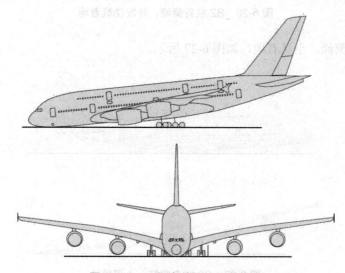

图 6-24　A1 机身前倾，机头着地

② B1 机身侧倾，内发动机着地，如图 6-25 所示。

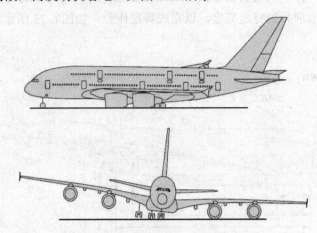

图 6-25　B1 机身侧倾，内发动机着地

③ B2 机身侧倾，外发动机着地，如图 6-26 所示。

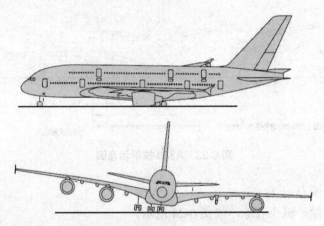

图 6-26　B2 机身侧倾，外发动机着地

④ B3 机身侧倾，小翼着地，如图 6-27 所示。

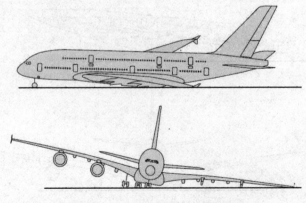

图 6-27　B3 机身侧倾，小翼着地

⑤ C1 机身侧后倾，外发动机着地，如图 6-28 所示。

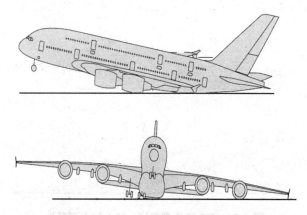

图 6-28　C1 机身侧后倾，外发动机着地

⑥ D1 机身侧前倾，机头和内发动机着地，如图 6-29 所示。

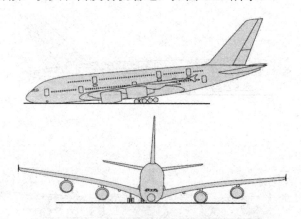

图 6-29　D1 机身侧前倾，机头和内发动机着地

⑦ D2 机身侧前倾，机头和外发动机着地，如图 6-30 所示。

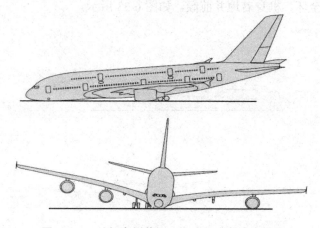

图 6-30　D2 机身侧前倾，机头和外发动机着地

⑧ D3 机身侧前倾，机头和小翼着地，如图 6-31 所示。

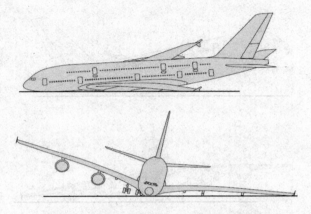

图 6-31 D3 机身侧前倾，机头和小翼着地

⑨ E1 起落架全坏，机身和内发动机着地，如图 6-32 所示。

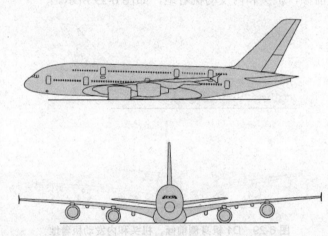

图 6-32 E1 起落架全坏，机身和内发动机着地

⑩ E2 起落架全坏，机身着地并前倾，如图 6-33 所示。

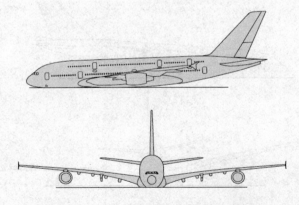

图 6-33 E2 起落架全坏，机身着地并前倾

⑪ E3 机身侧前倾，机身和外发动机着地，如图 6-34 所示。

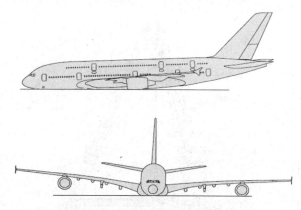

图 6-34　E3 机身前倾，机身和外发动机着地

注意：

根据以往事故案例和飞机制造厂对事故类型的诠释，A380 不可能出现所有主起落架和翼起落架全部损毁而前起落架完好的情况，因此制定起落架损毁的救援预案时只考虑以上 11 种情况。

（3）气囊顶升

① A380 专用顶升气囊

顶升气囊是由一组或几组分层的板状充气气垫组成，是飞机顶升的专用设备。

顶升气囊顶升过程平稳，初始使用高度低，对机体无伤害，安全可靠，且有一定柔性，可补偿一定量的飞机从倾斜到水平状态引起的横向位移。

顶升气囊必须在飞机可顶升部位使用，且不超过顶升部位最高许用压强。

当顶升气囊高度不够时，可采用增高架进行增高，增高架除具有高度和承载要求外，还必须满足稳定性要求。

② 配置 A380 专用顶升气囊

配置原则：

● 　满足救援区域轮廓要求。

● 　满足救援重量要求。

● 　符合 A380 救援的相关规定。

配置数量：

专用气囊 L1×1

专用气囊 L2×1

专用气囊 L3×1

专用气囊 R1×1

专用气囊 R2×1

专用气囊 R3×1

标准 40T 气囊×2

③ 救援专用千斤顶（见图 6-35）

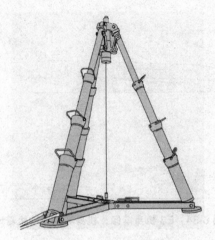

图 6-35　救援专用千斤顶

采用四级液压缸分三角式布置，顶升时可每个液压缸伸出长度不同使顶升点有不同的移动路径，可由控系统控制顶升弧线，亦可通过手动操作完成顶升过程。

液压缸上有机械锁紧装置和顶升力检测装置，可保证顶升过程安全可靠。

额定载荷：165T

最低高度：1.7m

最大高度：6.3m

④ 配置救援专用千斤顶

配置原则：

● 满足不同顶升点高度要求.

● 满足不同顶升点重量要求。

● 符合 A380 救援的相关规定。

配置数量：

主（翼）救援千斤顶 2 个

前起落架救援千斤顶 1 个

安全点救援千斤顶 1 个

⑤ 液压增高设备

采用四个三级液压缸作为顶升动力，两个由微机控制的小液压缸使平台横向移动。由传感器检测飞机扶平时引起的顶升弧线，并由微机控制平台予以补偿横向位移，纵向位移可由气囊自身刚度补偿。车底盘可升降，使用时底盘全接地，支撑脚展开，可使整个系统更稳定，无须换点顶升，如图 6-36 所示。

额定载荷：60T

最低高度：1.8m

最高高度：4.1m

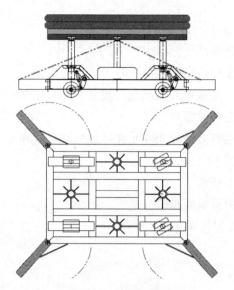

图 6-36　液压增高顶升

控制方式：自动

换点顶升：无须

配置原则：

● 满足不同顶升点高度要求。

● 满足不同顶升点重量要求。

● 符合 A380 救援的相关规定。

配置数量：

液压增高设备×6 套

标准 60t 气囊×6 套

标准 40t 气囊×4 套

（4）吊装

吊装设备如图 6-37 所示。

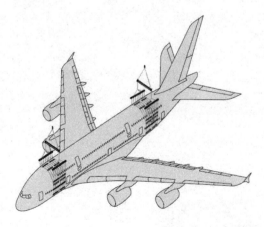

图 6-37　吊装设备

载荷：60T

材质：优质合金、强化碳纤

动平衡系统可动态分配每根吊带载荷保障飞机受力均匀。

起重机适应调节，可组装成单起重机起吊模式，也可组装成双起重机起吊模式，有效降低了起升高度和对起重机吨位要求。

吊带组数调节，可灵活有效适应 380 允许吊装位置宽度和重量要求。

配置原则：

● 满足吊装工位高度要求。

● 满足不同吊装工位重量要求。

● 符合 A380 救援的相关规定。

配置数量：

60T 吊装设备×1 套

本章思考题

1．我国残损航空器搬移的责任要求是什么？

2．残损航空器搬移的程序是什么？

3．残损航空器搬移过程中，常见的放油方法有几种？

4．残损航空器搬移常见设备是如何分组的？

第七章

机场应急医疗救护

学习目标

1．掌握机场应急医疗救护工作的基本要求；
2．掌握机场应急医疗救护保障等级的划分；
3．掌握机场应急医疗救护人员的配备；
4．掌握受伤人员类别的划分。

第一节　机场应急救护

航空运输作为公共交通的重要方式，在社会进步与经济发展中发挥着越来越重要的作用，因其便捷、灵活、舒适等独特优势，使其得到了迅速发展。随着民航业不断发展，旅客吞吐量的与日俱增，机场应急救护保障工作的重要性与必要性日益突显，特别是随着航空运输技术的进步，航空器载客数量越来越大，特殊情况下对机场应急救护保障能力要求越来越高，应急救护已经逐渐成为应急救援工作中重要的一环，甚至已经上升到国家应急救援体系的战略层面。

一、机场应急救护工作概述

（一）基本要求

机场应当具有满足运行规模的应急救护能力。其能力应与《民用运输机场应急救护设施配备》要求的机场应急救护保障等级相匹配。

机场应急救护保障工作包括针对航空器紧急事件、非航空器紧急事件的应急救护；突发公共卫生事件民用航空港应急处置以及旅客和机场内工作人员的医疗救护服务等。

局方民用航空卫生主管部门负责管理并监督检查机场应急救护工作。

（二）机场应急救护机构

机场应急救护机构是机场管理机构所属的，设立在机场区域适当位置，具有满足《民用运输机场应急救护设施配备》要求的应急救护人员、设备和设施，承担机场应急救护工作的机构。分为机场医疗急救中心、航站楼急救站、航站楼急救室。

机场应急救护机构必须取得当地人民政府卫生行政部门颁发的《医疗机构执业许可证》，方可履行机场应急救护职能。

（三）机场应急救护人员

机场应急救护人员是指机场应急救护机构内具备本岗位任职资格和救护知识及技能，掌握机场应急救护预案和程序，在紧急事件发生时，进行现场紧急救护的人员。包括医疗指挥官、医护人员、救护车司机、行政管理和后勤保障人员。

（四）机场应急救护能力要求

（1）应急救护保障等级为 7 级（含）以上的，或应急救护保障等级为 6 级且邻近区域主要医疗服务机构距离机场地面道路 15km 以外的机场，其机场管理机构必须设立机场应急救护机构，并按照《民用运输机场应急救护设施配备》的要求配备满足本机场应急救护保障等级需要的机场应急救护人员、设施、设备和药品等。

主要医疗服务机构是指取得《医疗机构执业许可证》的当地急救中心（站）和地方、当地驻军、武警的医院，医院等级应为二级以上。

（2）应急救护保障等级为 6 级且邻近区域的主要医疗服务机构距离机场地面道路 15km 以内的机场，以及应急救护保障等级为 5 级（含）以下的机场，应达到下列要求。

① 设立与机场运行相匹配的机场应急救护机构，或委托当地主要医疗服务机构承担机场应急救护工作。

② 按照《民用运输机场应急救护设施配备》的要求配备和储备应急救护设备，并负责其定期保养和更新。没有应急救护机构的机场应当委托承担应急救护保障工作的医疗机构储备急救箱和药品等。

③ 委托当地主要医疗服务机构承担机场应急救护工作的机场应当与提供医疗急救保障工作的单位或部门签订规范的应急救护保障协议；达到规范规定的机场应急救护工作要求。

④ 配备专门人员担任应急救护保障协调员，负责紧急事件现场应急救护指挥或协助指挥。协调员应当掌握本机场布局和基本情况，接受过应急救护知识和技能培训，熟悉应急救护预案和工作程序，有能力协调或指挥现场应急救护工作。

二、机场应急救护保障等级的划分

所谓机场应急救护，即在机场附近设置相应的急救机构，并且配备专业的急救人员和急救设备。当遇到突发事件时，急救机构能够迅速反应，在事先设定的所有方案中，选出一套最合适的，能够对症下药，迅速安排相关人员进行行动，将损失降到最低，保护乘客的人身安全。可以说，急救措施是大机场进行救援的重中之重，决定了机场的救援行动能否成功。

其中，急救设施是机场为了配合急救行动所采取的一些行动和设置的一些硬件配置。这些急救设施的目的都是能够快速地组织救援行动，第一时间能够给救援工作提供支持。

机场应急救护保障等级按照表 7-1 划分为 1～10 级。

表 7-1　机场应急救护保障等级

机场应急救护保障等级	最大机型飞机机身长度/m	最大机型飞机机身宽度/m	飞行区指标
1	<9	2	1C 1B 1A
2	9～12（不含）	2	2C 2B 2A
3	12～18（不含）	3	3A 3B
4	18～24（不含）	4	3C

续表

机场应急救护保障等级	最大机型飞机机身长度/m	最大机型飞机机身宽度/m	飞行区指标
5	24~28（不含）	4	3C 3D
6	28~39（不含）	5	3D 4C 4D
7	39~49（不含）	5	4C 4D 4E
8	49~61（不含）	7	4D 4E
9	61~76（不含）	7	4E 4F
10	≥76	8	4F

机场运行的最大飞机机身宽度大于表 7-1 中所列机身宽度的 50%时，则机场应急救护保障等级应当提高一级。机场运行的最大机型飞机全年运行架数少于 2 000 架次的，则该机场应急救护保障等级可以降低一级。

三、紧急事件现场的伤员检伤分类

（1）现场必须对伤亡人员进行检伤分类并系挂伤亡识别标签。

（2）现场伤亡人员分为以下四类。

0 类：已死亡；系挂黑色标签。

I 类：重伤，立即救治；系挂红色标签。

II 类：中度伤，稍缓救治；系挂黄色标签。

III 类：轻伤，一般看护；系挂绿色标签。

四、应急救护职责

应急救护职责包括：机场管理机构应急救护职责、机场应急救护机构或承担机场应急救护工作的医疗机构的职责，以及紧急事件现场应急救护组织职责。

（一）机场管理机构应急救护职责

机场管理机构应当履行以下应急救护职责。

（1）按照《民用运输机场应急救护设施配备》的规定设立相应的机场应急救护机构或与提供应急救护工作的医疗机构签订机场应急救护保障服务协议。

设立的航站楼急救站（室），应：

① 有利于医护人员快速到达航空器紧急事件事故现场；

② 有利于医护人员快速到达各类医学紧急情况现场；

③ 有利于医疗设备和急救器材快速通过安全检查。

（2）确定应急救护职责、工作程序，并按照本规范附录《民用运输机场应急救护预案纲目及要求》制定本机场的《机场应急救护预案》。

（3）根据当地人民政府突发事件总体应急预案，做好本机场突发事件应急救护支援单位的联络、协调和配合工作。

（4）制定医疗急救培训制度，定期组织机场应急救援人员的救护知识技能培训。

（5）指定有关部门和人员组成抢救和运输伤员队伍，负责紧急事件现场的伤员抢运工作。

（6）在紧急事件现场划定现场应急救护区域以及急救车等救援车辆的通行道路，并设置明显标志。

（二）机场应急救护机构职责

机场应急救护机构或承担应急救护工作医疗机构的主要职责如下。

（1）制定机场应急救护工作制度及相关程序，明确人员分工和职责。

（2）为航空器运行提供医疗急救保障。

（3）实施机场紧急事件的应急救护。

（4）对机场应急救援人员实施相关救护知识和技能培训。

（5）定期组织应急救护综合、单项和桌面演练。

（6）参加机场应急救援综合演练。

（7）为旅客和候机楼内工作人员提供应急医疗服务。

（8）向机场指挥中心和医疗指挥官报告情况。

（三）应急救护现场组织及其职责

应急救护现场组织是负责紧急事件现场应急救护工作的非常设组织。应在机场应急救护预案中明确各组人员组成和分工。

应急救护现场组织分为医疗指挥组、担架搬运组、检伤分类组、现场救治组、转送运输组、物资保障组、防疫处理组。

1. 医疗指挥组人员组成及其职责

（1）医疗指挥组由医疗指挥官及有关协调人员组成。医疗指挥官由机场应急救护机构或承担机场应急救护工作的医疗单位主要负责人，或机场管理机构指派的人员担任。

（2）医疗指挥组职责如下。

① 接受现场总指挥的应急救护指令。

② 负责医疗现场应急救护全过程的组织、协调。

③ 负责与应急指挥中心、各急救组以及提供支援的医疗单位之间的信息沟通。

④ 负责应急救护情况总结和上报。

2. 担架搬运组人员组成及其职责

由指定的经过相应应急救护知识、技能培训的护卫、保安、武警、消防、安检、地面服务等人员担任，负责紧急事件现场伤员的搬运。

3. 检伤分类组人员组成及其职责

检伤分类组人员由有经验的医生担任，负责现场的伤情检查分类，按要求填写和系挂伤亡识别标签。

4. 现场救治组人员组成及其职责

由机场医疗机构或提供支援的医疗单位的医护人员组成。负责现场 I、II、III 类伤员的紧急救治。

5. 转送运输组人员组成及其职责

由机场应急救护人员和救援车辆的司机组成。负责伤员转送、去向登记、途中救治及向送达医院移交伤员，并与医疗指挥组保持联络。

6. 物资保障组人员组成及其职责

由药品、器材、物资供应等人员组成。负责急救药品、物资及相关用品供应及发放登记。

7. 防疫处理组人员组成及其职责

由卫生防疫专业人员组成。负责紧急事件现场的疾病预防控制，组织并实施现场消毒和杀虫工作。

五、航空器紧急事件应急救护程序

（一）接受指令

机场应急救护机构或承担机场应急救护工作的医疗机构接到应急救援指挥中心发布的应急救护指令后，详细记录事件发生的性质、地点、航班号、机型、机上人数和伤情，并立即组建现场应急救护组织。与机场应急指挥中心建立并保持联系。

（二）下达指令

1. 向现场应急救护组织下达应急救护指令

（1）按照应急救援指挥中心指令和应急救护等级，立即启动本机场应急救护预案。

（2）根据应急救护通知程序，向各现场应急救护组下达应急救护指令。

2. 请求支援

医疗指挥官根据紧急事件现场情况，做出是否向当地人民政府卫生主管部门及应急救护支援单位请求支援的决定，并报应急救援指挥中心；经机场应急救援指挥中心批准后，向当地卫生行政主管部门通报紧急事件情况，请求组织支援并明确集结地点。

（三）执行指令

（1）原地待命：应急救护人员接到原地待命指令后，立即穿戴应急救护服装，在机场应急救护机构指定的地点集中，做好急救药品、器材、物资、车辆随时出动的准备。

（2）集结待命：应急救护人员接到集结待命指令后，立即穿戴应急救护服装，携带急救药品、器材、物资，按指令在指定地点集结。

（3）紧急出动：应急救护人员接到紧急出动指令后，立即穿戴应急救护服装，携带急救药品、器材、物资，按指令立即出动，以最快速度赶赴紧急事件现场。

（四）现场应急救护

现场应急救护组织到达紧急事件现场后，医疗指挥官立即向现场指挥中心报告到位情况，并组织划分各现场应急救护区域、设置标志、实施现场应急救护工作。

1. 现场应急救护区域设置

各现场应急救护区域应当设置在确保避免遭受继发事件危害、环境便于实施医疗救治、周边建有安全通畅的转送通道的区域。

（1）医疗指挥组应当设在便于指挥和联络的位置，并设置标有"医疗指挥"白底红字标志旗。

（2）检伤分类区应当设在距紧急事件现场上风方向 90m 以外安全地带，并设置标有"检伤分类区"白底红字标志旗。

当确认紧急事件现场安全时，医护人员可在到达的第一时间实施检伤分类。

（3）各类伤救治区应当设在检伤分类区和后送转移区域之间，其救治类别和标志为 I 类区（立即救治区、红色标志）、II 类区（稍缓救治区、黄色标志）、III 类区（一般看护区、绿色标志）。

（4）尸体临时停放区（0 类区）应当设在远离救治区域的地带，并标有"0 类区，黑色标志"。

（5）后送转移区用于登记和疏散各类伤者的区域，位于救治区和转送通道之间。设置标有"后送转移区"白底红字标志旗。

2. 现场应急救护程序

（1）当伤亡人员从航空器残骸中抢出后，由担架队将伤亡人员从紧急事件现场搬运到检伤分类区。

（2）将未发现伤情的人员和精神创伤人员撤离至指定的安全区域，由航空器承运人或其代理人进行妥善安排。

（3）检伤分类。

① 第一个到达现场医疗急救人员，应立即进行检伤分类。检伤分类组人员到达现场后，负责检伤分类工作。

② 检伤分类组对伤亡人员进行检伤分类，划分为 0、I、II、III 类。并填写、系挂伤亡识别标签后，由担架队分别送往各类救治区。

③ 经检伤分类确定死亡者，登记所知信息，由担架队送至 0 类区。

（4）现场救治。

① 现场救治组按照"先救命后治伤，先重伤后轻伤"的救治原则，对伤员进行紧急救治。

② 持续观察各类伤员伤情变化，及时调整伤情类别，重新确定救治措施。

③ 经现场急救无效确定为死亡者，对所知信息登记后，由担架队送至 0 类区。

（5）后送转移。

① 受伤人员经救治，后送转移区，救治人员撕下"伤亡人员识别标签"右上角保存，作为被救治伤员的记录，上交现场医疗指挥组备案。

② 按《民用运输机场应急救护现场伤员后送转移登记表》中的要求进行登记信息。

③ 根据伤情类别，转移伤员。

④ 到达接收医院，移交伤员。

⑤ 救护车司机在"伤亡人员识别标签"左上角填写送往医院名称，同时撕下、保存并交机场应急救护指挥部门。

（6）撤离现场。

① 紧急事件现场伤员救治完毕，医疗指挥官向机场应急救援指挥中心报告，请示撤离现场。

② 医疗指挥官接到撤离现场指令后，通知现场各应急救护组撤离。

（五）卫生防疫处理

执行国家有关卫生防疫处理程序和措施的规定，对紧急事件现场进行疾病预防控制，组织并实施现场的消毒和杀虫工作。必要时，由当地疾病预防控制机构负责现场疾病控制评估和具体实施。

（六）物资保障

物资保障组在接到医疗指挥官原地待命指令后，立即将现场应急救护药品、器材、物资等装载到物资运输车辆，做好出动的准备；当接到集结待命或紧急出动指令后将各类物品运输到指定集结地点或紧急事件现场，向各现场急救组持续提供所需各类物品，并进行登记。

（七）现场记录和统计总结

机场应急救护机构必须指派人员做好现场救护工作记录和现场救护结束后的统计总结。

（1）在紧急事件现场实施应急救护，应指派人员对现场救护和转送运输情况，按照《民用运输机场应急救护现场伤员后送转移登记表》和《民用运输机场应急救护现场伤员急救记录》做好现场记录。

（2）救护工作结束后，立即将医疗救护情况按照《机场应急救护现场统计项目》所列项目进行统计、总结，上报机场应急救援指挥中心。

六、非航空器紧急事件应急救护程序

（一）爆炸物威胁、建筑物失火、自然灾害

对机场设施的爆炸物威胁、建筑物失火、自然灾害毁坏等非航空器紧急事件的应急救护程序按"航空器紧急事件应急救护程序"执行。

（二）危险物品污染

危险物品的种类包括放射性物质、易燃或非易燃压缩性气体、易燃或可燃液体、易燃固体、氧化物、有毒物质、腐蚀性物质、病原体、腐烂物等。

机场应急救护机构或承担机场应急救护工作的医疗机构接到机场救援指挥中心指令后，根据危险物品种类、性质、事故发生的原因，组织有关人员实施现场应急救护。按照报告制度报告当地卫生行政部门、疾病预防控制中心或环保管理部门。

（1）初步预测污染程度及范围，通知有关人员携带相应的必需的设备、药品和个人防护装置，按指令赶赴指定集结地点，根据事故的大小程度，划定安全隔离区，在安全区域内进行救治工作。

安全区域的位置应根据实际情况，原则上处于污染区的上风处 90m 以外。

（2）现场应急救护人员根据危险物品的性质，污染程度，穿戴个人防护装置，采取以下相应的紧急救护措施，并及时向现场总指挥报告现场救护工作情况。

① 提出相关专业技术人员给予支援的建议。

② 在专业技术人员指导下，及时将被污染者脱离污染源，送专业医疗机构治疗。

③ 受污染的车辆、设备、物品、区域，应在专业部门技术人员的指导下进行相应的消毒和处理。

④ 救护工作结束后，及时将医疗救治情况进行总结，记录救护工作的详细情况，上报机场管理机构。

（3）救援人员在救护工作中须做好自身防护。救护任务结束后，在专业技术人员的指导下，对个人防护装置进行卫生处理，对救援人员进行健康检查并登记备案。

（4）涉及国际、地区航班的生物制品污染事件，按照《中华人民共和国国境卫生检疫法》规定执行。

（三）医学紧急情况

医学紧急情况的应急救护包括：突发公共卫生事件的民航应急控制；机场区域内发生鼠疫、霍乱等检疫传染病或食物中毒等紧急事件时的现场应急救护；候机楼、旅客活动区域内、运行航空器中的旅客发生各种医学急症的现场救护。

（1）突发公共卫生事件的应急处理，按照《突发公共卫生事件民用航空应急控制预案》的规定实施。

（2）机场区域内发生鼠疫、霍乱等检疫传染病时的应急救护程序，按照《国内交通卫生检疫条例》及《国内交通卫生检疫条例实施方案》的规定实施。

（3）机场区域内发生食物中毒时按照相应医疗救护程序实施处理。

（4）航站楼、旅客活动区域内、运行航空器中的旅客发生各种医学急症时，航站楼急救站的医护人员应按照下列程序进行现场救护。

① 接到各种医学急症的信息后，了解患者的人数、发生地点、主要症状，携带必需的药品、急救设备和医疗器械，赶赴现场。

② 在赶赴现场时，应向上级主管部门报告情况并保持联系。

③ 到达现场后，迅速进行必要的检查、诊断、处置。

④ 在适当时候，对现场及时进行消毒处理。

⑤ 根据患者处置后的病情需要，提出留治、转送建议。

⑥ 对现场救护的情况做出记录，内容包括：接到信息、出发、到达时间；患者的症状、体征；处置措施；疾病转归；患者去向等。

七、机场紧急事件现场应急救护指挥权移交

机场紧急事件现场应急救护分三级指挥，指挥权在上级医疗指挥官到达后，逐级移交机场紧急事件现场应急救护指挥权。

一级指挥：机场应急救护值班人员担任机场紧急事件现场应急救护医疗指挥官。

二级指挥：机场应急救护机构或承担机场应急救护工作的医疗机构主要负责人担任机场紧急事件现场应急救护医疗指挥官。

三级指挥：民用航空局方卫生主管部门或当地卫生行政部门官员或到达救护现场的最高级别卫生行政官员担任机场紧急事件现场应急救护医疗指挥官。

八、机场紧急事件现场应急救护指令传递程序

（一）要求

机场应急救护机构应制定"应急救护指令传递程序"（以下简称"传递程序"）。

（二）内容

"传递程序"内容包括：适用时间；单位、部门、人员组成；传递次序；通信工具；通信频道或号码；指令用语或代码；制定时间等。

（三）执行

机场应急救护机构或承担机场应急救护工作的医疗机构接到应急救护指令后，根据紧

急事件发生地点、性质，按照程序下达原地待命、集结待命、紧急出动指令。

（1）对机场应急救护机构内各部门、人员下达指令。

（2）本机场应急救护机构无法完成应急救护任务，经机场应急救援指挥中心同意，报告当地卫生行政部门，协调应急救护支援单位予以救护支援。

（四）应急救护过程信息传递

在现场应急救护过程中按照以下程序保持指令和信息传递通畅。

（1）医护人员在现场救护过程中，应将工作情况报告本现场应急救护组负责人，并接受其指令。

（2）各现场应急救护组负责人掌握本应急救护组进展情况，及时向医疗指挥官报告，接受并下达指令。

（3）现场医疗指挥官准确掌握现场救护进展情况，及时向机场应急救援中心报告，接受并下达指令。

（五）与应急救护支援单位的信息传递

应急救护支援单位到达紧急事件现场后，应接受现场医疗指挥官的统一指挥，并设立信息联络员，负责现场应急救护指令和信息的传递。

（六）标准用语

机场应急救援指挥中心应当制定应急救护指令和信息传递标准用语。标准用语应简明扼要。

九、应急救援方格网图

机场应急救援指挥中心应向机场应急救护机构或承担机场应急救护工作的医疗单位提供最新版本的《机场应急救援综合方格网图》和《机场区域应急救援方格网图》。

（一）内容要求

机场应急救护机构或承担机场应急救护工作的医疗机构应在《机场区域应急救援方格网图》上标明不同医院可提供的床位、医疗专科等方面的信息。如果图上无法标出，可用表格表示。

（二）配置要求

机场应急救护机构或承担机场应急救护工作的医疗机构应将《机场应急救援综合方格网图》《机场区域应急救援方格网图》配置在应急救护值班室、救护指挥车、救护车、物资运输车上。

十、机场应急救护演练

（一）基本要求

机场应急救护机构或承担机场应急救护工作的医疗机构必须定期组织进行救护演练，检验和完善应急反应、现场指挥、协同配合、通信联络、预案、程序、急救设备的实用性。

（1）机场应急救护机构或承担机场应急救护工作的医疗机构必须采取预警和未预警情况下的演练。

（2）机场应急救护机构或承担机场应急救护工作的医疗机构必须参加机场应急救援综合演练。

（3）机场应急救护机构或承担机场应急救护工作的医疗机构每两年举行一次应急救护综合演练，每年应当进行应急救护单项演练和桌面演练。

（4）演练时应避免影响机场的正常安全生产，如果因演练致使本机场正常保障能力不能满足相应标准要求时，由机场管理机构发布航行通告；并在演练后尽快恢复应急救援的正常保障能力。

（5）机场应急救护机构或承担机场应急救护工作的医疗机构在组织进行演练前，应报机场管理机构批准。

（6）组织应急救护单项演练，需要相关单位和部门协助时，应由机场应急救援指挥中心参与协调配合。

（7）机场应急救护机构或承担机场应急救护工作的医疗机构应制订演练计划。

（8）每次演练后，应进行讲评总结，并对预案和程序进行相应的修改和完善。

（9）每次演练后，按中国民用航空局"安全审计手册"民用运输机场应急救护审计部分内容进行评估。

（二）演练计划的主要内容

（1）演练计划应包括以下内容。

① 演练的类型、日期、时间、地点。

② 每次演练的预期目标。

③ 参加的部门和人员、车辆、设备，模拟伤情的种类、数量。

④ 确定参加演练车辆进入演练现场的路线、行车次序等。

⑤ 需参加演练的应急救护支援单位人员、设备、车辆。

（2）为使演练确实起到检验预案、指挥、通信、人员技能的目的，演练计划应对《机场应急救护预案》中各部门和人员应急救护具体步骤和详细程序仅做原则性规定。

（三）演练的分类

机场应急救护演练分为救护综合演练、救护单项演练和救护桌面演练。

1. 救护综合演练

应当由机场应急救护机构或承担机场应急救护工作的医疗机构，以及应急救护支援单位共同参加，就某一类型或者几种类型的模拟紧急事件，展开现场应急救护工作演练。以检查机场应急救护机构各部门之间及与应急救护支援单位之间的通知程序、应急反应、指挥协调、现场处置、通信联络、协同配合、急救设备等方面的总体情况，从而验证应急救护预案和各项工作程序的科学性、合理性、可行性。

2. 救护单项演练

应当由应急救护中负有某项工作程序的一个或者几个单位或部门参加，按照应急救护预案和程序，对现场应急救护的某一项目或某几个项目的内容有针对性演练，以检查负责该项救护工作程序的单位或部门的应急反应情况，从而验证机场应急救护预案对某项程序规定的科学性、合理性、可行性。

3. 救护桌面演练

应当由机场应急救护机构或承担机场应急救护工作的医疗机构及应急救护支援单位共同参加，各应急救护组在医疗指挥官的指挥下，按照应急救护预案，以语言表述方式进行演练，演练内容可包括实施机场应急救护的整体程序或某一项目或某几个项目的应急救护程序。

十一、培训

（一）要求

机场管理机构应根据机场情况，制订有关机场应急救护年度培训计划和考核制度。落实培训时间、人员、经费。

培训应根据各单位、部门和人员在机场应急救护中的职责、任务进行培训。

通过培训并考核合格人员发放相应的培训证书。

承担培训的机构和教员应得到民航局卫生主管部门的认可，其负责培训的人员及其使用的培训大纲、教材和内容应通过局方审定。

（二）对象

应急救护培训对象是医护人员和其他相关人员。

医护人员包括机场应急救护机构和驻场单位医疗机构的专业技术人员。

其他相关人员包括：机场应急救护机构或承担机场应急救护工作的医疗机构的行政后勤人员；参加机场应急救援的消防、机务、场务、公安、武警、安检、运输服务人员等。

应邀请医疗支援单位和协助单位共同实施有关应急救护法规、预案和工作程序的培训。

（三）内容

机场应急救护培训内容包括应急救护的有关法规、本机场应急救援和救护预案、急救知识和技能等。

1. 主要内容

（1）《民用运输机场应急救援规则》。

（2）《突发公共卫生事件民用航空应急控制预案》。

（3）《机场应急救援计划》。

（4）《机场应急救护预案》。

（5）《民用运输机场应急救护设施配备》及规范。

（6）急救四项基本技术（止血、包扎、固定、搬运）和心肺复苏术（CPR）。

（7）在机场应急救护中的职责、任务、工作程序和联络方法。

2. 其他内容

医护人员除掌握上述主要内容外，还应掌握以下内容。

（1）急诊医学的应急处置治疗原则。

（2）伤员检伤分类。

（3）掌握以下医学情况的急救技能：外伤性出血、窒息、骨折、烧伤（烫伤）、各类休克、产科急症和新生儿紧急护理、其他各类急危重症的院前处置、突发公共卫生事件和传染病的医疗紧急处置措施和个人防护基本知识、危险物品污染的医疗紧急处置措施和个人防护基本知识、各种急救器材的使用、其他必要的急救知识和技能。

（四）方法

机场应急救护机构或承担机场应急救护保障工作的医疗机构可采取以下形式进行培训。

（1）参加民航行政部门、中国民用机场协会组织的应急救护培训班。

（2）参加国家、地方卫生部门和红十字会、社会中介举办的救护培训班。

（五）其他

（1）定期组织人员到综合医院急诊科或当地急救中心学习、进修。

（2）请医学专家、有经验的机场急救专业技术人员授课。

（3）组织观摩各机场应急救援综合演练。

（4）参加国外或地区举办的机场应急救护学术交流。

十二、应急救护支援单位

机场发生航空器紧急事件或重大灾害时，机场管理机构应尽快取得与当地人民政府的支持，迅速报告紧急事件或重大灾害所需的医疗救护支援信息，并组织到达现场的应急救护力量开展工作。

（一）信息

机场应急救援指挥中心应尽快得到应急救护支援单位到达现场并提供协助力量的基本

信息，包括以下几个。

（1）应急救护支援单位名称、负责人、联系电话。

（2）应急救护支援医疗机构的基本情况及所处位置。

（3）参加机场紧急事件现场救护人员的构成、通信联络、可收治伤员的病种和数量等。

（二）演练

定期邀请应急救护支援单位参加机场管理机构和机场应急救护机构组织的各类演练。

（三）培训

定期与应急救护支援单位共同进行有关机场应急救护预案、应急救护程序等内容的培训。

（四）协调会议

定期邀请应急救护支援单位参加机场应急救援指挥中心召开的机场应急救护协调会议。

第二节　民用机场应急救护设备设施配备

民用航空运输机场应急救护设备配备标准规定了民用运输机场（含军民合用机场的民用部分，以下简称机场）应急救护设施配备及其设施的基本要求。

机场的应急救护机构主要由急救中心、急救站和急救室组成。这些机构的成立，需要机场和当地医院积极进行合作，从医院引进人才和医疗设备，从而保证救护工作的顺利进行。

急救中心的主要作用是负责机场及其附近区域的医疗救助工作，由于机场的位置一般比较偏僻，如果按照平常的急救程序来进行，那么由于地理位置原因，需要耗费大量的时间。因此，直接在机场设置急救中心，就可以及时进行救援，最大限度地减少人员伤亡。

对于救助机构的规模大小，应当根据各个机场的实际情况来进行设置，具体设置标准如表 7-2 所示。

表 7-2　机场应急救护机构

数量　　　类别	应急救护保障等级			
	1～4 级	5～6 级	7～8 级	9～10 级
机场应急救护中心	0-1	0-1	0-1	0-1
急救站	0-1	0-1	1	≥1
急救室（设置在航站楼或休息楼内）	0-1	1	航站楼每 10 万平方米面积 1 个，每个单体航站楼不少于 1 个	

例如某机场应急救护保障等级为 10 级，T1 航站楼面积 103 万平方米，由表 7-2 可知，该机场应设机场应急救护中心 1 个、急救站 1 个以及急救室 11 个（103/10 = 10.3，取11 个）。

一、救护人员的配备

机场的管理机构应该根据事先设定的保障等级来确定应急救护指挥（管理）人员及执业医师、执业护士等医疗专业人员数量，具体的配置人数如表 7-3 所示。同时，应急救护人员还需要全面熟悉国家和机场下发的急救知识和规定，在面对突发情况时能够应付自如，一旦发生危急情况，迅速开展应急救护工作。应急救护保障等级 8 级以上机场所配备的应急救护指挥（管理）人员中具有医学专业资质的人员不少于 50%。

表 7-3　机场应急救护人员

机构类别 / 人员类别 / 数量	机场应急救护机构			
	应急救护中心	急 救 站	急 救 室	备 注
应急救护指挥（管理）人员	根据需要	根据需要	根据需要	应急救护指挥（管理）人员可以按照所在机构医疗专业人员总数的 10% 配备
医疗专业人员	根据需要	值勤期间医师和护士比例为 1：1～1：2，其总数不少于 6 人	值勤期间医师和护士比例为 1：1，其总数不少于 2 人	旅客年运输量超过 1 000 万人次的机场，可以按照每增加 200 万人次增配 1 人

参考最低人员配备要求，应急救护中心医疗专业人员人数最低 50 人，旅客年运输量按 4 500 万人次计算，超过 1 000 万人次，增配：

$$(4\,500 - 1\,000) / 200 = 17.5$$

取 18 人，应急救护中心医疗专业人员共：

$$50 + 18 = 68（人）$$

应急救护指挥（管理）人员配备：

$$68 \times 10\% = 6.8$$

取 7 人，其中 4 人具有医学专业资质。

急救站医疗专业人员最低 6 人，增配 18 人，共配备：

$$6 + 18 = 24（人）$$

值勤期间医师和护士比例为 1：2，即配备医师 8 人、护士 16 人。应急救护指挥（管理）人员配备：

$$34 \times 10\% = 3.4$$

取 4 人，其中 2 人具有医学专业资质。

该机场共配备 11 个急救室，每个急救室医疗专业人员最低 2 人，增配 18 人，共配备：

$$2 \times 11 + 18 = 40（人）$$

值勤期间医师和护士比例为 1：1，即配备医师 20 人、护士 20 人。应急救护指挥（管理）人员配备：

$$40 \times 10\% = 4（人）$$

其中 2 人具有医学专业资质。

二、机场应急救护机构用房

机场各应急救护机构都应设置物资存放库进行物资储备，并设置在一个容易运输的地方，同时，对各项设备的保存方式和搬运方式也应该有所了解，防止储存不当引起损失。

机场应急救护中心必须以机场为中心，同时物资存放仓库必须在急救中心附近，这样既能迅速进行救援，又能及时获得设备，节省了大量的时间。急救站的设置应该考虑其所处位置人群的疏散度，一旦需要抢救，那么急救站附近就必须保持交通便捷；急救室应当尽量设置在航站楼人群密集的地方，这样才能让需要帮助的人群快速找到位置。

各应急救护机构用房面积标准如表 7-4 所示。

表 7-4　机场应急救护机构用房面积表

序　　号	项　　　　目	机场应急救护机构用房/m²		
		急　救　室	急　救　站	急　救　中　心
1	诊断室	合计≥30	≥10	依据机构规模和本机场应急救护需要设置
2	治疗室		≥10	
3	抢救室		≥30	
4	值班休息室	≥6	≥6/间（≥2 间）	

注：用房面积指每一个急救室、站的用房建筑面积

例如某机场配备 11 个急救室，设置：

$$(30 + 6) \times 11 = 396（m^2）$$

的用房建筑面积作为急救室。

急救站 1 个，配备：

$$10 + 10 + 30 + (6 \times 2) = 62（m^2）$$

的用房建筑面积作为急救室。

应急救护物资库用房面积标准如表 7-5 所示。

表 7-5　应急救护物资库用房面积表

机场救护保障等级	1～4 级	5～6 级	7～8 级	9～10 级
应急救护物资库使用面积/m²	根据需要	≥20	≥50	≥80

若某机场应急救护保障等级为 10 级，须设置 80m² 以上的应急救护物资库用房。

三、应急救护医疗设备的配备

机场应急救护医疗设备包括医疗急救仪器、器械（材）、药品、急救箱等。就机场应

急救护设备来说，不仅仅是大型的医疗设备，也应该对一些日常可能会用到的药物和小型救助工具有所准备。

急救站应急救护设备配备如表 7-6 所示。

表 7-6　急救站应急救护设备配备最低标准

序　　号	设 备 名 称	配 备 数 量
1	急救箱	按不少于执勤医师 1∶1.5 配备
2	诊断床	1 张
3	担架车	1 辆
4	器械药品柜	1 个
5	电脑及网络通信设施	1 套
6	供氧设备	1 套
7	心电图机	1 台
8	多功能除颤（监护）起搏器	1 台
9	呼吸机	1 套
10	简易呼吸机	1 个
11	血糖检测仪	1 台
12	吸引（吸痰）设备	1 套
13	气管插管设备（喉镜、气管导管、吸痰管、牙垫）	1 套
14	外伤包及缝合包	各 2 套
15	产包	1 个
16	输液器材	10 套
17	固定夹板（脊柱固定板、四肢夹板）	1 套
18	头部固定器、颈托	各 1 套
19	立式照明灯	1 个
20	区域分隔警示带	若干
21	伤病识别标签	若干
22	应急救护、疾病治疗记录册	若干

急救室应急救护设备配备如表 7-7 所示，这些设备可以根据实际情况来进行删减，同时也会配备一些药品，机场工作人员应当具备熟练运用这些设备的能力。

表 7-7　急救室应急救护设备配备最低标准

序　　号	设 备 名 称	设 备 数 量
1	急救箱	按不少于执勤医师 1∶1.5 配备
2	诊断床	1 套
3	担架车	1 台
4	器械药品柜	1 台
5	电脑及网络通信设施	1 套
6	供氧设备	1 套
7	心电图机	1 台
8	多功能除颤（监护）起搏器	1 台

续表

序　号	设　备　名　称	设　备　数　量
9	简易呼吸器	1 套
10	血糖检测仪	1 台
11	吸引（吐痰）设备	1 套
12	伤情识别标签	若干
13	应急救护、疾病治疗记录册	若干

四、应急救护物资的配备

由于无法预估现场的具体情况，因此会统一准备各种救护物资，从而应对各种突发情况。一般的物资主要包括担架、照明设备、医疗器材、防护设备等。应急救护储备物资分类存放于应急救护物资库。

应急救护物资库储备最低标准如表 7-8 所示。

表 7-8　应急救护物资储备最低标准

序　号	品　　类	单　　位	各应急救护保障等级机场物资储备最低标准			
			1～4 级	5～6 级	7～8 级	9～10 级
1	急救箱	个	1	10	20	40
2	担架	个	2	15	40	100
3	铲式担架	个	0	0	1	5
4	固定夹板（脊柱夹板、四肢夹板）	套	0	10	20	40
5	头部固定器	个	0	3	8	20
6	颈托	个	2	20	20	40
7	三角巾	条	0	40	60	150
8	绷带（三列/卷）	卷	5	40	60	150
9	止血带	条	2	10	30	100
10	人体保温用品	条	根据需要	20	30	100
11	一次性烧伤单	条	2	10	20	50
12	尸体袋	条	2	30	40	150
13	应急照明灯	套	1	5	5	15
14	消毒器械	套	1	2	2	3
15	个人防护装备	套	0	2	5	10
16	隔离防护装备	套	0	1	2	2
17	区域分割警示带	m	0	若干	若干	若干
18	应急救护现场标识	套	0	1	1	1
19	伤情识别标签	张	0	100	300	800
20	应急救护、疾病治疗记录册	本	根据需要	若干	若干	若干

五、应急救护车辆的配备

应急救护车辆包括救护车、应急救护指挥车和运输车。救护车辆应急救护设备配备如表 7-9 所示，机场配备应急救护车辆配备标准如表 7-10 所示。

表 7-9 车辆应急救护设备配备

序　号	名　　称	单　位	救护车	应急救护指挥车
1	急救箱	个	1	—
2	多功能除颤（监护）起搏器	台	1	—
3	便携式呼吸机	台	1	—
4	简易呼吸器（复苏器及各型面罩）	台	1	—
5	供氧设备	套	1	—
6	吸引（吸痰）设备	台	1	—
7	担架车	台	1	—
8	固定板（脊椎、四肢）	套	1	—
9	颈托	套	1	—
10	头部固定器	个	1	—
11	应急照明灯	个	1	1
12	药品柜	个	1	—
13	车载通信设备	套	1	1
14	警报器	部	1	1
15	伤情识别标签	张	10	—
16	应急救护、疾病治疗记录册	本	1	—
17	本机场应急救护手册	套	1	1

表 7-10 机场配备应急救护车辆标准最低标准

序　号	救护车辆	各应急救护保障等级机场车辆配备最低标准				
		1～4 级	5～6 级	7 级	8～9 级	10 级
1	救护车	0	1	2	3	6
2	救护指挥车	根据需要			1	
3	运输车	根据需要				1

六、伤亡识别标签

伤亡识别标签用颜色编码和符号表示伤情救治的急缓程度，如图 7-1 所示。

左角是黄色的，并沿着虚线打孔，在三角形区域内表示出了标签顺序号码（如 No.101205），并由救护车司机保存，作为对送往医院的伤员记录，如果送往了多家医院，标签则应按不同医院分别保留。

右角是黄色的，并沿着虚线打孔，三角形号码，并有一个小孔可吊线，它可用来系在定位桩上或由急救人员保存作为处理伤员的记录。

黑色条纹线，已死亡，如果伤员已死亡是 0 级，撕下下面三条打孔部分。

红色条纹线——I 级兔——立即救治，如果伤员是 I 级，撕下下面两条打孔部分。

黄色条纹线——II 级乌龟——稍缓救治，如果伤员是 II 级，撕下下面一条打孔部分。

绿色条纹线——III 级乌龟——一般看护，如果伤员是 III 级，保留所有打孔部分。

如果伤员伤情恶化，则优先类别相应改变。

在如图 7-2 所示的位置做记录：在 iv 后记录向伤员进行静脉注射的药名，在 im 后记录向伤员进行肌肉注射的药名。

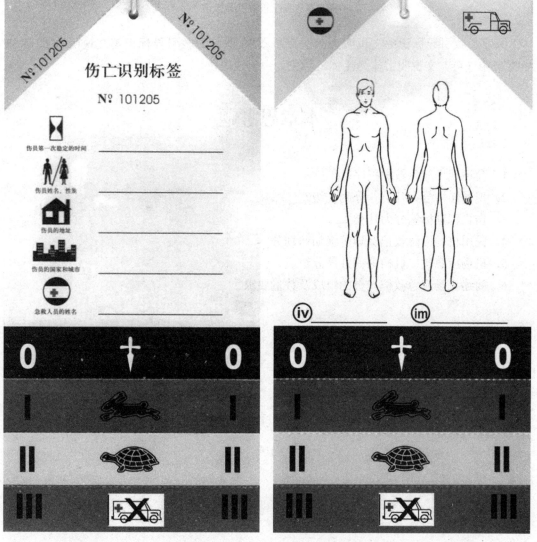

图 7-1　伤亡识别标签（正面）　　　　图 7-2　伤亡识别标签（背面）

七、医疗急救引导标识

旅客活动区域应设置统一的医疗急救标识，并有中文、英文说明，如图 7-3 所示。

图 7-3   医疗急救引导标识

医疗急救引导标识中文说明为"医疗急救"，医疗急救引导标识英文说明为"FIRST AID"。中（英）文说明字体为黑体，颜色为白色或黑色。

本章思考题

1. 简述现场应急救护程序。
2. 现场伤情分为几类？分为几级？
3. 伤亡识别标签分为几类？
4. 民用机场应急救护保障等级如何划分？
5. 机场应急救护机构由哪几部分组成？
6. 简述机场应急救护人员的组成及数量要求。

第八章

非法干扰事件的应急处置

学习目标

1. 掌握非法干扰行为的基本含义；
2. 掌握非法干扰行为的分类及确定；
3. 掌握爆炸物威胁事件的应急处置措施；
4. 掌握劫机事件应急处置措施。

目前，我国非法干扰民用航空安全事件数量呈逐年上升趋势，形势日趋严峻，这些非法干扰行为一旦发生，就会出现干扰正常飞行，破坏航空器的正常航行秩序更有可能导致机毁人亡的恶性事件发生。与此同时，由于航空器价值之大、影响力之广，民用航空领域渐趋成为不法分子侵害的对象，诸如非法劫持航空器、侵害民用机场等危害民用航空安全的非法干扰行为不断涌现。为了防范和打击各种危害国际航空安全的犯罪行为，保障安全和正常的民用航空运行秩序，自 20 世纪 60 年代起，国际民航组织先后主持制定了《关于在航空器内的犯罪和其他某些行为的公约》（简称《东京公约》）等一系列国际航空安保公约。然而，进入 21 世纪以来，"新的和正在出现的威胁"对原有国际航空安保公约提出严峻挑战，现代化进程势在必行，于是在 2010 年通过了《制止与国际民用航空有关的非法行为的公约》（简称《北京公约》和《制止非法劫持航空器公约的补充议定书》（简称《北京议定书》），以适应航空安保实践的现实需要，保障国际民用航空运输安全。

第一节　非法干扰行为的定义

一、学界"非法干扰行为"界定之争

何为"非法干扰行为"，学界、民航实务部门的理解有所不同，学界内部也有不同看法。概括来说，我国学界对"非法干扰行为"概念的界定可分为两大说，即广义说和狭义说。

（一）广义说

从广义说的角度出发，非法干扰行为覆盖范围广，几乎把针对民航安全领域实施的不法行为都纳入其中，既包括诸如劫持航空器等严重的犯罪行为，也包括诸如机上饮酒吸烟等相对轻微的一般"扰乱行为"。有的学者在此基础上将非法干扰行为分为三大类：恐怖主义犯罪、可能危及飞行安全的行为以及扰乱安全飞行秩序的行为。广义说者认为，民航非法干扰包括三大类情形：一是严重危害民航安全的犯罪行为；二是虽然构成犯罪，但是属于一般轻微的危害民航安全的犯罪行为；三是违反机长命令，扰乱机上秩序与纪律的行为。还有学者认为某些生活中常见的一般行为，如开玩笑等，一旦涉及民航运输与航空安保领域，则很有可能被非法干扰行为的外延所覆盖。

广义说极尽扩大了非法干扰行为的外延，有益于严密对非法干扰行为进行规制的法网，也在一定程度上体现了国际公约的精神。但是广义说"一网打尽"的做法，不利于分门别类，区别对待，弱化了不同非法干扰行为的特性，容易造成民航非法干扰犯罪行为与其他违法行为界限的模糊。

（二）狭义说

狭义说的典型表现是具体行为说，即把非法干扰行为界定为具体的行为类型。根据限定条件的不同又可以分为"飞行中违法行为说"与"六行为说"。

"飞行中违法行为说"这类观点是从民航运输处罚的角度，认为非法干扰行为不仅是发生在飞行中，而且必须是尚不构成犯罪的情况。这些行为有机上非法使用移动电子设备的行为、机上暴力行为、非法强占航空器行为、盗窃机上救生设备行为等。由于该观点与国际文件的相关规定差距较大，且不符合民航安保工作的现状，因此持同类观点的情况并不多见。

"六行为说"主要是根据《国际民用航空公约附件 17》，即《航空保安——保护国际民用航空免遭非法干扰行为》（以下简称"附件 17"）规定，认为非法干扰行为仅指附件 17 明确规定的非法劫持航空器等六种具体行为。附件 17 第九版中指出"非法干扰行为是指诸如危害民用航空安全的行为或未遂行为"，包括但不限于以下几种。

（1）非法劫持航空器。

（2）毁坏使用中的航空器。

（3）在航空器上或者机场扣留人质。

（4）强行闯入航空器、机场或航空设施场所。

（5）利用使用中的航空器造成死亡、严重人身伤害，或对财产或环境的严重破坏。

（6）散播诸如危害飞行中或地面上的航空器、机场或民航设施场所内的旅客、机组地面人员或大众安全的虚假信息。

随着附件 17 的修订，狭义说也不断扩大民航非法干扰行为的范围，将新规定的危害航空安全的犯罪行为纳入其中。

二、"非法干扰行为"的法定概念

"非法干扰行为"界定观点的差异不仅会直接影响实践中航空安保工作的展开，而且也影响民航领域相关部门立法和规范性文件的制定。因此，厘清"非法干扰行为"的法定含义具有重要的理论和现实意义。

（一）国际法的规定

根据国际航空安保公约规定，民航非法干扰行为指危害或试图危害民用航空安全的行为，包括但不限于以下具体行为：非法劫持航空器；毁坏使用中的航空器；在航空器上或机场扣留人质；强行闯入航空器、机场或者航空设施场所；为犯罪目的将武器或者危险物质或材料带入航空器或者机场；散播诸如危害飞行中或地面上的航空器、机场或者民航设施场所内的旅客、机组、地面人员或者大众安全的虚假信息；利用使用中的航空器作为工具以达到致人死亡、重伤，或者造成重大财产或者环境损害的行为。

从安保公约的内容来看，"罪行"是公约对"非法干扰行为"最基本的概述，这也得到诸多专家学者的认可，比如著名国际刑法学家巴西奥尼把"劫持和危害民用航空安全罪"作为 28 种国际犯罪基本类型之一。

此外，一般性的"扰乱性行为"在国际民航组织颁布的国际文件中通常与"非法干扰行为"并列陈述，属于内涵不同的行为。因此，从国际法层面，非法干扰行为在性质上属于较为严重的危害行为，一般违法行为不属于非法干扰行为的范畴。

国际公约及其附件关于非法干扰的定义，一方面避免了对"民航非法干扰行为"理解上的狭隘化，另一方面也体现了民航安保的现实发展需要，以避免在新型非法干扰行为发生时出现防控漏洞和空白的情况，符合国际社会发展和航空安全保卫的需求。

（二）国内法的规定

源自于国际公约，公约及其附件在"非法干扰行为"规制伊始便明确规定相应的宗旨和目的，敦促各缔约国通过制定一系列的规章、措施和程序，以保护民用航空领域免遭非法干扰行为的侵害。我国积极履行公约义务，采用"转化"模式，将安保公约的内容转化为我国国内法的具体内容，使之成为国内法的组成部分。

我国最早对非法干扰行为做出说明的是 1999 年施行的《处置非法干扰民航安全行为程序》。该规定认为非法干扰行为是指违反相关航空安全的规定，对民用航空器和机场的安全及秩序造成或者足以造成侵害、危及生命、财产安全的行为，从该规定可以看出，当时对于"非法干扰行为"的界定范围很宽，采用的是广义说的观点。

2008 年民航局颁发新规《公共航空旅客运输飞行中安全保卫工作规则》，其中，第四条明确对非法干扰行为做出了界定："非法干扰行为，是指诸如危害民用航空安全和航空运输安全的行为或未遂行为。"具体行为类型基本援引了附件 17 第八版闭合式具体行为说的内容，并将一般"扰乱行为"排除在了"非法干扰行为"的范围之外，同时将"非法干扰行为"与诸如"强行冲击驾驶舱"等其他严重危及飞行安全的行为做出并列陈述，作为严重危害航空安全的行为予以规制。该规则旨在推动国内法与国际公约的衔接，并根据我国实际需要进行了部分调整，有利于促进对"非法干扰行为"的认识转化。

三、非法干扰事件的特点

非法干扰行为是指危害民用航空安全，性质较为严重的危害行为，不仅侵害了民用航空安全，而且行为种类多样并随着形势的发展而增加，呈现出类型多样化、主体多元化、后果严重化等特性。

（一）非法干扰行为类型多样化

不同于 20 世纪非法干扰行为类型的相对固定和较大的可预期性，21 世纪发生的非法干扰行为种类更加多样化，行为人手段层出不穷，使得民航安保的防控工作难度进一步加大。在这个机遇与挑战并存的时代，民用航空业在进入更为高速发展的同时，也面临着更多非传统安全因素的威胁。根据国际民航组织的研究，近年来新出现的危害国际民用航空安全的威胁主要包括以下 7 种类型。

（1）滥用航空器作为武器。

（2）空中和地面的自杀性攻击。

（3）电子攻击和以计算机为基础的攻击。

（4）化学和生物攻击。

（5）滥用核材料或者其他放射性材料。

（6）使用便携式空防系统（MANPADS）进行攻击。

（7）组织人、指使人、资助人和财务支持人的犯罪。

（二）非法干扰行为主体多元化

传统的恐怖分子或者恐怖组织和单独个体对民航安全的非法干扰是其典型方式，然而在"9·11"事件发生后，存在于实施具体非法干扰行为的行为人背后组织严密且资金雄厚的犯罪组织逐步浮出水面，对民用航空安全造成巨大的威胁，所以有必要对这些在地面实施组织、策划和指挥等行为的共同犯罪人进行惩处，以更好地打击此类行为。

此外，随着国际政治、经济格局的变化，危及民航安全的不稳定因素急剧上升，一国政府军队、反政府武装力量等甚至在某些情形下可能成为"非法干扰行为"的实施主体。例如，2014 年 7 月 17 日，马来西亚航空执行阿姆斯特丹—吉隆坡的客机，在乌克兰与俄罗斯边境地区坠毁，298 名机上人员全部遇难。通过事后对黑匣子相关数据的分析，调查组发现，马航 MH17 航班遭到了导弹袭击，并发生爆炸。事件发生后，乌克兰政府与民间武装组织互相指责，甚至美国白宫直接问责俄罗斯政府，虽然黑匣子已经找到，但是事件真相却难以还原，加之各方态度反复无常，不能排除某一利益主体参与到 MH17 坠毁事件的可能性。非法干扰行为实施主体多元化的特点加大了空防安全维护的难度，对航空安保工作提出了更高的挑战，值得引起国际社会的关注和重视。

（三）非法干扰行为后果严重性

众所周知，航空器属于价值较大的财物，动辄上百万、千万，甚至上亿美元，一旦遭到侵害，不仅造成巨大的经济损失，而且造成极为惨重的人员伤亡。例如恐怖袭击导致的洛克比空难，飞机爆炸，270 人罹难（包括地面 11 人）；纵火导致的大连 5.7 空难，飞机失事，造成 112 人死亡；导弹爆炸导致的马航 MH17 空难事件，飞机坠毁，机上 298 人全部遇难。

近几年国内发生的"炸弹案"等，也造成巨大的财产损失。例如，2012 年 8 月，为了阻止债主搭乘航班向其索债，熊某向深圳机场客服打了投诉电话，谎称深航某一执飞航班上装有炸弹并将会在飞机起飞后爆炸，该行为引起重大恐慌，多架航班紧急避让，机场、航空公司、消防等多个部门立即采取紧急应急措施，但是最终排查结果并没有发现机上有爆炸物，造成应急处置程序中大量人力、财力和物力的浪费。仅深航用来运送滞留旅客而增加临时航班一项，造成的直接损失就多达 17 万元。

第二节 民用航空非法干扰事件的类型

一、民用航空非法干扰行为分为广义和狭义的非法干扰行为

（1）广义的非法干扰行为有下列三种情形。

第一类：劫机、炸化、破坏飞机等恐怖行为。具体是指在《海牙公约》《东京公约》《蒙特利尔公约》《蒙特利尔议定书》中规定的实施或者企图实施劫持、爆炸飞机，袭击、爆炸机场设施、设备等触犯刑律的犯罪行为，这种行为属于典型的暴力恐怖主义犯罪。

第二类：可能对飞行安全带来危害的行为，包括以下情形。

① 当面威胁或电话威胁劫机炸机、或称机上有爆炸装置。

② 未经许可进入驾驶舱、企图强行打开驾驶舱口。

③ 在乘机过程中违反规定且不听机组劝阻。

④ 在飞机客舱的洗手间内吸烟。

⑤ 殴打机组成员或威胁伤害其他乘客。

⑥ 谎报险情、制造混乱，影响飞行中的飞机和乘客安全等。

第三类：扰乱机场或机上秩序的行为，包括以下情形。

① 破坏机场公共秩序。

② 盗窃机上物品、设备。

③ 殴打乘客寻衅滋事。

④ 酗酒闹事等。

（2）狭义的非法干扰行为仅包含上述第二、三类行为。

根据民航总局公安局制定的《处置非法干扰民用航空安全行为程序》，将非法干扰行为也分为三类。

① 《东京公约》《海牙公约》《蒙特利尔公约》《蒙特利尔议定书》规定的，触犯刑律的犯罪行为（恐怖主义罪行）：实施或者企图实施劫持、爆炸航空器，袭击、爆炸机场等行为。

② 可能危及飞行安全的行为：当面威胁或电话威胁劫、炸机；未经许可进入驾驶舱、企图打开驾驶舱门；违反规定不听机组劝阻；在客舱洗手间内吸烟；殴打机组或威胁伤害他人；谎报险情、危及飞行安全；未经允许使用电子设备；偷盗或者故意损坏救生设备；违反规定开启机上应急救生设备等。

③ 扰乱秩序行为：寻衅滋手、殴打乘客；酗酒滋事；性骚扰；破坏公共秩序；偷盗机上物品、设备；在禁烟区吸烟；冲击机场、强行登占航空器等。

针对非法干扰事件的不同分类，第一类行为按已有预案进行处置。第二、三类行为的应急处置依据《处置非法干扰民用航空安全行为程序》。

二、根据实施民航非法干扰行为的对象划分

（1）针对航空器实施的非法干扰行为，具体分为对飞行中的航空器实施的非法干扰行为和对停场的航空器实施的非法干扰行为。

（2）针对民用航空有关的设施、设备，包括对机场导航台站、空管中心、航空油库、能源中心等实施的非法干扰行为。

（3）针对民用航空有关的人员（含机长、副驾驶、乘务员、安全员等）实施的非法干扰行为。

三、根据实施民航非法干扰行方的手段划分

（1）破坏民用机场、飞机、空中导航设施的行为。

（2）通过传递虚假信息危及飞行中的航空器安全的行为。

（3）暴力胁迫航空安全有关人员（如机组）的行为等。

四、根据实施民航非法干扰行为的空间划分

（1）航空器外的非法干扰行为。

（2）航空器内的非法干扰行为。

五、根据实施民航非法干扰行为的时间划分

（1）航空器起飞前的非法干扰行为。

（2）航空器飞行中的非法干扰行为。

（3）航空器降落后的非法干扰行为。

第三节　非法干扰事件的成因

在美国发生"9·11"恐怖袭击事件之后，世界安全形势发生了较大的变化。一些国家在调整安全战略的同时，也在原有的基础之上不断完善与调整针对各种危机事件的应急机制。另外，机场作为公共基础设施，常常是大量人员工作或者聚集的地方，可能被一些不满者当成他们抗议某些团体或行为的场所，这些行为会对机场正常运行产生干扰。

非法干扰行为的发生诱因错综复杂，同类事件发生原因具有相似性。总的来看，非法干扰事件的发生既有国际因素，也有国内矛盾；即有航空公司的不当，也有行为人自身的过失，各种内、外因交织，错综复杂。据不完全统计，2017 年至 2019 年因航班延误或航

空服务问题引发的各类非法干扰事件 41 起，约占 15%；因"行为人醉酒"的有 22 起，占 10%；行为人缺乏基本航空安全知识，出于"好奇""开玩笑"等原因引起的事件 18 起；因行为人精神异常的 16 起。此外，还有因个人经济、感情纠纷、报复社会引发的干扰事件。从具体类型上看，"戏言劫、炸机""谎报险情""破坏航空器""破坏公共设施"事件，多是由于旅客因不满而泄愤；"违反规定开启机上应急救生设备"的 9 起案例中，有 7 起是因旅客无知或好奇；"客舱吸烟"和"未经允许使用电子设备"两类高发的干扰事件，多数是因缺乏航空法律知识，对行为危害性认识不足；旅客"霸机"和其他群体性事件全部是由于航班延误引起旅客不满，以非法干扰的形式向航空公司索赔。这说明，同一类型的非法干扰事件在发生原因上具有一定相似性。

一、对非法干扰行为的处罚未起到实际成效

非法干扰行为以行政处罚为主，刑罚处罚和民事制裁严重缺失。在研究中发现，在对非法干扰行为人处罚方面存在法律适用不当、处罚过轻和处罚尺度差异较大等问题。具体表现在以下几个方面。

（1）刑法明确规定的犯罪行为未按刑事案件处理，或应当行政处罚的行为未予处罚。例如，《中华人民共和国刑法》第一百二十三条规定的"暴力危及飞行安全罪"明令禁止在飞行中使用暴力。但实践中的这类事件仅按治安事件，甚至一般民事事件调解处理。再如对"扬言炸机"行为，我国治安管理处罚法明确规定应当处以行政拘留或罚款，但"廖旭机上扬言炸机事件"和"蒙俊龙网上扬言炸北海机场事件"，仅处以警告或批评教育。

（2）同一行为处罚标准不一致。如以"看飞机"为目的翻爬围界的行为，虽然情节基本相似，但处置结果大相径庭。有的一放了之，有的批评教育，有的警告或罚款，严重的行政拘留十日。

（3）民事制裁严重缺失。在我国实践中，非法干扰行为人给航空运输承运人和其他旅客造成的经济损失一般很少追究，而事实上因非法干扰行为导致的飞机返航、备降或延误，常会导致人力、物力、财力的浪费，造成经济损失。如"童某擅自扳动飞机应急门手柄事件"导致飞机返航，返航耗油损失万余元，同航班旅客在机场滞留近两小时。而童某仅被处以行政拘留五天的处罚，航空公司未向其主张任何民事赔偿。航空公司依法向旅客个人索赔在我国台湾地区已有先例，最著名的是"郑中基机上醉酒闹事案"。

以上几个问题的存在，说明我国在对非法干扰行为的处罚上，存在以行政处罚为主，刑事处罚和民事制裁缺失的特点。这一特点使得非法干扰行为违法成本极低，处罚过轻，法律无法起到应有的教育、震慑作用。究其原因，笔者认为主要有三个方面：一是立法原因。我国法律体系中对非法干扰行为没有明确的界定，某些法律条文操作性不强，如"暴力危及飞行安全罪"中对什么是"暴力"和"严重后果"没有司法解释。二是执法原因。机场公安机关执法不严，导致应当刑事立案的作为治安案件处理，应当治安处罚的没有进行处罚。三是维权意识不强。对非法干扰行为造成的损失，多数航空公司都是自认倒霉，不了了之，没有维权意识，甚至以为行为人受到治安处罚就不能再主张赔偿。这在很大程

度上放纵了非法干扰行为，极大地降低了其违法成本。

二、恐怖事件的存在

劫、炸机等严重非法干扰行为将是我国民用航空长期面临的恐怖威胁。自"9·11"事件以来，民用航空一直是国际恐怖主义制造恐怖事件的首选袭击目标。针对我国民航的恐怖主义威胁暗流的尝试也不是零星偶发的个案，我国民用航空受到的恐怖主义威胁不容忽视。因此，在国际国内恐怖主义土壤难以根除的情况下，劫、炸机等严重非法干扰行为将是我国民用航空长期面临的恐怖威胁。

三、"辐射律"的因素

非法干扰可能出现新方法、新手段、新途径。犯罪学的研究表明，违法犯罪活动具有"辐射律"，即某种犯罪的诱因、方式、手段通过各种信息载体的传播而被学习、模仿，不断蔓延扩大。

四、借非法干扰发泄不满或主张权利，将成为引发非法干扰事件的主因

近年来，我国民航事业高速发展，于 2008 年跃居为世界第二大航空运输国。然而，我们需要清醒地认识到，作为典型的服务行业，我国民航业在服务理念、员工素质、规章制度等方面的软件投入远远滞后于硬件建设，航班延误、客票超售、服务质量等影响旅客切身利益的事件频发。在机场或航空器这类旅客短暂停留的地点，普通旅客难以通过司法途径裁决纠纷，一旦切身利益受到侵害，很可能借非法干扰行为来发泄不满情绪，或作为维权的手段。民航服务软件建设是一个长期过程，而随着近年来人民群众人本意识和维权意识的觉醒，二者的矛盾将更加突出，因此在未来一段时期内，这一诱因将将成为非法干扰行为的主要原因。

第四节　非法干扰事件的应急处置

一、应急处置原则

（1）确保航空安全，争取飞行正常。

（2）确定性质，区别处置。

（3）及时控制事态，防止矛盾激化。

（4）教育与处罚相结合。

（5）机上控制，机下处理。

（6）空地配合，互相协作。

二、职责分工

1. 机组和航空安全员职责

（1）机长对机上发生的非法干扰事件处置负全责。

（2）航空安全员在机长领导下，具体负责落实机长的指令，在紧急情况下，航空安全员为了保证航空器及其所载人员生命财产安全，有权采取必要措施先行处置后报告机长。

（3）航空器飞行中发生非法干扰时，航空安全员（乘务员）应及时将情况报告机长，机长应立即将情况报告地面有关与局，并随时通报事态发展情况。

（4）在飞行中，对非法干扰航空安全的行为，机长可视情节予以劝阻、警告，并决定对行为人采取管束措施、中途令其下机等必要措施。管束措施是指机长指令航空安全员及其他机组人员（必要时可请求旅客协助）对非法干扰行为人实行看管、强制约束以使其不能继续实施非法干扰行为。

（5）航空器在飞行中遇到特殊情况时，机长对航空器有最后处置权。

（6）需要移交地面处理的，要及时收集证据。

2. 公安机关职责

及时接、出警、调查取证，依法处理，反馈处理情况。

3. 安检部门职责

分别情况，必要时重新进行安检；配合有关部门进行清舱。

4. 现场（地面）指挥部门

指挥公安保卫部门进行处置；协调航空公司、空管与机场关系；确定是否放飞。

5. 空管部门

及时传递、沟通空地信息。

6. 空地配合

机长、航空安全员在航空器落地后，应将非法干扰行为人及时移交与地机场公安机关开办好交接手续。

7. 移交程序

8. 法律依据

《中华人民共和国民用航空安全保卫条例》《航空安全员管理规定》（民航总局第 72 号令）。

三、信息传递

（1）遇有非法干扰事件，机场公安、安检、指挥中心、空管及航空公司保卫、航班机组等相关单位必须迅速、准确地报告或通报事件情况，并根据事态发展随时续报。

（2）非法干扰事件信息初步报告的内容：事件性质、信息来源、发生的时间、地点、机型、航班号、飞机号、始发地、目的地、准备降落地、机上旅客及机组人数、是否有重要旅客、所采取的措施等。

（3）飞行中非法干扰事件信息传递程序。凡发生非法干扰事件的机场和航空公司的公安、保卫部门在向上级公安机关报告事件情况的同时，要按时填报《非法干扰事件情况报告表》和《非法干扰事件月报表》。重大非法干扰事件的信息应直接向民航总局公安局报告。典型或重大的非法干扰事件在处置结束后应及时写出专题报告，逐级上报。

四、收集证据

（一）取证对象

（1）事件当事人：非法干扰行为人及权益受侵害人。

（2）证人：事件知情人，主要含机场工作人员、航空公司工作人员、乘机旅客。

（二）证据种类

（1）当事人陈述：当事人身份基本情况、座位号、联系方法、事件经过。

（2）证人证言：证人身份基本情况、事件经过情况、证人在事件过程中所处具体位置、联系方法。

（3）书证。

（4）物证。

（5）视听材料。

（6）鉴定结论。

（7）勘验笔录，现场笔录。

（三）公安人员调查取证程序

（1）接警、出警及时，如遇情况紧急可由被调令人员作"亲笔证言"或留下联系地址、电话。

（2）既收集证明当事人违法证据，又必须注意收集与事人无辜的证据。

（3）注重证据并通过证据证明事实。

（4）与当事人有利害关系的调查人员应当回避。

（5）调查时，调查人员不得少于两人并表明调查人员身份。

（6）要求知情人员如实提供所知非法干扰情况。

（7）制作调查笔录并由被调查人阅后在末页注明"记录已阅属实"字样，并逐页签名。

（四）机组人员在飞行中应做好收集证据的准备工作

（1）应及时向知情旅客发放书写"亲笔证言"的纸张。

（2）做好录音录像准备工作。

（3）收集书证、物证等证据。

（4）"亲笔证言"式样。

五、法律依据

（1）根据非法干扰行为事实、性质、情节以及危害程度，依照《中华人民共和国民用航空安全保卫条例》《中华人民共和国民用航空法》《中华人民共和国治安管理处罚条例》处理。

（2）对轻微的非法干扰行为予以口头警告、训诫，批评教育后放行。

（3）对比较严重的非法干扰行为，依法予以警告、责令具结悔过、罚款。

（4）对以下严重非法干扰行为，依法给予行政拘留处罚。

① 造成航班延误。

② 造成返航或者迫降。

③ 造成重大经济损失。

④ 造成恶劣影响。

⑤ 造成人员、财产损失。

⑥ 可能造成飞行安全、空防安全事故的其他行为。

（5）构成犯罪的依照《中华人民共和国刑法》予以惩处。

（6）构成民事侵权行为的，依法要求行为人赔偿损失。

六、处置管理

（一）登机前声称劫机、有爆炸物的处置

（1）处置内容：包括对进入机场后、未登机前，在候机楼、机坪、摆渡车、登机廊桥处戏称要劫机、有爆炸物的非法干扰的处置。

（2）在上述地点遇到有人称要劫机或有爆炸物时，首先要辨明真伪。如行为人确有劫持、爆炸等破坏行为，或者情况难以辨明时，按照处置劫、炸机工作预案进行处置。

① 获悉有人声称要劫机、炸机或有爆炸物的信息后，立即报告机场公安机关。现场有防爆装置的，应将"爆炸物"迅速放入；现场没有防爆装置的，不要擅自处置，直至公安人员到来。

② 机场公安部门接报后立即派员赶赴现场，必要时通知安检、消防和医疗部门做好处置突发事件的准备。

③ 公安人员到达现场后首先初步检查声称者的身体及其行李是否有武器、爆炸物、管制刀具等危险物品，并视情况疏散旅客。

④ 如声称者的行李已进入航空器，则应迅速查找，将其卸下，撤离航空器，必要时将航空器隔离。

⑤ 由于可能遇到爆炸物，除公安部门外，其他人员不得检查声称者及其行李。

⑥ 在未判明情况是否属实之前，将有关人员撤离到安全地带。

（3）如行为人显系因对航班延误、民航服务等原因发泄不满而语言过激，按照下列程序处置。

① 现场工作人员要采取措施控制行为人及其行李物品。

② 在确定无危险物品后，尽快将声称者及其行李带离现场，然后开展取证工作。

（4）公安部门对声称者进行审查，确认其是否有劫机、炸机或带有爆炸物的嫌疑。

（5）根据调查结果，公安部门做以下处理。

① 声称者确有劫机、炸机或携带爆炸物嫌疑的，交由刑侦部门立案侦查。

② 行为人未携带危险物品，而其声称要劫机、炸机或有爆炸物是发泄不满，语言过激或开玩笑、戏言的，按照扰乱机场秩序的行为依法处理。

（二）客舱内声称劫机或有爆炸物的处置

1. 判明真伪

（1）机组或其他工作人员遇到客舱内有人称要劫机或有爆炸物时，首先要辨明真伪。如行为人确有劫机、炸机等破坏行为，或者情况难以辨明时，按照处置劫、炸机工作预案进行处置。

（2）如行为人显系因对航班延误、民航服务等原因发泄不满而语言过激，按照本程序处置。

2. 在起飞前发生的机组处置

（1）机组、航空安全员应对行为人及其行李物品予以监控；如行为人有随行者，同时注意监控。

（2）立即报告机场公安机关，请公安人员登机处理。

（3）对周围旅客讲明情况，稳定旅客情绪，防止事态扩大。

（4）动员知情旅客积极配合公安机关调查取证，或请旅客提供亲笔证词。

3. 在起飞后发生的机组处置

（1）如行为人有其他过激行为，应予以约束，等降落后，移交机场公安机关处理。

（2）如行为人无其他过激行为，可在飞行途中安排专人控制，待飞机降落目的地后移交机场公安机关处理。

4. 机场公安机关处置程序

（1）机场公安机关接报后，立即派人登机将行为人及其行李物品扣押，带离飞机，并对其座位及行李舱架进行安全检查；如有同行人，可视情况一并带离。其交运行李应从机上卸下，一并扣留。

（2）如航空器尚未起飞或中途降落，在采取前项措施后，一般可不再对其他旅客及行李重新进行安全检查。

（3）尽快做好旅客和机组调查取证工作，按规定与机长办理移交手续。

（4）及时将处理情况报现场指挥部门，由其决定放飞。

5. 机组在航班结束后将情况报公司保卫部门

（三）起飞前匿名电话称要劫机、炸机或有爆炸物的处置

（1）所在地机场公安机关在获知匿名电话后，必须紧急采取的措施如下。

① 通知空管部门查询此航班是否存在，若该航班没有离港起飞，应立即将此信息通报机长，暂时停止起飞任务，等待处置。（若该航班已离港，则转入"飞行中匿名电话称要劫机、炸机或有爆炸物的处置"程序处理）

② 迅速通知有关部门视情成立紧急处置小组，应该参与的部门有下列单位：机场现场指挥部门，机场值班领导，机场安检部门，机场消防部门，受威胁航空公司值班最高领导，航管部门，机场护卫部门，航空地面代理，驻场武警部队，机场公安机关（若受威胁航班是国际或港澳地区航班，应有边防、海关加入）。

③ 速派警力向匿名电话受话人查实匿名电话的具体情况，须含下列要点。

- 匿名电话的原始对话（不要加入受话人的推测判断）。
- 受话人的受话电话号码，受话时间，受话地点及通话时间。
- 受话人的情况：姓名，性别，年龄，工作部门，职务，民族，文化程度，个人成分。
- 受话人对匿名电话人的判断：对方年龄，性别，地方口音。
- 再次明确，匿名电话中针对的是什么航班。
- 必须了解，匿名电话有无指明劫机人姓名、特征，爆炸物放在什么位置、爆炸物的种类和数量。
- 必须了解，匿名电话警告人有无说明劫、炸机的目的，实施人的情况，并讲明自己的身份或隶属于何组织。
- 必须了解，匿名电话有无讲明警告、威胁的目的，有无提出敲诈的企图。
- 以及有无其他情况。

④ 除了掌握匿名电话的最初信息外，还必须掌握下列情况。

- 受威胁航班的飞行计划：飞行航路、航段、离港时间，及机组情况。
- 受威胁航班已知的商务资料：旅客名单、货邮配载记录、交运行李记录。
- 受威胁航班飞机的情况、飞机号、检修情况、供应品提供记录、供油记录、机型、适航性。

- 受威胁航班飞机的地面情况、停机位、交接情况、受监护情况。
- 受威胁航班前一航段情况、从何而来、运输情况。

⑤ 速将以上情况信息向紧急处置小组汇报。由紧急处置小组评价匿名电话的可信度，做出是否采取非法干扰应急处置措施的决定。

⑥ 应该在接获匿名判断针对某即将起飞的航班正受非法干扰的威胁同时，集结警力，待命出警。

⑦ 如果匿名电话的警告涉及爆炸可能的，应该向地方公安机关请求派出排爆专家赴机场协助排险。

（2）应急处置对策。

① 如果匿名电话警告中的威胁涉及爆炸物品，必须立即选择远离其他飞机及候机楼的停机位，作为紧急处置的现场。在迁移飞机的过程中，机场消防车必须尾随该受威胁的飞机到达指定的应急处置停机位，随时准备抢险救援。

② 机场公安机关必须对到达的飞机进行警戒，设定安全警戒圈。

③ 机场公安机关必须对匿名电话的情况进行调查，以便找出发话人。

④ 如果匿名电话声称要劫持飞机，必须通知航空公司立即停止旅客登机的计划。如果旅客已登机，应派出足够的便衣警察登机，协助安排旅客撤离飞机。

⑤ 旅客必须集中安排至隔离的休息室内，重新接受安全检查。

⑥ 如果匿名电话所威胁的航班还未开始办理值机手续，则应该：

- 专设柜台提供给此航班办理登机牌及交运行李手续。
- 机场必须加强对现场交运行李的安检及监管。
- 机场公安机关必须派出便衣警察对换取登机牌交运行李现场进行监视。
- 如果有条件，机场当局应设置专门的检查通道，让该航班的旅客进入隔离厅，并安排专门的隔离厅让旅客候机，防止经过检查的旅客与其他进入隔离厅的人员混合。
- 机场公安机关应派出便衣警察在受威胁航班的候机大厅内进行巡视，争取发现疑点。

（3）如果发现以下疑点，机场公安机关应当负责调查，以发现劫炸、机嫌疑人。

① 乘机旅客证件不符的。

② 携带或传递违禁物品的。

③ 购票却未办乘机手续的。

④ 办理乘机手续却未经过安检而登机的。

⑤ 办理乘机手续却没有登机的。

（4）如果匿名电话所威胁的航班旅客还未登机，则应组织该航班旅客及行李重新接受安全检查，检查的内容如下。

① 旅行证件及机票的检查，必须做到机票、登机牌、证件、旅客四者一致。

② 同时重新对旅客的交运行李进行 X 光安检，必须做到每件行李经过安检，同时要注意对检查过的交运行李计算其数量要与值机柜台交运行李数一致，同时还要注意行李票签上的目的地是否与受威胁航班一致。

③ 对受威胁的飞机重新清舱检查，受威胁的航空公司应该提供搜查清单，对该飞机

的客舱、货舱过道等部位重点检查。检查人员应由机长负责，由机务、公安、安检人员组成。

④ 在不延误航班的情况下，对所承运的货邮重新安检；否则应将所承运的货邮卸下，待检查完毕后再另行装机运输。

⑤ 安排对受威胁航班机上供应品进行检查。

（5）如果匿名电话中指明劫机嫌疑人的情况，机场公安机关必须根据其提供的线索采取措施。

① 通过旅客名单查证是否有该旅客，如果有必要重点检查，机场公安机关应当依靠安检验证及安全检查的途径查找疑点，以便可以直接对其盘问或扣留审查。如果无法发现疑点，必须派便衣警察对其实施技术侦察，力争发现新疑点。

② 迅速通过该旅客户口所在地公安机关了解其基本情况。

③ 根据上述两方面情况判断匿名电话的警告是否真实可信。

④ 如果匿名电话中指明爆炸物的位置，或者在检查中发现可疑物品，由排爆专家负责搬离、清除，在排爆专家到达之前任何人不要触摸、振动、移动该可疑物品。

⑤ 迅速清场，疏散周围群众，避免造成伤害。

⑥ 用防爆毯小心地遮盖可疑物品。

⑦ 机场公安机关发现可疑物品的来源，主要有以下方法：通过货运标签、交运行李标签、旅客座位、访问工作人员及周围的旅客。如查明来源，迅速查找嫌疑人，并视情况相应采取一定的侦察或强制措施。

（6）排除匿名电话所警告的威胁后，机场公安机关值班领导应迅速将对受威胁航班采取的安全保卫措施情况报告紧急处置领导小组，由紧急处置领导小组认定该航班是否放飞。

（四）飞行中匿名电话称要劫机、炸机或有爆炸物的处置

1. 适用范围

（1）如某航班在飞行中，接到匿名电话声称要劫持该航班飞机，或要炸该航班飞机，或称此航班飞机上有爆炸物的，适用本处置程序。

（2）受威胁的航空器一定是已从本场起飞或是准备在本场降落的。

2. 采取的措施

（1）迅速通知有关单位召开紧急处置会议，并成立紧急处置临时小组，应该参与的部门有机场领导、机场现场指挥部门、受威胁航空公司领导、空管部门、机场安检部门、机场消防部门、航空地面代理、机场公安机关。

（2）机场公安机关迅速派警力向匿名电话受话人查实匿名电话的具体情况，包括以下内容。

① 匿名电话的原始对话（受话人应在接听匿名电话的同时做好记录）。

② 受话人基本情况（姓名、性别、年龄、工作部门）。

③ 从受话人处了解打匿名电话人情况（性别、口音、大致年龄）。

（3）充实匿名电话时，必须了解以下内容。

① 匿名电话是否指明航班及所属航空公司。

② 匿名电话是否指明劫机人姓名、性别、年龄及有关特征。

③ 匿名电话是否指明爆炸物是什么形状，爆炸物放在什么位置，爆炸物是如何装上航空器的。

④ 匿名电话是否说明非法干扰的目的及有何要求。

（4）机场公安机关除了掌握匿名电话的原始情况外，还必须掌握下列情况。

① 受威胁航班的飞行计划：飞行航路、航段、离港时间、预计降落时间、机组情况。

② 受威胁航班的商务资料：旅客名单、货邮配载记录、交运行李记录。

③ 受威胁航班的其他情况：机上供应品记录、机上餐食记录、起飞前地面机务检修记录及供油记录。

（5）机场公安机关立即对匿名电话的来源进行调查，尽量找到打电话人。

（6）机场公安机关对乘机旅客名单进行排查，核实身份，是否能确定劫、炸机嫌疑人。

（7）将收集到的情况信息，向紧急处置领导小组汇报。

紧急处置小组对匿名电话的真实性进行评价，做出是否采取反非法干扰应急处置措施的决定。

（1）处置决定包括以下方面。

① 通知机组返航。

② 通知机组在就近机场备降。

③ 通知机组继续执行飞行计划。

（2）立即与该航班机组取得联系，告之航空器受威胁情况，并要求机组执行应急处置决定。

（3）如果已明确劫、炸机嫌疑人的，应将嫌疑人的姓名、性别、特征、座位号立即通知机组，以便机组尽快做好应急防范措施。

（4）如果已明确爆炸物放在什么位置，应立即通知机组搜寻并紧急处置。

（5）如采取上述决定时，航空器准备降落机场应立即做好抢险救援准备。

（6）如果航空器受到劫持威胁，应立即调动武装警力，待命出警。

（7）如果航空器受爆炸物威胁，机场当局应立即出动消防车待命。

受威胁航空器机组在获知威胁时，应采取以下措施。

（1）如已明确劫、炸机嫌疑人的，由机长视情决定是否采取制服劫、炸机嫌疑人的措施，但必须以确保飞行安全为前提。

（2）如受爆炸物威胁时，应立即组织机组人员对航空器客舱进行检查，检查范围包括以下方面。

① 旅客随身行李。

② 行李架。

③ 机上供应品，机上餐食。

④ 机上设施。

（3）如发现可疑物品，任何人不要触摸、振动、移动，并用防爆炸毯小心地遮盖住可疑物品。

（4）机上如有空余座位，应重新安排旅客就座，尽量远离可疑物品。

（5）及时向地面通报空中情况，要求地面做好应急救援准备。

（6）立即返航或者备降就近机场。

（7）机组在采取应急措施时，应尽量避免引起机上旅客的恐慌。

受威胁航空器降落后，应采取以下措施。

（1）受威胁航空器应停靠在指定应急处置停机位。

（2）受劫、炸机威胁的航空器停靠后，应派出足够的武装警察登机，扣留劫、炸机嫌疑人。

（3）如果无法确定劫机嫌疑人的，有必要将机上旅客及其随身行李进行集中，并重新接受安全检查。

（4）受爆炸物威胁的航空器停靠后，机组与紧急处置人员应迅速疏导机上旅客，使旅客有秩序地撤离受威胁的航空器。

（5）旅客撤离后，机场公安机关应以受爆炸物威胁的航空器为中心划定安全范围（根据实际情况），禁止无关人员进入。

（6）对受爆炸物威胁的航空器进行清舱检查，受威胁航空公司应该提供搜查内容及范围，检查人员应由机长负责，机务、公安、安检人员组成。

（7）对旅客交运的行李以及航空公司承运的货邮必须立即卸下并运至指定安全地点，重新按受安全检查。

（8）检查中发现的可疑物体，应由排爆人员负责搬离、清除，在排爆人员到达之前，任何人不要触摸、振动、移动该可疑物品。

（9）对确认的爆炸物，经排爆人员清除后，机场公安机关应迅速调查该物品的来源。

（10）如查明来源，应迅速查找嫌疑人。

参与紧急处置工作的各部门应当及时向紧急处置小组报告处置过程和处置结果。

是否已排除匿名电话所发出的威胁，应由紧急处置小组决定。

（五）冲击机场控制区、强行登占航空器拒不下机的处置

（1）不按所购机票指定的航班登机，或不按登机牌规定的座位对号入座，经民航地面或机上服务人员指出、劝阻，拒不改正的行为。常见的有几种情况。

① 冲击安检现场、登机口、航空器活动区等机场控制区，扰乱正常秩序。

② 航空器起飞前，旅客未经服务人员许可擅自更换座位，且拒不听劝阻。

③ 未经允许，强行登机。

④ 旅客无故拒不下机。

⑤ 持有机票，误上其他航班，经指出、劝阻仍不改正。

（2）如发生旅客强行登占航空器的情况，航空公司、机场有关领导应立即赶赴现场，向当事人做好宣传解释工作。

（3）运输服务部门按规定做好相关服务工作。

（4）公安机关处置程序。

① 公安机关接报后，迅速派人到达现场，协助运输服务部门维持秩序。

② 对劝离无效的行为人，则依法带离现场。

③ 发生打、砸、抢等扰乱治安秩序行为的，迅速将当事人带离现场，做好调查取证工作，并依法处理。

（六）飞行中损坏应急救生设备等危及安全行为的处置

（1）以下行为都属于危及安全行为的行为。

① 偷盗、违反规定开启或损坏机上应急救生设备。

② 未经许可进入驾驶舱或企图打开驾驶舱门。

③ 在洗手间内吸烟。

④ 殴打机组人员。

（2）偷盗、违反规定开启或损坏机上应急救生设备的处置。

① 机上应急救生设备，包括紧急脱离航空器的舱、门、梯等设施，供救生脱险用的救生衣、救生艇、灭火器、急救包箱，供报警呼救用的灯、光、点、色等设备物品。

② 对于偷窃、故意损坏应急救生器材设备的，应及时采取措施消除危险，并将行为人及相关证据移交公安机关处理。

③ 对于无意触碰、开启机上应急救生设备的，机组人员应及时制止。未造成后果的，可对行为人进行教育；致使设备损坏、造成严重后果的，机组人员应采取补救措施，并及时收集有关证据，移交公安机关依法处理。

④ 机长应指令机组人员在旅客登机后进行必要的通告和宣传，对机上应急设备进行经常性检查，航空安全员要注意及时收集非法行为证据。

（3）未经许可进入驾驶舱或企图打开驾驶舱门的处置。

① 机组人员发现旅客企图打开驾驶舱门时，应立即予以制止，并说明有关规定。

② 对不听劝阻企图强行进入者，航空安全员或其他机组人员应当立即将其制服，并采取管束措施。航空器降落后，移交机场公安机关处理。

（4）在洗手间内吸烟的处置。

① 根据规定，乘坐中国民航班机，禁止在机上吸烟。凡违反此规定，机组人员应立即予以制止。

② 要立即检查洗手间，消除火灾隐患。

③ 对不听劝阻者，应收缴其烟具予以暂时扣押，收集证物，并进行必要的证人、证言记录，待飞机降落后，交机场公安机关处理。

④ 机场公安机关接到报告后，应立即派员至航空器，及时受理，并做好调查取证工作，依法处理。

（5）殴打机组人员的处置。

① 当发生殴打机组人员事件时，航空安全员应立即制止。

② 对不听制止者予以制服，并采取管束措施。航空器降落后，移交机场公安机关处理。

本章思考题

1．国际民航组织附件 17 中针对非法干扰行为的确定包括哪几类行为？

2．简述非法干扰行为的基本含义。

3．民用航空非法干扰行为是如何分类的？

4．简述飞行中匿名电话劫机、炸机或有爆炸物的处置措施。

第九章

危险品航空运输事件的
应急处置

学习目标

1. 掌握危险品的分类及危险特性；
2. 掌握危险品航空运输事件的基本概念及分类；
3. 掌握危险品航空运输事件的判定条件；
4. 了解危险品事件的成因及特点；
5. 掌握处置危险品事件的关键技术；
6. 熟悉面对不同危险品事件时的应急处置。

危险货物是指在空运过程中，能够对健康、安全或财产造成重大风险的那些物品或物质。危险品的种类包括爆炸物、放射性物质、易燃和非易燃压缩气体、易燃和可燃液体、易燃的固体、氧化物、有毒物质、腐蚀剂病因原体、腐烂物等。危险品的污染对象包括人员、航空器、货物、机场建筑物、水源及其他设施。

第一节　危险品航空运输事件

一、危险品航空运输事件概念

危险品航空运输事件是指危险品事故、危险品事故征候及危险品一般事件。

危险品事故是指与危险品航空运输有关联，造成致命或者严重人身伤害或者重大财产损坏或者破坏环境的事故。

危险品事故征候是指不同于危险品事故，但与危险品航空运输有关联，不一定发生在航空器上，但造成人员受伤、财产损坏或者破坏环境、起火、破损、溢出、液体渗漏、放射性渗漏或者包装物未能保持完整的其他情况。任何与危险品航空运输有关并严重危及航空器或者机上人员的事件也被认为构成危险品事故征候。

危险品事故征候分为危险品严重事故征候和危险品一般事故征候。

危险品一般事件是指与危险品航空运输有关联，违反《民用航空危险品运输管理规定》，但不构成危险品事故或危险品事故征候的事件。

二、危险品航空运输事件的判定

（1）因航空运输危险品造成下列情形之一的，应当被判定为危险品事故。

① 人员死亡或重伤；其中，人员死亡是指自危险品事故发生之日起 30 天内，由本次事故导致的死亡。

② 重大财产损失，即直接经济损失 300 万元以上。

③ 重大环境损害，即《国家突发环境事件应急预案》中的突发环境事件。

（2）因航空运输危险品造成下列情形之一的，应当被判定为危险品严重事故征候。

① 航空器运行阶段，驾驶舱（内）、客舱（内）或货舱（内）起火或冒烟；机上人员携带的或机供品所含的锂电池在驾驶舱内或客舱内冒烟但未发现明火，机组人员及时发现并妥善处置，且不需要采取进一步措施，未造成航空器受损和人员轻伤的情形除外。

② 导致发生了运输航空严重事故征候。

③ 类似上述条款的其他情况。

因航空运输危险品造成下列情形之一的，应当被判定为危险品一般事故征候。

① 人员轻伤。

② 环境损害，但未构成《国家突发环境事件应急预案》中的突发环境事件。

③ 运输国际民航组织《危险物品安全航空运输技术细则》（以下简称《技术细则》）规定的在任何情况下禁止运输的危险品。

④ 未经批准运输需经民航管理部门批准方可运输的危险品。

⑤ 未经豁免运输需经民航管理部门豁免方可运输的危险品。

⑥ 机上人员携带的或机供品所含的锂电池在驾驶舱内或客舱内冒烟，但未构成危险品严重事故征候。

⑦ 在地面因危险品引起的起火。

⑧ 因危险品破损、溢出、液体渗漏、放射性渗漏或包装物未能保持完整的其他情况导致发生了运输航空一般事故征候。

⑨ 因危险品破损、溢出、液体渗漏、放射性渗漏或包装物未能保持完整的其他情况导致发生了航空器地面事故征候。

⑩ 类似上述条款的其他情况。

（3）因航空运输危险品造成下列情形之一的，应当被判定为危险品一般事件。

① 危险品破损、溢出、冒烟、液体渗漏、放射性渗漏或包装物未能保持完整等情况，但未构成危险品事故征候。

② 提供不真实的危险品运输相关文件。

③ 运输未按照《技术细则》的规定填写危险品运输相关文件的危险品。

④ 运输未按照《技术细则》的规定向机长提供信息的危险品。

⑤ 运输未按照《技术细则》的规定进行包装的危险品。

⑥ 运输未按照《技术细则》的规定加标记或贴标签的危险品。

⑦ 运输未按照《技术细则》的规定进行装载、隔离、分隔或固定的危险品。

⑧ 未经批准，在行李中运输需获得经营人批准方可运输的危险品。

⑨ 货物或邮件中运输未申报或错误申报的危险品。

⑩ 行李中运输《技术细则》禁止通过行李运输的危险品。

⑪ 类似上述条款的其他情况。

三、危险品航空运输事件的报告

危险品航空运输事件报告分为危险品紧急事件报告和危险品非紧急事件报告，实行分类管理。

下列情形属于危险品紧急事件。

（1）因危险品航空运输导致航空器受损或人员伤亡。

（2）危险品起火或冒烟。

（3）危险品破损、溢出、液体渗漏、放射性渗漏、包装物未能保持完整等情况，需要应急处置。

（4）类似上述条款的其他情况。

未列为危险品紧急事件的危险品航空运输事件为危险品非紧急事件。

四、报告程序

在我国境内发生的危险品航空运输事件按照以下规定报告。

（1）发生危险品紧急事件，事发相关企事业单位应当立即通过电话将事发时间、事发地点、事件描述、人员伤亡情况、已采取的措施、当前现场状况、航班号等信息向事发地监管局运输部门进行初始报告；监管局在收到事件信息后，应当立即报告所属地区管理局；地区管理局在收到事件信息后，应当立即报告民航局运输司。

（2）发生危险品紧急事件，事发相关企事业单位应当在事件发生后 12 小时内，使用危险品航空运输事件报告系统，按规范如实填报危险品航空运输事件信息报告表，主报事发地监管局，抄报事发地地区管理局、所属地地区管理局及监管局，并保存一份书面报告。

（3）发生危险品非紧急事件（不包括危险品一般事件中的第 9、10 条），事发相关企事业单位应当在事件发生后 48 小时内，使用危险品航空运输事件报告系统，按规范如实填报危险品航空运输事件信息报告表，主报事发地监管局，抄报事发地地区管理局、所属地地区管理局及监管局。

（4）发生危险品一般事件中的第 9、10 条的危险品非紧急事件，事发相关企事业单位应当进行月度汇总，每月使用危险品航空运输事件报告系统，统一报告上月事件发生数量。

第二节　危险品事件的特点

很多种类的危险品可采用空中运输，包括爆炸物、压缩可液化气体（可燃或有毒）、可燃液体或固体、氧化物、毒品、传染物、放射性物质或腐蚀物质。涉及危险品的救援及消防具有特殊性，紧急事件发生后，救援及消防人员要知道任何危险品的潜在危险，采用相关处置程序采取相应行动。

危险品事件的特点可总结为以下几点。

（1）普遍性：在各个环节都可能发生。

（2）复杂性：这是由危险品的种类繁杂且不易发现所决定的。

（3）突发性强，在事件发生之前往往无法意识到。

（4）扩散性，例如毒性气体或者放射性物质等，扩散性极强。

（5）连锁性：危险品事件的发生通常会引起其他不利事件的发生。

（6）不稳定性：在高温、高湿等极限条件下易发。

（7）伤害形式特殊且种类较多。

（8）救援难度大。

（9）广泛的社会性。

（10）经济损失大。

第三节　危险品事件应急处置关键技术

一、危险品事件的处置要求

发生有毒有害危险品泄露、污染或扩散等紧急事件时的应急救援工作。机场应急救援中，发生危险物品污染事件的种类如下。

（1）航空器失事或地面事故造成的危险物品泄露或污染。

（2）危险物品装卸过程中造成的泄露或污染。

（3）危险物品交运过程中造成的泄露或污染。

如果带有放射性物质的行李被损坏，需要立即得到放射性专家以及能够提供帮助的组织的协助。只要发现有破损的包装，而这种包装将伤害或影响飞机乘客的健康（特别是来自放射性的、病原的、毒性材料的影响），就要特别加以预防。应让受过培训的人员处理此类特殊问题，如果发现了危险品的包装袋破损，特别是放射性危险品、传染性的或毒品，应加以预防以保证乘客及救援人员的健康。

救援人员救援时应穿戴特殊防护服及防毒面具；在专业人员到达之间，不得擅自进入污染区，并应处于上风口；及时营救受害者并提供帮助；在专业人员的协助下，及时用毛毯等物品覆盖或包扎受害者，以减少传播和污染；及时将受害者送院治疗；在专业人员指导下，控制危险品的污染，防止扩散。主要有以下内容。

（1）对装有放射性物质或化学物质等危险物品的器具、包裹和集装箱等进行有效的隔离。

（2）发生危险品泄露或污染时，及时将现场可能遭受污染的人员疏散到污染源的上风口进行隔离。

（3）受污染的车辆、设备及其他物品，应接受专门消毒处理。

（4）受污染的食品、饮料及烟草等物品，按有关规定处理。

（5）受到污染或辐射的人员，须接受专门检查与治疗。

（6）在专业人员指导下，及时对遭受到危险品污染的物品及相关区域进行清理。救援人员救援结束以后必须接受检查，做好自身防护。

二、危险品航空运输事件的处置步骤

在怀疑有放射性物质的情况下，一般采取如下步骤。

（1）要求最近的危险品协助机构（核能机构、有放射性医疗的医院、部队基地或民防组织）迅速派出放射性医疗队抵达应急现场。

（2）隔离接触放射性物质的人员，直到经过放射性医疗队内科医生的检查为止。

（3）标识可疑物，经过检查并得到主管部门同意后再行处理，在现场所使用的衣物及设备须隔离直至得到放射性应急队伍的同意后方可接触隔离。

（4）不可使用怀疑已受污染的食品及饮用水。

（5）只允许穿适当服装的救援及消防人员在应急现场停留，其他人员应尽可能地远离现场。

（6）立即通知应急协同医院放射性物质的存在，便于医院内划出放射性物质清除区。

三、应急处置关键技术

（一）灭火

1. 一般规定

（1）危险物品一旦发生火灾，除了及时报火警之外，在专业消防人员到来之前，现场工作人员还应采取合适的灭火措施积极进行扑救，以尽量减少损失。

（2）不同性质的物质着火燃烧时，应选用不同的灭火剂。对于普通货物来说，选用任何一种灭火剂都可以达到灭火目的。对危险货物来说，灭火剂的选用有严格的要求；选用不当，不仅达不到灭火的目的，还会造成更大的火灾爆炸危害，给消防工作带来困难。

2. 各类危险物品灭火措施（见表 9-1）

表 9-1　各类危险物品灭火措施

危险品种类	灭 火 措 施
爆炸品	1. 现场抢救人员应戴防毒面具。 2. 现场抢救人员应站在上风口。 3. 用水和各式灭火设备扑救。 4. 禁用砂土灭火
气体	1. 现场抢救人员必须戴防毒面具。 2. 现场抢救人员应避免站在气体钢瓶的首、尾部。 3. 在情况允许时，应将火势未及区域的气体钢瓶迅速移至安全地带。 4. 用水或雾状水浇在气体钢瓶上，使其冷却，并用二氧化碳灭火器扑救
易燃液体	1. 现场抢救人员应戴防毒面具并使用其他防护用具。 2. 现场抢救人员应站在上风口。 3. 易燃液体燃烧时，可用二氧化碳灭火器、1211 灭火器、砂土、泡沫灭火机或干粉灭火机扑救。 4. 只有在确认该易燃液体比重大于水或与水互溶时，才可采用水灭火

续表

危险品种类	灭　火　措　施
易燃固体、自燃物质、遇水释放易燃气体物质	1．现场抢救人员应戴防毒口罩。 2．易燃固体中的铝铁溶剂及活泼金属，燃烧时可产生上千度的高温，遇水反应，产生可燃气体（如金属钠遇水产生氢气），有燃烧、爆炸的危险，故禁止用水灭火，也不宜用卤代灭火剂。除活泼金属外的易燃固体原则上可以用水、砂土及二氧化碳等灭火。 3．自燃物质中除烷基铝、烷基硼等少数物品不可用水扑救火灾外，其他自燃物品用水和砂土、石棉毯、干粉灭火都能取得良好的效果。 4．对于遇湿易燃物质——金属粉末，应严格禁止使用水、泡沫及潮湿的沙土灭火，可用干燥沙土或石棉毯进行覆盖，也可使用干粉灭火机扑救
氧化剂和有机过氧化物	1．这类物品中的过氧化钠、过氧化钾等无机过氧化物及过苯甲酸、过氧酸等有机过氧化物遇水会分解加强燃烧，故不可用水及泡沫灭火器灭火。有机过氧化物着火时，应该用砂土、干粉灭火机、1211灭火器或二氧化碳灭火器扑救。 2．其他氧化剂着火时，应该用砂土或雾状水扑救，并且要随时防止水溶液与其他易燃、易爆物品接触
毒性物质和感染性物质	1．现场抢救人员应做好全身性的防护，除了防毒面具之外，还应穿戴防护服和手套等。 2．现场抢救人员应站在上风口。 3．此类物品中的氰化钾、氰化钠等氰化物严禁用酸碱灭火器灭火，以免产生剧毒的氰化氢气体，造成扑救人员中毒。如硒化物、氟化锆及有毒金属粉（锑粉、铍粉）也不可用水及酸碱灭火，其他毒害品及传染性物品皆可用水及沙土灭火
放射性物质	1．现场抢救人员应使用辐射防护用具。 2．现场抢救人员应站在上风口。 3．应该用雾状水灭火，并要防止水流扩散而造成大面积污染
腐蚀性物质	1．现场抢救人员除了防毒面具外还应穿戴防护服和手套等。 2．现场抢救人员应站在上风口。 3．应该使用砂土、泡沫灭火机或干粉灭火机扑救。因一些强酸（如浓硫酸）、氯化物（如三氯化铝）及溴化物（如三溴化碘）等遇水反应强烈，故只有在确认用水无危险时，才可用水扑灭救火
杂项危险品	就目前列于该类的物品，皆可用水灭火

（二）发生溢出或泄漏的处置技术

如果发生溢出或泄漏的话，应按照下述步骤进行处理。

1．收集危险物品处置包或收集其他有用的物品

收集机上所设危险物品处置包，或寻找其他用来处理溢出物或泄漏物的物品，包括以下内容。

● 纸巾或报纸或其他具吸附性的纸张或织物（如坐垫套，枕套）。

● 烤箱手套或防火手套。

● 至少两个大的聚乙烯废品袋。

- 至少三个小一些的聚乙烯塑料袋，例如机上免税物品或吧台出售品的包装袋，如果没有以上物品，也可以使用清洁袋。

2. 戴上橡胶手套和防烟面罩

（1）在接触可疑的包装件或物品之前，应该时刻防护好手。在防火手套或烤箱手套外套聚乙烯塑料袋能够对手进行适当的保护。

（2）当处理伴有烟雾、浓烟或火焰的事故时，应该始终戴着气密型烟雾面罩。

3. 将旅客从发生事故的区域撤离

在充满烟雾或浓烟的客舱内，不能使用带有便携式氧气瓶的医用氧气面罩或供旅客用的坠落式氧气面罩，因为从氧气面罩的阀门或通气孔透入的大量的浓烟会被旅客吸入体内。在充满烟雾或浓烟的情况下，应使用湿毛巾或湿布捂住口鼻，因为湿毛巾或湿布能比干毛巾或干布更有效地帮助过滤空气。如果烟雾扩散，乘务员应该立刻采取行动，将旅客从这一区域转移开，必要时，给旅客提供湿毛巾或湿布，并指导旅客如何利用湿毛巾或湿布进行呼吸。

4. 将危险物品放进聚乙烯塑料袋内

（1）有危险物品处置包时

如果十分肯定危险物品不会产生问题，可以做出不移动危险物品的决定。然而，在大多数情况下，将这些物品移开则更好些，在移动这些物品时，应当按下列具体建议和步骤，将物品放进聚乙烯塑料袋内。

- 准备两个口边卷起的聚乙烯塑料袋，放置在地板上。
- 将危险物品放在第一个袋子里，保证危险物品包装的封口处或泄漏处朝上。
- 脱掉被污染的手套时，应避免皮肤与之接触。
- 将手套放进第二个袋子里。
- 将第一个袋子里多余的空气排尽；并且将开口的一端绕紧，并用捆扎带将袋口扎紧，但不要扎得太紧，以保持袋子的内外压力均衡。
- 将第一个袋子（装着物品）放进已装着橡皮手套的第二个袋子里，并且以同样方式将袋口扎紧。

（2）无危险物品处置包时

将危险物品拿起放进聚乙烯塑料袋内，保证其封盖或容器泄漏处方向朝上，在确认用来擦的物品不会和危险物品发生反应后，使用毛巾、纸巾、报纸等，把危险物品溢出物擦净，并将其放在另一个聚乙烯塑料袋内。手套和用于保护手的袋子应单独放入另一个袋子。如果没有多余的袋子，可以把毛巾、手套等和危险物品放在同一个袋子里。把袋子里多余的气体排出以后，将袋口扎紧，但不要封得太紧，以使袋子的内外压力均衡。

5. 存放聚乙烯塑料袋

（1）如果机上有食品或饮料储藏箱，可以将箱子腾空后，竖直放在地板上，将装有危险物品和脏毛巾等的塑料袋放进箱子，关上门；把箱子或塑料袋（若没有储藏箱）放在尽量远离驾驶舱和旅客的地方，如最低风险爆炸区。如果机上有厨房或卫生间，且远离驾驶舱，可以用他们来存放装危险物品的箱子或塑料袋。最好使用靠近后部的厨房或卫生间，并且不要把箱子或塑料袋紧靠着增压舱壁或机身内壁存放。使用厨房时，可以把箱子或塑料袋放在空垃圾箱内；使用卫生间时，箱子可以放在地板上，塑料袋可以放在空垃圾箱内，并从外将卫生间的门锁上。在增压的飞机上使用卫生间存放危险物品，浓烟会被排到飞机外，而不进入客舱；但是，对非增压的飞机，卫生间内的压力则不足以阻止浓烟进入客舱。

（2）移动箱子时，要始终保证箱子的开口朝上；移动塑料袋时，要保证盛装危险物品的容器始终直立，或者包装的泄漏处朝上。

（3）不论将箱子或塑料袋放在什么地方，都应塞牢，防止其移动，并保持直立。保证箱子或塑料袋的存放位置不会妨碍机上的应急撤离。

6. 将被污染的座椅靠垫等按危险物品来处理

撤下被危险物品溢出物污染了的座椅靠垫，与最初覆盖它们的塑料袋一起放入大袋子或聚乙烯塑料袋内，并按与处理造成该污染的危险物品的相同方式来处理。

7. 覆盖毯或地板上的危险物品溢出物

若有废袋子或聚乙烯塑料袋，可以用它们覆盖住地毯上或机上设备的危险物品溢出物；如果没有，可以使用清洁袋里面带塑料的一面，或使用带塑料封皮的应急信息卡。

8. 经常检查单独放置的物品/被污染的设备

为安全起见，应该经常对被单独放置或被覆盖的危险物品或被污染的设备等进行检查。

第四节　各类危险品事件应急处置

在危险品事件发生时，货运人员应根据事件的具体情况采取有效的措施，尽量把危害、损失控制在最低限度内。发生危险物品事件，应在安全距离范围立即设立隔离区域，严禁无关人员靠近。破损的危险物品包装件不得装入飞机或集装器，已经装入飞机或集装器的破损包装件，必须卸下，并要检查同一批货物的其他包装件是否有相似的损坏情况，将破损情况通知托运人或收货人，未经货运部门主管领导和技术主管部门同意，该包装件不得运输。毒性物质和感染性物质、放射性物质必须待专业人员到来进行处理。

对于急需中转运输的危险物品，如果包装件破损，应拍发电报通知第一运营人支付更换包装的全部费用，得到该运营人的确认后，按照运营人的指示处理。处理破损危险物品和危险物品事故时所使用的工具等应由专业技术部门进行处理。

（1）如发生人员被污染或损害，应：

① 进行紧急包扎或冲淋。

② 通知防疫和急救部门。

③ 情况紧急，应立即送往医院急救。

（2）如发生飞机或集装容器（包括拖斗）被污染或损害，应：

① 立即通知机长，飞机不得起飞，同时，通知公司 SOC，启动紧急程序。

② 装卸部门关闭被污染的舱门，以防污染扩散。

③ 由专业机构对飞机进行污染清除，直至确保不会再对公司员工以及旅客健康造成危害。

④ 公司运行控制部门通告飞机适航前，不得进行商务操作。

不同类别的危险品，因其自身的危险特性和反应特性不一样，处理方法也不一样，现在详细叙述如下。

一、第一类：爆炸品

进行爆炸品作业时，要进行无火花操作。在地面作业时，应轻装轻放，切勿震动、撞击，以防引起爆炸。不得猛力敲打。机械工具应有防火装置。

1. 收运后发现包装件破损时

（1）破损包装件不得装入飞机或集装器。

（2）已经装入飞机或集装器的破损包装件，必须卸下。

（3）检查同一批货物的其他包装件是否有相似的损坏情况。

（4）在破损包装件附近严禁烟火。

（5）将破损包装件及时转移到安全地点，并立即通知货运部门进行事故调查和处理。

（6）通知托运人或收货人。未经货运部门主管领导和技术主管部门同意，该包装件不得运输。

2. 发生火灾并可能危及爆炸品包装件的情况

（1）立即报火警，并说明现场存在爆炸品以及爆炸品的分类和数量。

（2）报火警时，说明现场所备有的消防器材。

（3）将爆炸品包装件抢运到安全距离之外。

3. 洒漏处理

（1）这里所指的洒漏处理是对运输的某一环节而言，危险品的运送作业已经完成，而对在运送作业环境，如货舱、车厢或仓库留有的危险品残余物的处理。

（2）对爆炸品的洒漏物，应及时用水润湿，撒以锯末或棉絮等松软物品，轻轻收集后并保持相当湿度，报请消防人员或公安部门处理。

4. 注意事项

（1）对于 1.4 项的爆炸品包装件，除了含卤素灭火剂的灭火器之外，可以使用任何灭火器。对于在特殊情况下运输的 1.1、1.2、1.3 或 1.5 项爆炸品，应由政府主管部门预先指定可使用的灭火器的种类。

（2）属于 1.4S 配装组的爆炸品，发生事故时，其爆炸和喷射波及范围很小，不会妨碍在附近采取消防或其他应急措施。

（3）对于 1.4S 配装组之外的 1.4 项爆炸品，外部明火难以引起其包装件内装物品的瞬时爆炸。

二、第二类：气体

1. 收运后发现包装损坏，或有气味，或有气体逸漏迹象

（1）破损包装件不得装入飞机或集装器。

（2）已经装入飞机或集装器的破损包装件，必须卸下。

（3）检查同一批货物的其他包装件是否有相似的损坏情况。

（4）包装件有逸漏迹象时，人员应避免在附近吸入漏出气体。如果易燃气体或非易燃性气体包装件在库房内或在室内发生逸漏，必须打开所有门窗，使空气充分流通。然后由专业人员将其移至室外。如果毒性气体包装件发生逸漏，应由戴防毒面具的专业人员处理。

（5）在易燃气体破损包装件附近，不准吸烟，严禁任何明火，不得开启任何电器开关，任何机动车辆不得靠近。

（6）通知货运主管部门进行事故调查和处理。

（7）通知托运人或收货人。未经货运部门主管领导和技术主管部门同意，该包装件不得运输。

2. 发生火灾并可能危及易燃气体或毒性气体包装件的情况

（1）立即报火警，说明现场有易燃气体或毒性气体包装件存在。

（2）报火警时，说明现场所备有的消防器材。

（3）将气体包装件抢运到安全距离之外。

3. 注意事项

（1）装有深冷液体的非压力包装件，如在开口处有少量的气体逸出，放出可见蒸汽并在包装附近形成较低温度，属正常现象，不应看作事故。包装件可按 DGR 的要求装载。

（2）在漏气包装件附近因吸入气体而出现中毒症状的人员，应立即送往医疗部门急救。

三、第三类：易燃液体

1. 收运之后发现包装件漏损

（1）漏损包装件不得装入飞机和集装器。

（2）已经装入飞机或集装器的漏损包装件，必须卸下。

（3）检查同一批货物的其他包装件是否有相似的损坏情况。

（4）在漏损包装件附近，不准吸烟，严禁任何明火，不得开启任何电器开关。

（5）如果易燃液体在库房内或机舱内漏出，应通知消防部门，并应清除掉漏出的易燃

液体。机舱被清理干净之前，飞机不准起飞。

（6）将漏损包装件移至室外，通知货运部门主管领导和技术部门进行事故调查和处理。

（7）通知托运人或收货人。未经货运部门主管领导和技术部门同意，该包装件不得运输。

2. 发生火灾并可能危及易燃液体包装件的情况

（1）立即报火警，说明现场有易燃液体包装件存在，并应进一步具体说明其性质（包括易燃液体的 UN 或 ID 编号、运输专用名称、包装等级等）及数量。

（2）报火警时，说明现场所备有的消防器材。

（3）将易燃液体包装件抢运到安全距离之外。

3. 洒漏处理

（1）在库房内或机舱内易燃液体漏出，应通知消防部门，并清除洒漏出的易燃液体。

（2）机舱在被清理干净之前，飞机不准起飞。

（3）易燃液体发生洒漏时，应及时以沙土覆盖或用松软材料吸附后，集中至空旷安全地带处理。覆盖时特别要注意防止液体流入下水道、河道等地方，以防污染，更主要的是如果液体浮在下水道或河道的水面上，其火灾险情更严重。

（4）在销毁收集物时，应充分注意燃烧时所产生的有毒气体对人体的危害，必要时应戴防毒面具。

4. 注意事项

如果包装件本身或漏出的液体起火，所使用的灭火剂不得与该易燃液体的性质相抵触。在这种情况下，通常不用水灭火。应按照消防部门根据易燃液体性质指示的方法灭火。

四、第四类：易燃、自燃和遇水易燃物质

1. 收运后发现包装件破损

（1）破损包装件不得装入飞机或集装器。

（2）已经装入飞机或集装器的破损包装件，必须卸下。

（3）检查同一批货物的其他包装件是否有相似的损坏情况。

（4）在破损包装件附近，不准吸烟，严禁任何明火。

（5）使任何热源远离自燃物品的包装件。

（6）对于遇水燃烧物品的破损包装件，避免与水接触，应该用防水帆布盖好。

（7）通知货运部门主管领导和技术部门进行事故调查和处理。

（8）通知托运人或收货人。未经货运部门主管领导和技术部门同意，该包装件不得运输。

2. 发生火灾并可能危及易燃、自燃和遇水易燃物质包装件的情况

（1）立即报火警，说明现场有易燃固体（或自燃物品或遇水燃烧物品）包装件存在，并

进一步具体说明其性质（包括它的 UN 或 ID 编号、运输专用名称、包装等级等）及数量。

（2）报火警时，说明现场所备有的消防器材。

（3）将此类危险物品包装件抢运到安全距离之外。

3. 散漏处理

易燃物品散漏量大的可以收集起来，另行包装，收集的残留物不得任意排放、抛弃，应做深埋处理。对与水反应的散漏物处理时不能用水，但清扫后的现场可以用大量的水冲洗。

4. 注意事项

如果包装件自身起火，所使用的灭火剂不得与内装物品的性质相抵触，对于 4.3 项遇水燃烧物品的包装件，不准用水灭火。应按照消防部门根据危险物品性质指示的方法灭火。

五、第五类：氧化剂和有机过氧化物

1. 收运后发现包装件漏损

（1）漏损包装件不得装入飞机或集装器。

（2）已经装入飞机或集装器的漏损包装件，必须卸下。

（3）检查同一批货物的其他包装件是否有相似的损坏情况。

（4）在漏损包装件附近，不准吸烟，严禁任何明火。

（5）其他危险物品（即使是包装完好的）与所有易燃的材料（如纸、硬纸板、碎布等）不准靠近漏损的包装件。

（6）使任何热源远离有机过氧化物的包装件。

（7）通知货运部门主管领导和技术部门进行事故调查和处理。

（8）通知托运人或收货人。未经货运部门主管领导和技术部门同意，该包装件不得运输。

2. 发生火灾并可能危及氧化剂或有机过氧化物包装件的情况

（1）立即报火警，说明现场有氧化剂或有机过氧化物包装件存在，并应进一步说明其性质及数量。

（2）报火警时，说明现场所备有的消防器材。

（3）将氧化剂或有机过氧化物的包装件抢运到安全距离之外。

3. 散漏处理

（1）对较大量的氧化剂散漏，应轻轻扫起，另行灌装。这些从地上扫起重新包装的氧化剂，因接触过空气，为防止发生变化，应储存在适当地方，观察 24 小时以后，才能重新入库堆存，再另行处理。

（2）对散漏的少量氧化剂或残留物应清扫干净，进行深埋处理。

4. 注意事项

有机过氧化物的包装件在靠近较强热源时，即使包装完好无损，里面的有机过氧化物的化学性质也会变得不稳定，随时都有爆炸的危险。当发生火灾时，应将这种包装件移至安全地方，必须由消防部门对其进行处理。

六、第六类：毒性物质和感染性物质

1. 收运后发现毒性物质包装件漏损，或有气味，或有轻微的渗漏

（1）漏损包装件不得装入飞机或集装器。

（2）已经装入飞机或集装器的漏损包装件，必须卸下。

（3）检查同一批货物的其他包装件是否有相似的损坏情况。

（4）现场人员避免皮肤接触漏损的包装件，避免吸入有毒蒸气。

（5）搬运漏损包装件的人员，必须戴上专用的橡胶手套，使用后扔掉；并且在搬运后5min 内必须用流动的水把手洗净。

（6）如果毒害品的液体或粉末在库房内或机舱内漏出，应通知卫生检疫部门，尤其对被污染的库房、机舱及其他货物或行李消除污染。在消除机舱的污染之前，飞机不准起飞。

（7）将漏损包装单独存入小库房内，然后通知货运部门主管领导和技术主管部门进行事故调查和处理。

（8）通知托运人或收货人。未经货运部门主管领导和技术部门同意，漏损的包装件不得运输。

（9）对于毒性物质发生漏损事故时，如有意外沾染上毒性物质的人员，无论是否有中毒症状，均应立即送往医疗部门进行检查和治疗。为了有助于检查和治疗，应向医生说明毒性物质的运输专用名称。在紧急情况下，必须及时通知最近的医疗抢救部门。急救部门的电话号码应长期写在库房、办公室和可能发生事故地点的明显之处，以备急用。

2. 收运后发现感染性物质包装件漏损或有轻微的渗漏

（1）漏损包装件不得装入飞机或集装器。

（2）已经装入飞机或集装器的漏损包装件，必须卸下。

（3）检查同一批货物的其他包装件是否有相似的损坏情况。

（4）对漏损包装件最好不移动或尽可能少移动。在不得不移动的情况下，如从飞机上卸下，为减少传染的机会，只由一人进行搬运。

（5）搬运漏损包装件的人员，严禁皮肤直接接触，必须戴上专用的橡胶手套。手套在使用后用火烧毁。

（6）距漏损包装件至少 5m 范围内，禁止任何人进入，最好用绳索将这一区域拦截起来。

（7）及时向环境保护部门和卫生防疫部门报告，并说明如下情况。

① 危险物品申报单上所述的有关包装件的情况。

② 与漏损包装件接触过的全部人员名单。

③ 漏损包装件在运输过程中已经过的地点，即该包装件可能影响的范围。

（8）通知货运部门主管领导和技术主管部门进行事故调查和处理。

（9）严格按照环保部门和检疫部门的要求，消除对机舱、其他货物和行李以及运输设备的污染，对接触过感染性物质包装件的人员进行身体检查，对这些人员的衣服进行处理，对该包装进行处理。

（10）通知托运人和收货人。未经检疫部门的同意，该包装件不得运输。

3. 散漏处理

（1）如果毒害品的液体或粉末在库房内或机舱内漏出应通知卫生检疫部门，并由其对污染的库房、机舱及其他货物或行李进行处理。在消除污染之前，飞机不准起飞，一般来说，对固体毒害品，通常扫集后装入其他容器中。液体货物应以砂土、锯末等松软材料浸润，吸附后扫集盛入容器中。对毒害品的散漏物不能任意乱丢或排放，以免扩大污染，甚至造成不可估量的危害。

（2）对于感染性物质洒漏物，应严格按照环保部门和检疫部门的要求消除对机舱、其他货物和行李以及运输设备的污染，对接触过感染性物质包装件的人员进行身体检查，对这些人员的衣服及该包装件进行处理。

七、第七类：放射性物质

收运后，包装件无破损、无渗漏现象，且封闭完好，但经仪器测定，发现运输指数有变化，如果包装件的运输指数大于申报的 1.2 倍，应将其退回。

1. 收运后发现包装件破损，或有渗漏现象，或封闭不严

（1）包装件不得装入飞机或集装器。

（2）已经装入飞机或集装器的破损包装件，必须卸下。搬运人员必须戴上手套作业，避免被放射性物质污染。

（3）检查同一批货物其他包装件是否有相似的损坏情况。

（4）将破损包装件卸下飞机之前，应该划出它在机舱中的位置，以便检查和消除污染。

（5）除了检查和搬运人员之外，任何人不得靠近破损包装件。

（6）查阅危险物品申报单，按照"ADDITIONAL HANDLING INFORMATION"栏中的文字说明，采取相应的具体措施。

（7）破损包装件应放入机场专门设计的放射性物质库房内。如果没有专用库房，应放在室外，距破损包装件至少 5m 之内，禁止任何人员靠近，应该用绳子将这一区域拦起来并要做出表示危险的标记。

（8）通知环境保护部门和（或）辐射防护部门，由他们对货物飞机及环境的污染程度进行测量和做出判断。

（9）必须按照环保部门和（或）辐射防护部门提出的要求，消除对机舱、其他货物和行李以及运输设备的污染。机舱在消除污染之前，飞机不准起飞。

（10）通知货运部门主管领导和技术主管部门对事故进行调查。

（11）通知托运人或收货人。未经货运部门主管领导和技术货运部门同意，该包装件不得运输。

2. 注意事项

（1）在测量完好包装件的运输指数或破损包装件及放射性污染程度时，应注意使用不同的仪器。

（2）根据国际民航组织和国际原子能机构的规定，飞机的任何可接触表面的辐射剂量当量率不得超过 5μSv/h（5 微西沃特/小时），并且非固定放射性污染不得超过表 9-2 中的标准，否则飞机必须停止使用。

表 9-2　机舱可接触表面非固定放射性污染的最高允许限度表

射 线 种 类	污染最高允许度 Bq/cm^2
β 和 γ 辐射以及低毒的 α 辐射	0.4
所有其他的 α 辐射	0.04

（3）受放射性污染影响的人员必须立即送往卫生医疗部门进行检查。

八、第八类：腐蚀性物质

1. 收运后发现包装件漏损

（1）漏损包装件不得装入飞机或集装器。

（2）已经装入飞机或集装器的漏损包装件，必须卸下。

（3）检查同一批货物的其他包装件是否有相似的损坏情况。

（4）现场人员避免皮肤接触漏损的包装件和漏出的腐蚀性物质，避免吸入其蒸气。

（5）搬运漏损包装件的人员，必须戴上专用的橡胶手套。

（6）如果腐蚀性物质漏洒到飞机的结构部分上，必须尽快对这一部分进行彻底清洗，从事清洗的人员应戴上手套，避免皮肤与腐蚀性物质接触。一旦发生这种事故应立刻通知飞机维修部门，说明腐蚀性物质的运输专用名称，以便及时做好彻底的清洗工作。

（7）其他危险物品（即使是包装完好的）不准靠近该漏损包装件。

（8）通知货运部门主管领导和技术主管部门进行事故调查和处理。

（9）通知托运人或收货人，未经货运部门主管领导和技术主管部门同意，该包装件不得运输。

2. 散漏处理

腐蚀性物质散漏时，应用干沙、干土覆盖吸收后再清扫干净，最后用水冲刷。当大量溢出或干沙干土量不足以吸收时，可视货物的酸碱性，分别用稀碱、稀酸中和，中和时注意不要使反应太剧烈；用水冲刷时，不能直接喷射上去，而只能缓缓地浇洗，防止带腐蚀性水珠飞溅伤人。

3. 注意事项

（1）发生漏洒事故后，如果清洗不彻底而飞机的结构部分上仍残留少量的腐蚀性物质，这很可能削弱飞机结构的强度，其后果是不堪设想的。因此，要通知飞机维修部门仔细检查飞机的结构部分，应该拆除地板或某些部件。

（2）为了彻底清洗，有必要使用化学中和剂。

九、第九类：杂项危险物品

收运后发现包装件破损：

（1）破损包装件不准装入飞机或集装器。

（2）已经装入飞机或集装器的破损包装件，必须卸下。

（3）检查同一批货物的其他包装件是否有相似的损坏情况。

（4）检查飞机是否有损坏情况。

（5）通知货运部门主管领导和技术主管部门进行事故调查和处理。

（6）通知托运人或收货人。未经货运部门主管领导和技术主管部门同意，该包装件不得运输。

第五节　锂电池机上应急处置指南

"中国民用航空安全信息系统"数据显示，2015 年以来航空运输行李、货物中由锂电池引发的起火/冒烟事件多发。作为国际民航组织《危险物品安全航空运输技术细则》规定的第 9 类危险品，锂电池起火/冒烟时具有高温、燃爆等特殊危险性，在进行应急处置时与机上其他火情的处置程序不尽相同。机组人员只有掌握正确科学的方法，才能更好地实施及时有效的应急处置，从而保障飞行安全。2017 年 12 月 1 日下发了《锂电池机上应急处置指南》，2018 年 3 月 1 日开始实施。

一、客舱内锂电池应急处置程序和注意事项

（一）客舱内锂电池应急处置程序

客舱内锂电池应急处置程序如表 9-3 所示。

表 9-3　客舱内锂电池应急处置程序

步骤说明	客舱机组行动	飞行机组行动
1．查明原因，明确信息	（1）查明物品，确认由锂电池引发 （2）掌握事件发生位置、现象、涉及人员，确定处置措施 （3）维持客舱秩序，安抚旅客，必要时进行人员疏散转移	
2．报告情况，保持联络	立即向机长报告，保持联络，在必要时进行持续报告	（1）视情向空中交通管制部门（ATC）报告 （2）保持与客舱机组联络 （3）视情做好防护，按手册启动相应程序 （4）保持驾驶舱门关闭，做好进一步应急处置准备
3．切断电源（适用时，此步骤也许已在查明原因环节完成）	（1）关闭含锂电池设备电源 （2）断开含锂电池设备的外接电源或与该设备相连的机上电源 （3）断开机上相关电源	按非正常检查单完成相关程序
4．实施灭火处置	（1）按事发位置，实施相应灭火处置，注意人员安全防护 （2）准备冷却用容器 （3）做好进一步应急处置准备 （4）向机长报告处置情况	
5．冷却降温	（1）用水或其他不可燃液体对锂电池、含锂电池设备或相关行李进行淋洒降温 （2）评估灭火后锂电池或含锂电池设备状态是否趋于稳定。如可能，由做好个人防护的人员将其从行李中取出继续进行冷却或在行李相应位置处开口向内灌水冷却	
6．移动和监控	（1）确认灭火后的设备不再出现冒烟等现象，状态稳定后，使用注入水的垃圾箱、冰桶等辅助工具移动其至风险较小区域 （2）指派专人监控 （3）记录事件经过，留存相关物证 （4）向机长报告处置情况	（1）保持与客舱机组联络 （2）做好进一步应急处置准备
7．落地后处置	（1）向相关人员报告并移交相关物证 （2）配合事件调查和报告的相关工作	（1）向相关人员报告并移交相关物证 （2）配合事件调查和报告的相关工作

（二）注意事项

1. 机上处置资源

（1）应急设备和辅助工具。机上可用于锂电池应急处置的设备有灭火设备和防护设备。灭火设备包括海伦灭火瓶、水灭火瓶等，防护设备包括防护式呼吸保护装置、防火手套等。除这些设备外，机组人员可以考虑使用机上易得物品作为锂电池应急处置的辅助工具。例如，碳酸饮料、茶水、咖啡、果汁等不可燃液体可以用来实施灭火和冷却处置；湿毛毯、湿枕头等可以用来防止火源周围的物品被引燃和火势蔓延；机供品箱、冰桶、垃圾箱、餐车可以作为冷却或移动相关物品的容器；湿毛巾可以作为隔热防护用品等。

（2）援助者。在机组人员的数量或力量不足以顺利实施应急处置时，应考虑挑选机上其他适合的人员作为援助者，协助机组完成相关处置工作。援助者可以考虑选择航空公司雇员、军人、警察或其他身体状况适宜的旅客。机组人员应告知援助者需要其协助的工作，并确认其已理解告知的内容。

2. 查明原因

当客舱内出现起火/冒烟事件时，应考虑事件是否由锂电池引发，客舱机组须立即向周围人员询问甄别，尽量确定起火/冒烟物品的性质及位置。如涉事物品所处位置较隐蔽，应根据其产生的火光、烟雾或热量确定其大致位置。只有确认起火/冒烟事件由锂电池引发后，才可以按照规定的程序进行应急处置。

3. 客舱秩序维护

锂电池燃烧会发出火光，产生大量烟雾，甚至出现燃爆现象，容易造成机上旅客恐慌。为避免由此带来其他的客舱安全隐患，客舱机组在应急处置之初应注意控制客舱秩序，并在整个处置过程中自始至终监控客舱安全。在必要时，客舱机组应转移和疏散旅客，并随时提醒就坐旅客系好安全带。

经营人应考虑制定在客舱座位满员的情况下疏散转移相关区域旅客的办法，并在公司指导文件和训练中向客舱机组人员进行相应的指导和说明，以确保应急处置中机上旅客可以得到妥善安置。

4. 向机长报告的要素

发生锂电池起火/冒烟事件时，客舱机组应立即将相关情况准确、客观、简洁地向机长报告。在随后应急处置的必要节点，客舱机组应及时和持续地进行报告，以便机长和飞行机组随时了解危险状况及处置效果，判断事态趋势并采取进一步行动。经营人应根据本公司实际情况明确报告的要素，具体内容如表 9-4 所示。

表 9-4　锂电池机上应急处置报告要素

节　　点	报 告 项	要　　素
初发阶段（第一时间）	位置	涉事物品或行李所处位置，如行李架内、座椅下方、走道、相关座位号等
	人员	有无人员受伤，是否已确认涉事物品或行李的所属人，客舱秩序和旅客情况等
	现象	见明火/冒烟、声音、势态（颜色/气味/热度）等
	初判原因	是否由锂电池引发
	处置措施	是否实施应急处置，是否启用应急设备，已经或正在采取的行动等

续表

节　　点	报告项	要　　素
处置阶段（持续整个处置过程）	位置	涉事物品或行李是否转移
	人员	有无人员受伤，客舱秩序和旅客情况
	现状或趋势	应急处置是否有效，事件是否得到控制，机体是否受损，客舱内烟雾情况等
	确认原因	是否已确认引发事件的原因
	处置措施	应急设备使用情况，采取的应急处置措施等
监控阶段（有效处置后）	位置	涉事物品或行李是否转移到风险较小区域或其他位置等
	人员	有无人员受伤，客舱秩序和旅客情况等
	现状	涉事物品或行李和周围环境的监控情况，机体是否受损，客舱内烟雾情况等
	确认原因	是否已确认引发事件的原因
	处置措施	应急设备使用情况，采取的应急处置措施等
	记录和取证	事件记录以及相关人员的取证情况

5. 灭火小组

形成灭火小组实施锂电池应急处置程序是锂电池机上应急处置的有效方式之一。小组可以由若干个客舱机组人员，或一名飞行机组人员和若干客舱机组人员组成，通常依据航前准备的号位划分来确定职责，也可以根据当时情况由机长或客舱机组主管协定调配。处置过程中，灭火小组应至少有一人佩戴防护设备。

6. 人员防护

在处置中应始终以保障机上人员的人身安全为首要原则，使用所有可利用资源，做好人员防护。

为及时进行处置，承担主要消防员职责的客舱机组人员可能无法及时穿戴好相应的防护设备。客舱机组在飞行前准备阶段应考虑到此类状况，根据当天航班的情况准备相应的物品或工具以备应急之需，如在操作间明显位置放置湿的餐巾、湿毛巾用作衬垫或掩住口鼻等。

处置中应及时向旅客发布必要的安全提示，对防护方法进行指导，并提供适当的防护用品。如在烟雾较大时提醒旅客保持低姿态，分发湿毛巾，或提示旅客用衣服或座椅上的头片掩住口鼻。若需要离开驾驶舱协助客舱机组灭火，飞行机组人员在离开驾驶舱前应佩戴防护式呼吸装置。若需要协助紧急撤离工作，在怀疑客舱有烟雾或烟尘时，飞行机组人员也应佩戴防护式呼吸装置。

7. 灭火处置

机上配备的海伦灭火瓶、水灭火瓶、水或其他不可燃液体均可用于扑灭锂电池火情，防止火势蔓延。但因锂电池的特殊危险性，海伦灭火瓶无法彻底扑灭锂电池火情，仅可扑灭锂电池燃烧的外部火焰，阻止周围物品的燃烧。水灭火瓶既可消除明火又具有一定的冷却作用，可作为锂电池机上应急处置的首选（若起火物品不明，应遵照公司手册的一般灭火程序实施灭火，确认由其他物品引起的，应遵照相应程序处置），但使用时应考虑避开驾驶舱飞行仪表区域或客舱内操作面板等电子设备。

禁止使用灭火毯等类似用品覆盖或包裹锂电池或含锂电池设备灭火；禁止移动或从行李中取出正在起火/冒烟的锂电池或含锂电池设备；禁止从含锂电池设备中取出正在起火/冒烟/发热的锂电池。

8. 冷却和监控

在有效实施灭火处置后，应立即用水或其他不可燃液体对锂电池、含锂电池设备或相关行李进行淋洒冷却降温，防止锂电池复燃。

禁止使用冰块或干冰覆盖锂电池或含锂电池设备进行冷却，有少量冰块的冰水可用于冷却。

水或其他不可燃液体淋洒到起火/冒烟的锂电池或含锂电池设备上时可能会产生蒸汽，为避免灼伤，处置中应做好人员防护。对于放置在行李内的锂电池或含锂电池设备，如行李材质为防水材料，或行李体积较大不便冷却时，应评估涉事锂电池或含锂电池设备状态是否趋于稳定，如可能，由做好个人防护的人员将其从行李中取出继续进行冷却；或根据询问行李所属人和发热位置确定火源大致位置后，在行李相应位置处开口向内灌水冷却。

确认冷却后的锂电池或含锂电池设备状态稳定后，由做好个人防护的人员使用注入水的垃圾箱、冰桶等辅助工具将其移动至盥洗室、操作间、最低爆炸风险区等风险较小区域，指定客舱机组人员负责监控，直至落地后移交。

锂电池或含锂电池设备仅出现发热迹象，但未起火/冒烟时，应确认设备电源关闭后，在采取适当防护的前提下，采取冷风机吹冷或置于装有冰块的不渗漏袋子上等降温方式对其进行冷却。冷却时应由专人在适当区域监控，监控可由设备所属人进行，但客舱机组应确保随时可以采取进一步处置，并提前将可能采取的措施告知设备所属人。

二、驾驶舱内锂电池应急处置程序和注意事项

（一）驾驶舱内锂电池应急处置程序

驾驶舱内锂电池应急处置程序如表 9-5 所示。

表 9-5　驾驶舱内锂电池应急处置程序

步骤说明	飞行机组行动	客舱机组行动
1. 查明原因，明确信息	（1）确认起火/冒烟由锂电池引发 （2）确定启动的处置程序	
2. 报告与通信联络	（1）视情向 ATC 报告 （2）适用时，通知客舱机组，做好应急处置的援助准备	按飞行机组指令做准备

续表

步骤说明	飞行机组行动	客舱机组行动
3. 适用时，切断电源	（1）关闭相关设备电源 （2）断开相关设备的外接电源或与该设备相连的机上电源	
4. 实施灭火处置	（1）做好自身防护 （2）按相关手册实施灭火程序	按飞行机组指令采取行动
5. 冷却降温和移动	确认其状态稳定后，使用注入水的垃圾箱、冰桶等辅助工具将其移出驾驶舱至风险较小区域	按飞行机组指令采取行动
6. 监控	交由客舱机组进行监控，无客舱机组时指定专人监控	向机长报告处置情况
7. 落地后处置	（1）向相关人员报告并移交相关物证 （2）配合事件调查和报告的相关工作	（1）向相关人员报告并移交相关物证 （2）配合事件调查和报告的相关工作

（二）注意事项

（1）锂电池燃烧时会释放大量的烟雾和刺激性气体，飞行机组应遵循相关手册要求做好自身防护，必要时按要求使用氧气面罩；实施灭火的飞行人员应在安全无烟区域佩戴好防护式呼吸装置和防火手套。

（2）驾驶舱内对锂电池或含锂电池设备实施灭火时应使用海伦灭火瓶。

（3）驾驶舱内实施灭火时，应注意避开飞行仪表区域，或使用适当方式对飞行仪表区域进行保护。

（4）实施应急处置时，机组人员应做好着陆和启动其他应急程序的准备。

三、货舱内锂电池应急处置程序和注意事项

（一）货舱内锂电池应急处置程序

货舱内锂电池应急处置程序如表9-6所示。

表9-6　货舱内锂电池应急处置程序

步骤说明	飞行机组行动	客舱机组行动（适用时）
1. 发现货舱火警，确定起火源	（1）确定起火源位置、现象、涉及人员，确认应采取的相应措施 （2）确认货物中是否含有锂电池或含锂电池设备	
2. 启动应急处置程序	按相关手册启动应急处置程序	
3. 报告与通信联络	（1）向ATC报告，准备着陆和相应的地面援救 （2）如运载危险品，报告相关情况 （3）适用时，通知客舱机组准备降落或采取其他协助	按飞行机组指令采取行动

续表

步 骤 说 明	飞行机组行动	客舱机组行动（适用时）
4. 做好自身防护	戴好烟雾护目镜、氧气面罩或防护式呼吸装置	
5. 着陆	（1）按 ATC 指挥到最近合适机场着陆 （2）货舱火情未得到有效控制时，请求优先着陆及地面援助	按飞行机组指令采取行动
6. 落地后处置	（1）着陆后尽快撤离飞机 （2）按机场指示开展地面的应急响应行动 （3）配合事件调查和报告的相关工作	（1）按飞行机组指令采取行动 （2）配合事件调查和报告的相关工作

（二）注意事项

（1）为防止烟雾或刺激性气体进入驾驶舱，应始终保持驾驶舱门关闭。

（2）机上载有锂电池货物时，无论是否明确火警是锂电池燃烧引起的，都要将相关情况报告地面相关部门，请求着陆后的地面应急处置支援。

（3）如飞行机组人员须进入货舱确认火源和火情，应在无烟区佩戴好防护式呼吸保护装置、防火手套和其他必要护具，携带手电、灭火瓶等应急设备。

（4）着陆后，通知地面人员在所有机上人员撤离且地面消防等救援到位后，才能打开货舱门。

本章思考题

1. 在机场应急救援工作中，可能遇到的危险品有哪些？
2. 危险品航空运输事件的处置过程中的关键技术有哪些？
3. 各类危险品航空运输事件中包括哪些内容？
4. 简述危险品航空运输事件的基本含义及分类。
5. 简述危险品航空运输事件的报告要求。

第十章
机场建筑物火灾应急处置

学习目标

1. 掌握机场建筑物火灾危险性；
2. 掌握机场各建筑物的火灾特点；
3. 掌握机场建筑物火灾应急处置的一般程序；
4. 了解机场各建筑物火灾的灭火处置措施。

第一节　机场建筑物火灾危险性及特点

对于旅客来说，"机场"这个名词更多地解读成航站楼，航站楼作为机场"三区"中重要的"一区"有着举足轻重的地位，但是机场不仅仅有航站楼，还包括非常多的其他功能的建筑物及附属建筑物，例如停车楼、飞机库、航油库、塔台等。这些建筑的火灾危险性不同，火灾特点各异，扑救时采用的方式方法也就截然不同。

机场场区按照火灾危险性，以及发生火灾后给人民生命财产安全及损失大小，分为如下几类建筑物及附属建筑物。

一、航站楼

以某机场 T3 航站楼为例，其建筑特点：该 T3 航站楼为钢筋混凝土和钢结构组合形式。总建筑面积 24.8 万平方米，建筑高度 36m。共划分了 34 个防火分区，设有可供安全疏散的封闭楼梯间 22 个，室外楼梯 28 个。T3 航站楼外形为"U"，由主楼和两个指廊组成，为国际和国内旅客合用的两层式航站楼。主楼外侧弧长 388m，机场内侧弧长 653m，最大进深 120m；A、B 指廊对称布置，指廊长度 198m。地下一层为部分设备机房和通往地铁线的通道层；地下二层为穿越 T3 航站楼的城市地铁和下穿汽车通道，地上一层为到港层；二层为离港层；中间夹层为旅客到港通道。

T3 航站楼具有人口密集、流动量大、人员既有相对固定（办票、候机、购物、就餐等）也有流动人员（上、下飞机进出港）。T3 航站楼采用了钢柱及钢结构屋面，防排烟系统则采用机械排烟和自然排烟相结合的方式。正常业务广播和消防广播共用，在消防中心设置广播系统的手/自动切换装置，当火灾发生后，消防中心发出警报信号，同时可以手/自动把正常广播切换为消防广播，指挥疏散。消防中心同时启动火灾区域的声光报警设备进行报警。T3 航站楼的给排水设计方案，室内消火栓、消防水炮、自动喷水灭火系统等不设屋顶水箱，采用稳高压给水系统。在航站楼地下室设有消防水池及消防泵房。发生火情时由消防水泵抽取消防水池内消防储备水灭火。T3 航站楼的电信机房、进线间、变电站、数据库备份机房、UPS 间、离港机房、弱电中心机房、资料室、安检信息监控机房、UPS 间、指挥中心等房间设计全淹没 IG541（INERGEN）气体灭火系统。根据 21 个气体灭火保护房间在楼内的分布情况，共设计 11 套全淹没气体保护灭火系统。系统设有专门的气瓶间。各系统均可在消防监控室内控制。

建筑特征分析：随着民用航空的大力发展，机场已从过去的单一功能（办票、候机、登机）候机楼向航站楼、航空港转变，逐步发展成为大空间、多功能的综合枢纽。

一般机场航站楼包括以下几大功能区域。

- 出港大厅、旅客值机区域、安检区域、隔离大厅、进港大厅等。
- 驻场单位办公区、餐饮娱乐区域、零售百货区域等。
- 航站楼信息机电及设施设备用房等。
- 停车楼、停车场及地面综合交通枢纽建筑。

新建或改扩建航站楼以现代化建筑风格为主，大多采用单一大屋顶结构形式，这种结构形式的建筑通常以大空间为主，上层空间相通，难以划分防火分区。机场航站楼的使用性质和建筑特点决定了其内部火灾荷载和人员组成的复杂性，并且在出港大厅和进港大厅等区域人员密度高，加之航站楼内人员通常对建筑内部疏散路线、安全出口位置、消防设施设备的设置位置等信息不了解，这些因素都将影响航站楼火灾的扑救的时间和效果。

火灾特点：现代航站楼这种大空间建筑结构形式给消防安全提出了新课题，如防火分区面积过大以及疏散距离过长，超出了现行规范要求，这些都给安全带来了不确定性。航站楼中火灾种类具有多样性、火灾荷载大，一旦发生火灾易产生烟雾，并通过上层联通空间迅速蔓延至其他区域，形成立体火灾。易导致人员恐慌，造成踩踏事件。

二、飞机库

以某机场飞机库为例，其建筑特点：机库南北两面由红砖、钢筋、水泥构成，东面由铁板焊接分离成两个大门（可通车）西面是钢板焊接成的自动伸缩门，南北有距地面四米的窗户若干，顶部由金属架、防水油毡、石棉瓦组成，四壁暖气片环绕。

生产储存：主要用于飞机的大修，最多可停放两架，一般停放一架。

火灾特点如下。

1. 燃油流散遇火源引发火灾

飞机进库维修时，虽经燃油抽出处理，但残留在机翼邮箱龙骨间等处的燃油是无法完全抽出的，这部分燃油的数量估计仍在 1t 以上。因此，飞机进库维修等同于飞机库内添加了一个小油库。飞机在维修过程中这部分燃油有可能发生泄漏，可能满地流散，当有火源存在或出现时，即会发生易燃液体流散火灾。如果燃油火灾火势迅猛，短时间内可使飞机受热面的机身蒙皮发生破坏，也有可能引发燃油箱爆炸，甚至引起机库的坍塌。

2. 清洗飞机座舱引发火灾

飞机座舱内部装修多采用轻质合金、塑料、化纤织物等。有些轻质合金如镁合金是可燃金属，塑料、化纤织物等也为易燃品，虽经阻燃处理后可达到难燃标准，但在清洗和维修机舱时常使用溶剂、粘结剂和油漆等，这些材料都是易燃、易爆品，稍有不慎即可引发火灾。例如 1965 年 11 月 25 日，美国迈阿密国际机场的飞机库正维修一架 DC-8 飞机，当清洗座舱时因使用可燃溶剂发生火灾，造成一人死亡。

3. 电气系统引发火灾

飞机和飞机库内，供电线路和电气设备遍布其内部，当供电线路因绝缘老化、漏电，或接触不良、超负荷运行或电气设备发生短路时，都有可能产生电火花或电弧，从而引燃周围可燃物引起火灾。例如，1996 年 3 月 12 日在美国堪萨斯州的一个国际机场飞机库内，当一架波音 707 飞机大修时，就是由于厨房的电气设备短路引发了火灾。

4. 静电引发火灾

燃油特别是航空煤油在受冲击时最容易产生静电，蒸气或气体在管道内高速流动或由阀门、缝隙高速喷出时可产生气体静电，飞机库内维修人员穿着高电阻的鞋靴、衣服因摩擦会产生人体静电，另外液体和固体摩擦也会产生静电。飞机库内静电积累有时可达到很高的点位，而高电位的静电泄放时会产生火花，对燃油和飞机构成严重威胁。

5. 认为过失引发火灾

吸烟、用火不慎、人为纵火会引发飞机库火灾；当进行喷漆、电焊、气焊、切割等动火作业时，违反操作规程也会造成火灾。

三、航油库

以某机场航油库为例，其建筑特点：罐体是立式拱罐底钢板底厚度为 12mm，顶圈为 6mm 焊接而成，拱顶承压力 0.02kg/cm²，罐体高度 17m，内径 24m，罐内设有自动输进油管路，四周设有高度为 0.6m 的油槽壁，以防燃油溢出四流。

生产储存特点：罐内储存着 5 594.2m³ 的航空煤油，由于煤油燃点低，密度轻挥发性大，极易发生火灾，罐与罐的间距为 15m，每个罐都装有自动灭火装置，温度压力测试装置，罐体顶部装有泄压装置。

火灾特点如下。

1. 火灾损失大

油库储存了大量的油品，一旦遇到火源，极易发生火灾爆炸事故。油库发生火灾爆炸事故，不仅造成库存毁于一旦，而且还会对油库建筑、设备、设施等造成严重破坏，引起人身伤亡。例如，1989 年 8 月 12 日，由于雷击引起黄岛油库油罐内产生感应火花引起爆炸和燃烧，烧毁 2.2 万立方米非金属油罐 2 座，1 万立方米金属油罐 3 座，烧掉原油 3.6 万吨，燃烧 104 小时，损失四千多万元，在救火中牺牲 19 人，受伤 78 人。这次火灾除造成重大损失外，还严重威胁黄岛油港输油码头、青岛海湾和沿海地区安全。1982 年 12 月 19 日，委内瑞拉力口拉加斯市油库起火爆炸，燃烧延续 4 天，造成 145 人死亡，500 多人受伤，直接经济损失折合人民币近 5.21 亿元。1984 年，墨西哥油库大爆炸，造成 544 人死亡，30 多万居民被迫撤离。

据对 581 起事故的统计分析，火灾爆炸事故 179 起，占事故总数的 30.8%，其中明火引起的 88 起，占事故总数的 49.2%；电气设备引起的 66 起，占事故总数的 34.6%；静电引起的 19 起，占事故总数的 10.6%；雷电引起的 6 起，占事故总数的 3.4%；撞击与摩擦引起的 4 起，占事故总数的 2.2%。

2. 燃烧速度快

液体的燃烧速度，是指单位时间内所烧掉液体的数量。燃烧速度分为重量速度和直线速度两种。重量速度是指单位时间内单位面积所烧掉的液体重量，单位 kg/（m²·h）；直线速度是指单位时间内所烧掉的液体层高度，单位 cm/h。油品火灾，在燃烧初期时速度是缓慢的，随着燃烧深度的增高，燃烧速度也逐渐加快，直至达到最大值。此后，燃烧速度在整个燃烧过程中，就将稳定下来。

油品的燃烧速度，与液体的初始温度、油罐直径、罐内液体的高低、液体中水分含量、油品性质等因素有关。初始温度越高，油品燃烧速度越快；油罐中低液位时比高液位时燃烧速度快；含水的油品比不含水的油品燃烧速度要慢。

3. 火焰温度高，辐射热强

油品燃烧时将释放出大量的热量，使火场周围的温度升高，造成火灾的蔓延和扩大，使扑救人员难以靠近，给灭火工作带来困难。

燃烧温度实质上是火焰温度，原因是可燃物燃烧时所产生的热量是在火焰燃烧区域内析出的。燃烧温度越高，它向周围辐射出的热量就越多，可燃物的燃烧速度就越快。因此，油面温度越高，对喷射到油面上的灭火泡沫的破坏就越快，给灭火带来的困难也越大。

据测试，油罐发生火灾时，火焰中心温度高达 1 050℃～1 400℃，油罐壁的温度达1 000℃以上。油罐火灾的热辐射强度与发生火灾的时间成正比，与燃烧物的热值、火焰的温度有关。燃烧时间越长，辐射热越强；热值越大，火焰温度越高，辐射热强度越大。强热辐射易引起相邻油罐及其他可燃物燃烧，同时，严重影响灭火战斗行动。

4. 易流动扩散形成大面积火灾

油品是易流动的液体，具有流动扩散的特性，火灾时随着设备的破坏，极易造成火灾的流动扩散，而油品在发生火灾爆炸时又往往造成设备的破坏，如罐顶炸开，罐壁破裂或随燃烧的温度升高塌陷变形等。因此，油品火灾，应注意防止油品的流动扩散，避免火灾扩大。

5. 易沸腾突溢

储存重质油品的油罐着火后，有时会引起油品的沸腾突溢。燃烧的油品大量外溢，甚至从罐内猛烈喷出，形成巨大的火柱，可高达 70～80m，火柱顺风向喷射距离可达 120m左右，这种现象通常称为"沸溢"。燃烧的油罐一旦发生"沸溢"，不仅容易造成扑救人员的伤亡，而且由于火场辐射热量增加，可引起邻近油罐燃烧，扩大灾情。

油罐着火后沸溢的时间取决于油罐内储存油品的数量、时间、含水量以及着火燃烧时间的长短。可以根据油罐油位高度、水垫层高度以及热波传播速度和燃烧直线速度估算，以便采取有效的防护措施。一般在发生突沸前数分钟，油罐会出现剧烈振动并发出强烈嘶哑声。消防指挥员在掌握征兆时，应果断撤出消防人员和武器装备。

6. 燃烧和爆炸往往交替发生

油蒸气在空气中的浓度达到爆炸极限范围时，遇点火源即发生爆炸，爆炸将引起油品燃烧；另外，油品在着火过程中，油罐内气体空间的油蒸气浓度是随燃烧状况而不断变化的，当达到爆炸极限范围时，又可能形成爆炸。因此，燃烧和爆炸往往在互相转变中交替进行。

7. 具有复燃性

油品灭火后，若遇到火源或高温将重新燃烧，甚至可能发生爆炸。对于灭火后的油罐、输油管道，由于其罐壁温度过高，如不继续冷却，会重新引起油品的燃烧。在扑救油品火灾的案例中，发生过因指挥失误、灭火措施不当而造成复燃、复爆的情形。

8. 扑救困难

由于油库油品储存量大，发生火灾后，燃烧时间长，加之多数油库远离城区，供水和道路条件较差，油库消防设备设施不足，消防力量有限，增加了油库火灾扑救的难度。

火势蔓延特点：机场航油库内储存的燃油等都具有易挥发、易渗漏、易流淌、易积聚静电荷和易燃、易爆的特性，稍有疏忽，就会发生火灾。由于煤油起火后蔓延迅速，沸腾、爆炸极易出现，其次煤油属于液体中密度较轻，流到何处蔓延到哪及不易扑救。

四、塔台

以某机场塔台为例，其建筑特点：航管楼属一级建筑物，由红砖、钢筋支架及水泥混凝土建成，四周没有铝合金窗户，内部有装修，地面装修由地板组成，上面设有地毯，墙壁贴有墙壁纸，顶部附有耐火的泡沫装饰，电缆线铺设在地板块下。

火灾特点：航管中心承担空域的飞行保障工作，因而通信仪器较多，包括闭路监视器、自动转报机、陆空交话台，以及其他通信设施。系高层建筑（61m）顶层着火后极不易扑救，疏散困难，易造成人员伤亡及贵重物品损失，室内没有水源。

五、货运仓库

机场货运仓库内的机械设备发生电气故障和机器摩擦、撞击等打出火花，以及各种机动车辆随便入库也易引起仓库起火；收运货物不当、承运检查不严格、装卸工人违章作业、办理危险货物人员缺乏对危险货物的认识，货主假报货名或在货中夹藏危险品，都有可能造成火灾事故。

火灾特点如下。

（1）可燃物存放规模较大，堆放高度集中。一般性非专业物流仓库内存放货品多未进行专业分类、分库存放而混存于一个库内，堆放方式大多采用堆垛、货架存放、托盘堆放等常见方式。数量多，密度大，种类杂。

（2）布局不规范，存在防火通道堵塞等现象。出于成本考虑，一般物流环节能利用的空间都尽量被利用到，某些必须预留的安全空间也被占用，整个仓库码放分区杂乱，布局缺乏科学指导。某些机场货运仓库达不到必要的防火安全标准，发生火情后码放物资往往会将火势扩大，而由于消防通道被堵塞，救火的最佳时机常被人为延误，造成不必要损失。

（3）安防人员力量不足，管理不到位导致火情发现晚。仓库规模的大小和费用开支决定了仓库管理人员的多少，日常工作时间由于在岗人员较多，能够达到仓库对人员配备的基本要求。但是下班后的时段值班人员锐减，通常只有少量人员值班，一旦发生火情，无法第一时间发现并施救，导致贻误战机。

（4）按照库房的建设标准，物流仓库一般库房较长、房体跨度大、棚顶高、耐火等级低、易燃易爆物品码放密度大，过火速度快，燃烧易形成规模效应；火情复杂，可燃物不完全燃烧，产物余烬飞洒，容易引发它处火情而殃及池鱼。

六、高架桥

有迎宾路通往 T2 至 T3 航站楼。建筑类型为钢混，高 5m，宽 24m，为单项六车道，与航站楼相连。旅客出港在此下车进入候机楼。

火灾特点：高架桥航站楼出入口车流量大，高峰时段容易造成拥堵，一旦发生汽车自燃，容易迅速波及其他车辆，并导致人员恐慌，容易造成踩踏事件，导致人员伤亡。

1. 发生突然，发展迅速，火灾初期过程短

高架道路汽车火灾通常是交通事故、撞车导致油箱破裂发生火灾，或是车辆自身故障发生火灾，一般都是在车辆行驶中，火灾发生带有突然性。前者是撞车紧接起火，后者当司机发现车辆起火后停车，在高架桥上风速和时间的双重影响下，火势发展迅速，很快进入猛烈阶段。

2. 燃烧猛、蔓延快

高架道路上行驶的车辆大多属中、高档，所用油品质量高、闪点低。汽车在油路、电路、机械传动作用下高速运转，轮胎与地面摩擦温度很高。加之车厢内易燃物多，高架道路空间开敞，与空气接触充分，一旦发生火灾，受风速影响，其燃烧之猛、蔓延之快可想而知。

3. 火灾与交通事故相互作用，进一步加剧了人员伤亡及财产损失

高架道路上行驶的汽车数量多，一遇发生火灾或机械故障，如若司机处置不当（有时来不及处置），往往发生追尾撞车，最常见的情况是，追尾汽车将被撞车的油箱穿透致使油箱破裂，汽油立即被引燃，同时毁坏的油箱油喷溅到被撞车内部和追尾车上，甚至通过追尾车被撞坏的玻璃喷溅到其驾驶室内，致使火灾快速蔓延燃烧。事故中车辆变形、车门

难以打开，给救援带来困难，极易造成人员伤亡。

4. 扑救难度大

高架道路多为封闭式，当事故发生时都必然伴随着交通堵塞，救援车辆难以到达现场。其次高架道路不像地面设施有室外消火栓及市政供水管道，基本须靠消防车自身供水作战，因此水源供给上有一定难度。再者受高架道路宽度限制，灭火战斗展开在空间上有一定困难。

七、机场酒店

建筑特点：某机场酒店，主体高标准 29m，建筑面积 1.45 万平方米，其中客房 160 间、库房 15 间。一楼为办公室、配电室、厨房等。二楼有中餐厅、多功能厅、舞厅等。三楼为饭店办公区。四至八层为客房。九层为客房、桑拿浴等包房。

火灾特点如下。

（1）可燃物多，容易造成重大人员伤亡和经济损失。酒店虽然大多为钢筋砼或钢结构，但由于装修及功能需要，内部存在大量可燃、易燃材料及生活、办公用品等，一旦发生火灾，这些材料往往燃烧猛烈，一些装饰装修用的高分子材料、化纤聚合物在燃烧的同时，释放大量有毒气体，给人员疏散和火灾扑救工作带来很大困难。

（2）建筑结构本身容易造成火势迅速蔓延。一些宾馆、饭店的老板急于周转资金，在未及时办理消防设计审核、验收及开业前消防安全检查等手续的情况下，急忙投入营业，往往存在选址不合理、防火间距不足、安全通道不畅等先天性问题。许多场所在改造、装修过程中，过分注重功能和空间需要，肆意装修和划分功能区，人为破坏和降低了建筑物耐火等级，加之一些客房、包间密闭性强，起火不易被及时发现等，一旦发生火灾，火势蔓延迅速，扑救困难。

（3）人员密集，流动频繁，管理难度大。由于宾馆、饭店的特殊性质，人员往往比较密集，且具有出入频繁、流动性大等特点，给日常管理工作带来难度。一些顾客由于对建筑物内环境、安全出口和消防设施等情况不熟，特别是住宿人员，建筑内部通道不熟悉，一旦发生火灾，存在忙乱现象，在休息间歇、特别是夜间人员疏于管理防范时段，极易造成人员重大伤亡。

（4）用火、用电、用气等方面致灾因素多。厨房、操作间、锅炉房等部位是用火、用气的密集区域，液体、气体燃料泄漏或用火不慎，都会引发火灾。空调、电视、计算机、复印机、饮水机等用电设备的日益增加，电气设备引发火灾的可能性也随之增加。日常管理中，大多数宾馆、饭店管理人员由于缺乏消防常识和防火意识，疏于防范，"人走灯不灭，人走火未熄"现象大有存在，电线私拉乱接、年久老化失修无人问津，对电视、电脑、空调、饮水机等用电设备长时间处于通电或待机状态熟视无睹，违章使用明火、检修施工过程中焊割作业安全保护措施不到位等，都会导致火灾的发生。

八、机场餐厅

1. 火灾荷载大

餐厅虽然大多采用钢筋混凝土结构或钢结构，但内部存在大量的可燃、易燃装饰材料以及生活用品和办公用具。一旦发生火灾，这些材料燃烧猛烈，塑料制品在燃烧时还会产生有毒气体，给疏散和扑救工作带来很大困难。

2. 火势蔓延迅速

餐厅的火势蔓延迅猛的因素很多，其一，没有良好的防火分隔和隔阻烟火措施。如低层公共部位由于功能和空间结构的需要，常常以轻质材料进行水平分隔，因而形成大面积着火空间。其二，包间的密闭性很强，起火后不易被及时发现。

3. 人员多，流动性大

餐厅人员多且较为集中，进出频繁，流动性大，对建筑物内的环境、出口和消防设施等情况不熟悉，有时还存在语言障碍等情况，特别是夜间，容易造成人员重大伤亡。

4. 用火用电多

餐厅吸烟人多，明火难以控制；厨房、锅炉房等固定的用火部位，液体、气体燃料泄漏或用火不慎，都会引起火灾。检修施工中使用明火和进行电焊、气割等安全措施不落实，易于引起火灾。

5. 扑救难度大

餐厅多为高层建筑，发生火灾后存在火势蔓延迅速、供水困难、疏散救人和控制火势难等诸多因素，因而扑救难度大。

第二节　机场建筑火灾应急处置

一、机场建筑物火灾应急处置的一般程序

通讯员接到应急救援信号，应问明报警人姓名、电话及火灾现场基本情况；发出出动信号，填写接警出动记录；迅速向机场值班领导及现场指挥中心报告；保持与现场通讯员的信息联络。

（1）消防指挥员接到信号后，根据预案调集救援力量；司机登车，做好出动准备；战斗员着装、登车，做好出动准备；专勤人员领取出车单，准确将消防车带到事故现场，设置现场指挥部。

（2）消防指挥员带领全员和消防车辆赶赴救援现场，首车不超过 3min；司机驾驶车辆到达事故现场，进入灭火位置，等待灭火指令。

（3）值班分队长协助消防指挥员实施灭火指挥，并组织火场后方供水；战斗班长组织本班战斗员实施火灾扑救；司机操作车辆，配合战斗员开展飞机灭火救援工作；战斗员按照灭火预案和岗位分工，进行火灾扑救；通讯员负责救援现场的通信联络，将到场时间和火灾扑救情况随时报火警调度室，并根据消防指挥员指令，向消防局通报情况，请求支援；专勤人员负责分配水源，协助值班分队长组织后方供水，迎接外援车辆。

（4）灭火结束，消防指挥员组织战斗员对火场进行检查，确定没有余火后，下达归队命令；战斗班长组织本班战斗员清点车辆器材；通讯员通知火警调度室灭火结束。

（5）归队后，战斗班长组织本班战斗员检查车辆器材、灭火药剂，并填写《执勤备战记录》。战斗员按照班长的分工，检查车辆器材，补充灭火药剂；根据火场器材使用情况，填写《消防器材更换申领表》；经值班分队长审核签字后，领取更换器材。司机要检查车辆，补充燃油，做好下次出动准备。消防指挥员填写《值班记录》。

（6）消防指挥员组织备防人员召开战评会，进行讲评。受理报警、调动力量和出动情况；灭火决策、力量部署和战斗行动各环节才的确方法措施情况；火场指挥、火场供水、协同作战和通信联络情况；备防人员的战斗作风和完成任务情况；火灾扑救过程的主要经验教训；找出预案的不足，提出修改方案。消防队助理做好战评记录，写出航空器火灾扑救总结报告，上报上级部门并存档。

二、航站楼

因航站楼面积过大，将其划分为多个区域进行不同区域火灾应急处置分析。

（一）航站楼指廊二层应急处置

1. 警情设置

航站楼指廊二层中部失火。

2. 应急处置程序

（1）消防通讯室接到报警后，立即拉响电铃，问清事故地点、起火原因、燃烧物质等情况，报告值班中心，同时报告上级相关部门。

（2）值班领导立即根据情况组织消防救援力量，立即出动 8 台消防车（即 0 号消防指挥车、1 号标马消防车、2 号美洲豹消防车、3 号斯堪尼亚消防车、4 号水牛消防车、5 号干粉消防车、6 号破拆消防车、7 号照明车），选择最佳路线，以最快速度赶赴 B 指廊 120 号廊桥集结。

（3）消防指战员到达后，消防指挥员立即组织火场侦察员进行火情侦察。

（4）根据火情侦察反馈情况，消防指挥员立即下达战斗展开指令，1 号车出一支水枪阵地，2 号车出一支水枪阵地，沿 120 号廊桥通道进入 T3 航站楼 B 指廊内部，沿楼梯上至二层，各铺设一条水带干线，开展灭火作战，命令 3 号车出一支水枪阵地，沿同一方向行垂直铺设水带，出一支水枪阵地，驱赶烟雾，6 号车负责破拆掩护及疏散救人，对重点区域进行人员隔离，4 号车给 1 号车供水，5 号车给 2 号车供水，7 号车根据火场情况原地待命，如图 10-1 所示。

图 10-1　T3 航站楼 B 指廊应急处置进攻路线图

（5）如果火情严重，立即请示机场所在地消防增援。

（6）消防指挥员迅速组织战斗员转移易燃易爆危险品，切断电源，防止施救人员的伤亡。要求警戒人员杜绝无关人员进入事故现场。

（7）火灾扑救完成后，指挥员留有部分力量在场保障，确认没有残火后，要求警戒人员保护好现场，以便调查火灾原因。

（8）指挥官接到机场指挥中心救援结束的指令后，方可撤离现场。

（9）归队后，值班领导对应急救援情况进行讲评。

（10）战训助理详细记录工作情况，战斗员、司机做好车辆、器材检查、清洗、保养、药剂补充。

（二）航站楼指廊一层远机位隔离厅应急处置

1. 警情设置

航站楼 A 指廊一层中部失火。

2. 应急处置程序

（1）消防通讯室接到报警后，立即拉响电铃，问清事故地点、起火原因、燃烧物质等情况，报告值班中心，同时报告上级相关部门。

（2）消防指挥员立即根据情况组织消防救援力量，立即出动 8 台消防车（即 0 号消防指挥车、1 号消防车、2 号消防车、3 号消防车、4 号消防车、5 号干粉消防车、6 号破拆消防车、7 号照明车），选择最佳路线，以最快速度赶赴 B 指廊 131 号廊桥集结。

（3）消防指战员到达后，消防指挥员立即组织火场侦察员进行火情侦察。

（4）根据火情侦察反馈情况，消防指挥员立即下达战斗展开指令，1 号车出一支水枪阵地，2 号车出一支水枪阵地，沿 140 号远机位通道进入 T3 航站楼 A 指廊一层内部，各铺设一条水带干线，开展灭火作战，命令 3 号车出一支水枪阵地，沿同一方向行垂直铺设水带，出一支水枪阵地，驱赶烟雾，6号车负责破拆掩护及疏散救人，对重点区域进行人员隔离，4号车给1号车供水，5号车给2号车供水，7号车根据火场情况原地待命，如图10-2所示。

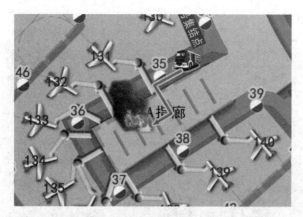

图 10-2　航站楼 A 指廊应急处置进攻路线图

（5）如果火情严重，立即请示机场所在地消防增援。

（6）消防指挥员迅速组织战斗员转移易燃易爆化学物品，切断电源，防止施救人员的伤亡。要求警戒人员杜绝无关人员进入事故现场。

（7）火灾扑救完成后，指挥员留有部分力量在场保障，确认没有残火后，要求警戒人员保护好现场，以便调查火灾原因。

（8）指挥官接到机场指挥中心救援结束的指令后，方可撤离现场。

（9）归队后，值班领导对应急救援情况进行讲评。

（10）战训助理详细记录工作情况，战斗员、司机做好车辆、器材检查、清洗、保养、药剂补充。

（三）航站楼一层行李分拣装卸区域应急处置

1. 警情设置

航站楼C区一层行李分拣装卸区域中部失火。

2. 应急处置程序

（1）消防通讯室接到报警后，立即拉响电铃，问清事故地点、起火原因、燃烧物质等情况，报告值班中心，同时报告上级相关部门。

（2）消防指挥员立即根据情况组织消防救援力量，立即出动8台消防车（即0号消防指挥车、1号消防车、2号消防车、3号消防车、4号消防车、5号干粉消防车、6号破拆消防车、7号照明车），选择最佳路线，以最快速度赶赴C区124号廊桥集结。

（3）消防指战员到达后，消防指挥员立即组织火场侦察员进行火情侦察。

（4）根据火情侦察反馈情况，消防指挥员立即下达战斗展开指令，1号车出一支水枪阵地，2号车出一支水枪阵地，沿C区一层国内行李分拣装卸区域通道进入T3航站楼A

指廊内部，各铺设一条水带干线，开展灭火作战，命令 3 号车出一支水枪阵地，沿同一方向行垂直铺设水带，出一支水枪阵地，驱赶烟雾，6 号车负责破拆掩护及疏散救人，对重点区域进行人员隔离，4 号车给 1 号车供水，5 号车给 2 号车供水，7 号车根据火场情况原地待命，如图 10-3 所示。

图 10-3　T3 航站楼 A 指廊应急处置进攻路线图

（5）如果火情严重，立即请示机场所在地消防增援。

（6）消防指挥员迅速组织战斗员转移易燃易爆化学物品，切断电源，防止施救人员的伤亡。要求警戒人员杜绝无关人员进入事故现场。

（7）火灾扑救完成后，指挥员留有部分力量在场保障，确认没有残火后，要求警戒人员保护好现场，以便调查火灾原因。

（8）指挥官接到机场指挥中心救援结束的指令后，方可撤离现场。

（9）归队后，值班领导对应急救援情况进行讲评。

（10）战训助理详细记录工作情况，战斗员、司机做好车辆、器材检查、清洗、保养、药剂补充。

三、飞机库

1. 警情设置

假设机务人员在飞机库内对航空器进行检修时，由于操作不当导致航空器左发动机失火。

2. 应急处置程序

（1）消防通讯室接到报警后，立即拉响电铃，问清事故地点、起火原因、燃烧物质等情况，报告值班中心，立即请示消防增援 10 台消防车，同时报告上级相关部门。

（2）消防指挥员立即根据情况组织消防救援力量，立即出动 11 台消防车（即 0 号消防指挥车、1 号消防车、2 号消防车、3 号消防车、4 号消防车、5 号消防车、6 号消防车、7 号干粉消防车、8 号破拆消防车、9 号照明车、10 号药剂消防车），选择最佳路线，以最快速度赶赴维修机库集结。

（3）消防指战员到达后，消防指挥员立即组织火场侦察员进行火情侦察。

（4）根据火情侦察反馈情况，消防指挥员立即下达战斗展开指令，1 号车出一支水枪阵地从机库北侧通道进入内部，占领飞机左发动机从正面直击火点，2 号车出一支水枪阵地从机库南侧通道进入内部，占领飞机左发动机从背面夹击火点，3 号车出一支水枪阵地从机库北侧通道进入内部，占领飞机右翼防止火势蔓延，4 号车出一支水枪阵地从机库南侧通道进入内部，占领飞机右翼驱赶烟雾，冷却降温，防止发生爆炸，5 号车占领地下消火栓双干线给 1 号、3 号车供水，6 号车占领地下消火栓双干线给 2 号、4 号车供水，7 号车负责协助启动机库内的消防设施，同时进行火灾扑救，8 号车负责破拆掩护及疏散救人，对重点区域进行人员隔离，9 号照明车、10 号药剂消防车根据火场情况原地待命。争取速战速决，以优势兵力打歼灭战，如图 10-4 所示。

图 10-4　飞机库应急处置进攻路线图

注意事项：防止爆炸，灭火人员应着隔热服及防毒面具，防止屋顶倒塌伤人。

（5）消防指挥员迅速组织战斗员转移易燃易爆化学物品，切断电源，防止施救人员的伤亡。要求警戒人员杜绝无关人员进入事故现场。

（6）火灾扑救完成后，指挥员留有部分力量在场保障，确认没有残火后，要求警戒人员保护好现场，以便调查火灾原因。

（7）指挥官接到机场指挥中心救援结束的指令后，方可撤离现场。

（8）归队后，值班领导对应急救援情况进行讲评。

（9）战训助理详细记录工作情况，战斗员、司机做好车辆、器材检查、清洗、保养、药剂补充。

四、航油库

1. 警情设置

假设航油库 3 号油罐失火。

2. 应急处置程序

（1）消防通讯室接到报警后，立即拉响电铃，问清事故地点、起火原因、燃烧物质等情况，报告值班中心，立即请示消防增援 10 台消防车，同时报告上级相关部门。

（2）消防指挥员立即根据情况组织消防救援力量，立即出动 11 台消防车（即 0 号消防指挥车、1 号消防车、2 号消防车、3 号消防车、4 号消防车、5 号消防车、6 消防车、7 号干粉消防车、8 号破拆消防车、9 号照明车、10 号药剂消防车），选择最佳路线，以最快速度赶赴航油库集结。

（3）消防指战员到达后，消防指挥员立即组织火场侦察员进行火情侦察。

（4）根据火情侦察反馈情况，消防指挥员立即下达战斗展开指令，1 号车、2 号车出车顶炮占领 3 号油罐上风向从正面直击火点，对着火油罐重点实施冷却灭火，防止发生爆炸，造成人员伤亡，3 号车、4 号车、5 号车出车顶炮冷却邻近储油罐，降低罐体温度，控制火势发展，6 号车占领地下消火栓双干线给 1 号、2 号车供水，7 号车占领地下消火栓双干线给 3 号、4 号车、5 号车供水，8 号车负责关闭输油管道阀门，启动航油库内自动灭火装置，疏散人群，对重点区域进行人员隔离，9 号照明车、10 号药剂消防车根据火场情况原地待命，如图 10-5 所示。

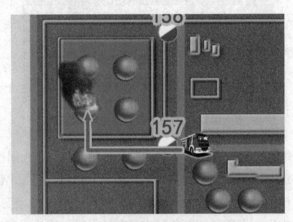

图 10-5　航油库应急处置进攻路线图

注意事项：灭火车辆启动自保系统，车辆背对 3 号油罐停靠，油罐一旦有爆炸迹象，立即撤离。

（5）消防指挥员迅速组织战斗员转移易燃易爆化学物品，切断电源，防止施救人员的伤亡。要求警戒人员杜绝无关人员进入事故现场。

（6）火灾扑救完成后，指挥员留有部分力量在场保障，确认没有残火后，要求警戒人员保护好现场，以便调查火灾原因。

（7）指挥官接到机场指挥中心救援结束的指令后，方可撤离现场。

（8）归队后，值班领导对应急救援情况进行讲评。

（9）战训助理详细记录工作情况，战斗员、司机做好车辆、器材检查、清洗、保养、药剂补充。

五、塔台

1. 警情设置

假设塔台电气设备线路老化引发火灾。

2. 应急处置程序

（1）消防通讯室接到报警后，立即拉响电铃，问清事故地点、起火原因、燃烧物质等情况，报告值班中心，同时报告上级相关部门。

（2）消防指挥员立即根据情况组织消防救援力量，立即出动9台消防车（即0号消防指挥车、1号消防车、3号消防车、5号消防车、6号消防车、7号干粉消防车、8号破拆消防车、9号照明车、10号药剂消防车），选择最佳路线，以最快速度赶赴塔台集结。

（3）消防指战员到达后，消防指挥员立即组织火场侦察员进行火情侦察。根据火场情况，请示消防增援。

（4）根据火情侦察反馈情况，消防指挥员立即下达战斗展开指令，1号车、3号车出一支水枪阵地，沿通道进入塔台内部，各铺设一条水带干线，开展灭火作战，命令5号车出一支水枪阵地，沿同一方向垂直铺设水带，出一支水枪阵地，驱赶烟雾，采用堵截包围的灭火战术，防止火势蔓延，同时掩护破拆组疏散救人，6号车占领地下消火栓双干线给1号车、3号车供水，7号车出一支干粉枪扑救带电区域火灾，8号车负责切断失火区域电源，启动自动灭火装置，同时破拆掩护及疏散救人，对重点区域进行人员隔离，9号照明车、10号药剂消防车根据火场情况原地待命，如图10-6所示。

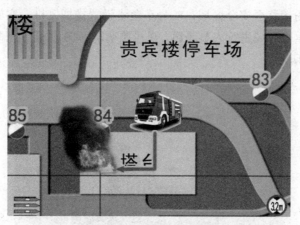

图 10-6 塔台应急处置进攻路线图

注意事项：第一时间切断失火区域电源，启动内部消防设施，同时进行火灾扑救。

（5）消防指挥员迅速组织战斗员转移易燃易爆化学物品，切断电源，防止施救人员的伤亡。要求警戒人员杜绝无关人员进入事故现场。

（6）火灾扑救完成后，指挥员留有部分力量在场保障，确认没有残火后，要求警戒人员保护好现场，以便调查火灾原因。

（7）指挥官接到机场指挥中心救援结束的指令后，方可撤离现场。

（8）归队后，值班领导对应急救援情况进行讲评。

（9）战训助理详细记录工作情况，战斗员、司机做好车辆、器材检查、清洗、保养、药剂补充。

六、货运仓库

1. 警情设置

假设货运仓库内镁粉装卸不当，静电引燃镁粉导致火灾。

2. 应急处置程序

（1）消防通讯室接到报警后，立即拉响电铃，问清事故地点、起火原因、燃烧物质等情况，报告值班中心，同时报告上级相关部门。

（2）消防指挥员立即根据情况组织消防救援力量，立即出动 9 台消防车（即 0 号消防指挥车、1 号消防车、3 号消防车、5 号消防车、6 号消防车、7 号干粉消防车、8 号破拆消防车、9 号照明车、10 号药剂消防车），选择最佳路线，以最快速度赶赴货运仓库集结。

（3）消防指战员到达后，消防指挥员立即组织火场侦察员进行火情侦察。根据火场情况，请示消防增援。

（4）根据火情侦察反馈情况，消防指挥员立即下达战斗展开指令，1 号车、3 号车、5 号车、6 号车战斗员穿戴好防护服，佩戴好空气呼吸器，进行沙土覆盖灭火，7 号车战斗员负责将未燃烧镁粉搬移至安全区域，8 号车负责设置排烟风机，实施火场排烟，同时掩护及疏散救人，对重点区域进行人员隔离，9 号照明车、10 号药剂消防车根据火场情况原地待命，如图 10-7 所示。

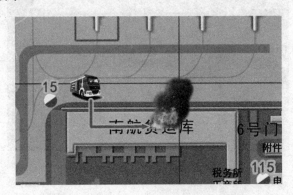

图 10-7　货运仓库应急处置进攻路线图

注意事项：在扑救金属类火灾过程中，切记不能选用水或泡沫灭火剂，应选用 D 类灭火剂或沙土；镁的燃烧产物中包含有毒有害气体和颗粒，在实施沙土覆盖灭火过程中，一定要佩戴空气呼吸器进入内部实施灭火，切实防止消防员吸入有毒有害气体。

（5）消防指挥员迅速组织战斗员搬移未燃烧镁粉至安全区域，防止消防员吸入有毒有害气体，加强警戒，杜绝无关人员进入火灾现场。

（6）火灾扑救完成后，指挥员留有部分力量在场保障，确认没有残火后，要求警戒人员保护好现场，以便调查火灾原因。

（7）指挥官接到机场指挥中心救援结束的指令后，方可撤离现场。

（8）归队后，值班领导对应急救援情况进行讲评。

（9）战训助理详细记录工作情况，战斗员、司机做好车辆、器材检查、清洗、保养、药剂补充。

七、机场酒店

1. 警情设置

假设机场酒店客房因未熄烟蒂引燃地毯，从而导致酒店客房失火。

2. 应急处置程序

（1）消防通讯室接到报警后，立即拉响电铃，问清事故地点、起火原因、燃烧物质等情况，报告值班中心，同时报告上级相关部门。

（2）消防指挥员立即根据情况组织消防救援力量，立即出动9台消防车（即0号消防指挥车、1号标马消防车、3号斯堪尼亚消防车、5号水牛消防车、6号斯太尔消防车、7号干粉消防车、8号破拆消防车、9号照明车、10号药剂消防车），选择最佳路线，以最快速度赶赴机场酒店集结。

（3）消防指战员到达后，消防指挥员立即组织火场侦察员进行火情侦察。根据火场情况，请示消防增援。

（4）根据火情侦察反馈情况，消防指挥员立即下达战斗展开指令，1号车出两支水枪阵地，3号车出一支水枪阵地，沿酒店大堂通道进入内部，各铺设一条水带干线，开展灭火作战，命令5号车出一支水枪阵地，沿同一方向垂直铺设水带，出一支水枪阵地，驱赶烟雾，采用堵截包围的灭火战术，防止火势蔓延，同时掩护破拆组疏散救人，6号车占领地下消火栓双干线给1号车供水，7号车占领地下消火栓双干线给3号车、5号车供水，8号车负责切断失火区域电源，启动自动灭火装置，同时破拆掩护及疏散救人，对重点区域进行人员隔离，9号照明车、10号药剂消防车根据火场情况原地待命，如图10-8所示。

注意事项：切记不要在第一时间切断失火区域公共电源，以免引起酒店内人员恐慌，在人员疏散完毕后，立即切断失火区域公共电源，同时启动内部消防设施，进行火灾扑救。消防指战员应穿戴好个人防护装备，携带好器材和工具，方能投入战斗；登高、疏散、抢救人员时，应首先使用消防电梯和消防楼梯，搞好人员分流。

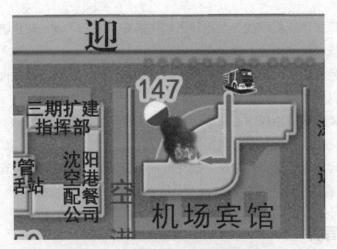

图 10-8　塔台应急处置进攻路线图

（5）消防指挥员迅速组织战斗员协助人员疏散，搜救被困人员，同时防止施救人员的伤亡，要求警戒人员杜绝无关人员进入事故现场。

（6）火灾扑救完成后，指挥员留有部分力量在场保障，确认没有残火后，要求警戒人员保护好现场，以便调查火灾原因。

（7）指挥官接到机场指挥中心救援结束的指令后，方可撤离现场。

（8）归队后，值班领导对应急救援情况进行讲评。

（9）战训助理详细记录工作情况，战斗员、司机做好车辆、器材检查、清洗、保养、药剂补充。

八、机场餐厅

1. 警情设置

假设机场职工餐厅厨房烟道因油污起火，从而导致餐厅厨房失火。

2. 应急处置程序

（1）消防通讯室接到报警后，立即拉响电铃，问清事故地点、起火原因、燃烧物质等情况，报告值班中心，同时报告上级相关部门。

（2）消防指挥员立即根据情况组织消防救援力量，立即出动 9 台消防车（即 0 号消防指挥车、1 号消防车、3 号消防车、5 号消防车、6 号消防车、7 号干粉消防车、8 号破拆消防车、9 号照明车、10 号药剂消防车），选择最佳路线，以最快速度赶赴机场职工餐厅集结。

（3）消防指战员到达后，消防指挥员立即组织火场侦察员进行火情侦察。

（4）根据火情侦察反馈情况，消防指挥员立即下达战斗展开指令，1 号车、3 号车各出一支水枪阵地，从机场职工餐厅通道进入厨房，各铺设一条水带干线，开展灭火作战，命令 5 号车出两支水枪阵地，从机场职工餐厅厨房后门进入，驱赶烟雾，采用堵截包围的灭火战术，防止火势蔓延，同时掩护破拆组疏散救人，6 号车占领地下消火栓双干线给 1 号车供水，7 号车占领地下消火栓双干线给 3 号车、5 号车供水，8 号车负责切断失火区域电源，启动自动灭火装置，同时破拆掩护及疏散救人，对重点区域进行人员隔离，9 号照明车、10 号药剂消防车根据火场情况原地待命，如图 10-9 所示。

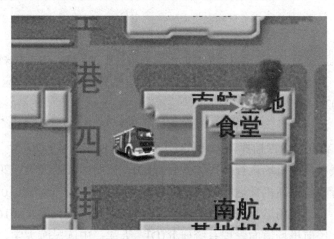

图 10-9　职工餐厅应急处置进攻路线图

　　注意事项：切记不要在第一时间切断失火区域公共电源，以免引起餐厅内人员恐慌，在人员疏散完毕后，立即切断失火区域公共电源，同时启动内部消防设施，进行火灾扑救。消防指战员应穿戴好个人防护装备，携带好器材和工具，方能投入战斗。

　　（5）消防指挥员迅速组织战斗员协助人员疏散，搜救被困人员，同时防止施救人员的伤亡，要求警戒人员杜绝无关人员进入事故现场。

　　（6）火灾扑救完成后，指挥员留有部分力量在场保障，确认没有残火后，要求警戒人员保护好现场，以便调查火灾原因。

　　（7）指挥官接到机场指挥中心救援结束的指令后，方可撤离现场。

　　（8）归队后，值班领导对应急救援情况进行讲评。

　　（9）战训助理详细记录工作情况，战斗员、司机做好车辆、器材检查、清洗、保养、药剂补充。

本章思考题

1．简述航站楼、航油库、货运区的火灾危险性及特点。

2．简述机场建筑物火灾应急处置的一般程序。

3．简述航站楼内不同区域出现火灾后的灭火处置措施。

参 考 文 献

[1] 王琪. 机场运行状态综合指数评价体系研究[D]. 天津：中国民航大学，2017.

[2] 李宏斌. 运行控制系统（SOC）在航空公司航班生产运行中的应用[D]. 北京：北方交通大学，2002.

[3] 付连伟. 浅析机场运行指挥体系管理[J]. 科技资讯，2013（26）：236.

[4] 王犇. XY 机场运行指挥体系研究[D]. 西安：长安大学，2015.

[5] 刘丽. 浅析昆明机场运行指挥体系管理[D]. 昆明：云南大学，2011.

[6] 地面运行系统提高机场运行效率[J]. 军民两用技术与产品，2010（9）：35.

[7] 唐华龙. 首都机场运行效率分析[D]. 天津：中国民航大学，2016.

[8] 韩利斌. 民航机场道面管理系统研究[D]. 天津：中国民航大学，2007.

[9] 丛江. 我国民用航空运输机场管理体制改革研究[D]. 济南：山东大学，2010.

[10]《民用机场飞行区技术标准》，中国民用航空局，2007.

[11]《中华人民共和国民用航空法》，中华人民共和国国务院，1995.

[12]《中华人民共和国民用航空器适航管理条例》，中华人民共和国国务院，1987.

[13]《民用机场管理条例》，中国民用航空局，2009.

[14]《中华人民共和国民用航空安全保卫条例》，中华人民共和国国务院，1996.

[15]《中华人民共和国飞行基本规则》，中华人民共和国国务院，2000.

[16]《民用机场运行安全管理规定》，中国民用航空局，2016.

[17]《民用机场使用许可规定》，中国民用航空局，2005.

[18]《民用航空机场运行最低标准制定与实施准则》，中国民用航空局，2011.

[19]《民用机场飞行区运行情况报告的规定》，中国民用航空局，2010.

[20]《中华人民共和国标准化法》，中华人民共和国国务院，2018.

[21]《民用机场总体规划规范》，中国民用航空局，2015.

[22]《民航体制改革方案》，中华人民共和国国务院，2002.

[23]《民用机场水泥混凝土道面设计规范》，中国民用航空局，2010.

[24]《民用机场飞行区场地维护技术指南》，中国民用航空局，2010.

[25]《民用机场道面评价管理技术规范》，中国民用航空局，2009.

[26]《民用机场建设管理规定》，中国民用航空局，2004.

[27]《民用机场助航灯光系统运行维护规程》，中国民用航空局，2009.

[28]《民用机场航空器活动区道路安全管理规则》，中国民用航空局，2006.

[29]《民用机场服务质量》，中国民用航空局，2017.

[30]《航班正常管理规定》，中国民用航空局，2016.

[31]《目视和仪表飞行程序设计规范》，中国民用航空局，2007.

[32]《公共航空运输服务质量》，中国民用航空局，2007.

[33]《公共航空运输服务质量评定》，中国民用航空局，2007.

[34]《民用运输机场服务质量》，国际机场协会，2000.

[35]《机场服务质量：标准与测评》，国际机场协会，2000.

[36] 曾小舟. 机场运行管理[M]. 北京：科学出版社，2017.

[37] 罗良翌，赵晓硕. 机场运营管理[M]. 北京：国防工业出版社，2016.

[38] 赛道建，孙涛. 鸟撞防范概论[M]. 北京：科学出版社，2012.

[39] 汪泓，周慧艳. 机场运营管理[M]. 北京：清华大学出版社，2008.

[40] 赵凤彩，陈玉宝. 民航运输质量管理[M]. 北京：中国民航出版社，2009.

[41] 杨太东，张积洪. 机场运行指挥[M]. 北京：中国民航出版社，2008.

[42] 上海机场建设指挥部. 绿色机场——上海机场可持续发展探索[M]. 上海：上海科学技术出版社，2010.